GUIDE FOR APPRAISAL OF
PERFORMANCE ABILITY OF
FIRE SUPERVISION AND MANAGEMENT

消防监督管理

履职能力鉴定指南

冯 凯 ◎主编

中南大学出版社
WWW.csupress.com.cn
·长沙·

编委会

编写说明

中共中央办公厅、国务院办公厅《关于深化消防执法改革的意见》旨在推动消防执法理念、制度、作风全方位深层次变革，打造一支对党忠诚、纪律严明、赴汤蹈火、竭诚为民的国家综合性消防救援队伍，构建科学合理、规范高效、公开公正的消防监督管理体系。防范化解重大安全风险、应对处置各类灾害事故是国家综合性消防救援队伍的重要职责，消防监督管理工作也是消防救援队伍的主责主业。

为切实提升消防救援队伍消防监督员"统筹、组织、协调"的综合能力、发现解决问题的业务能力和实际操作的动手能力，全面明规矩、抓养成、提素质，广东省消防救援总队的部分业务骨干，重点围绕如何发挥消防监督员在监督管理队伍中的基石效应，形成了对消防监督管理履职能力的评价指标的共识，即统筹本单位、本辖区消防监管工作规范化运行的组织能力和发动能力，全面掌握消防监督执法程序、消防监督管理业务内容，拥有相对过硬的防火业务理论知识。

2022年7月，广东省消防救援总队开展了两期全省消防监督管理业务培训班暨年度消防监督管理比武活动，培训和比武对象为防火监督处(科)长、各县(市、区)消防救援大队主官等，立足推动监督执法领域规范化和满足火灾防控现实斗争需要，集中梳理各条线工作目标和要求，通过桌面推演作业、理论考核等形式对消防监督管理履职能力鉴定进行了探索和等级评定结果应用。整体上看，参训学员对于提升消防监督管理履职能力具有强烈愿望，但部分学员对于总队对消防监督管理提出的新任务、新要求的认识存在明显差距，如何将消防监督管理履职能力由"重视"转入"重实"，已经成为消防救援队伍消防监督管理的重要课题。从总队的通报结果看，佛山、广州、汕头支队列团体总分前三名，佛山支队沈锦城、广州支队李仕龙和佛山支队刘勇列个人综

1

合得分前三名。佛山支队立足"防大火、控小火、遏亡人"目标，坚持以科技为引领，以人才练兵为突破口，扎实推进消防安全大检查和消防安全三年整治专项行动，确保消防安全形势持续平稳。

为便于消防监督员系统学习和掌握相关知识，提升其履职能力，总队组织部分支队业务骨干编写了《消防监督管理履职能力鉴定指南》，本书主要包括鉴定体系、基本业务能力、实际操作能力、综合评定和分析、理论考试题库及监督检查仪器等内容，紧贴基层工作实际，充分运用总队火灾防范制度建设成果，设定工作情景进行桌面演练；设置了大型商业综合体检查、开业前消防安全检查、大型活动安保、信用监管、农村自建房消防安全管理、村级工业园整治、重大火灾隐患挂牌督办、舆情处置、信访案件办理、信息公开、事故调查处理等课题，采取想定作业、团队协作、客观答辩等创新开放形式，考点涉及"高低大化、老幼古标"等场所，以通俗易懂的语言提炼出要点和精髓，注重考查消防监督员统筹本单位、本辖区消防监管工作规范化运行的组织能力和发动能力，对防火业务理论知识的掌握情况，对消防监督执法程序和消防监督管理业务内容的掌握程度。冯凯、姚炯、高舜奕、利妮、杨舜、沈锦城、李斌、朱恒锋、蔡高峰、黄铭生、陈育财、陈堃、蒋夏瑾、刘玉栋、何问添、刘俊峰、刘勇、刘雄伟、田冲、赵中文、黄康伟、郭迪、游志涛、关瑞、易礼康编写了相应章节，人均字数不少于 2 万字。在编写过程中，全国工程勘察设计大师、中国中元国际工程有限公司总工黄晓家教授，广东省消防协会沈奕辉秘书长曾当面指导编写组，在桌面推演、理论考试等环节提出许多宝贵意见，特此致谢！同时感谢佛山市标准化协会的联络和审稿协助。

因编写人员水平有限，不妥之处，敬请指正。

编委会

2022 年 8 月

目 录

第1章　鉴定体系

消防监督管理履职能力，即统筹本单位、本辖区消防监管规范化运行的组织能力和发动能力，全面掌握消防监督执法程序、消防监督管理业务内容，拥有相对过硬的防火业务知识，主要通过桌面推演、理论考试、实操考核等方式综合检验评定消防监督员的消防监督管理履职能力。

1.1　鉴定内容

被评价对象可分为团体和个人，即消防监督员所在单位和消防监督员个人，消防监督员必须与岗位要求匹配、与团队匹配、与组织匹配，通过考核鉴定，实现对消防监督员胜任力的精准画像。

桌面推演包括团体协作和个人推演考核两个部分，其中团体协作考核部分包括团体协作能力、答题准确性、具体措施科学性三个方面；个人推演考核部分包括语言表达能力、答题准确性、危机应对能力三个方面。

理论考试主要内容为消防技术标准、消防法律法规、消防宣传培训、消防行政案件办理等，可由填空、单选、多选、判断等题型自由组合，如图1-1所示。

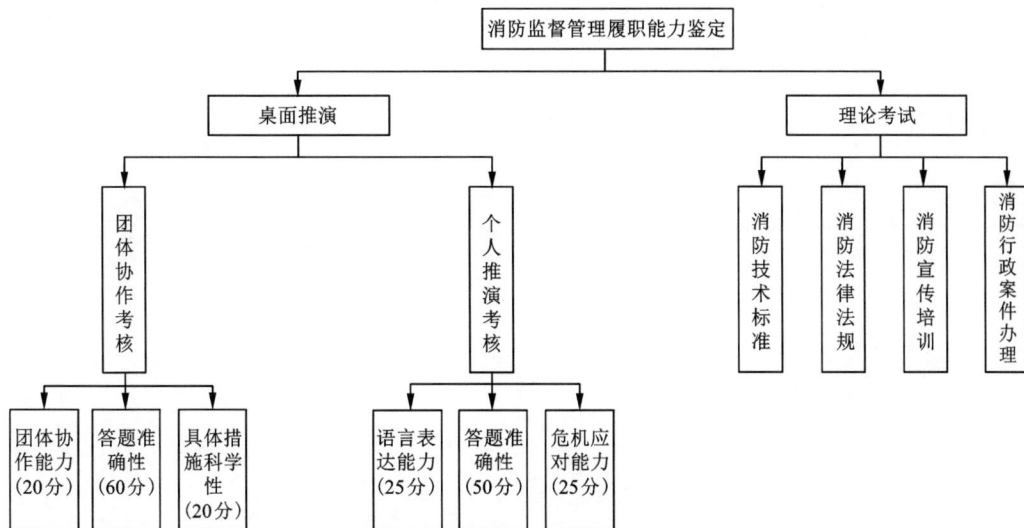

图1-1　消防监督管理履职能力鉴定项目

1.2 评分体系

团体协作考核、个人推演考核、理论考试均为百分制。其中,团体协作考核中团体协作能力 20 分、答题准确性 60 分、具体措施科学性 20 分;个人推演考核中语言表达能力 25 分、答题准确性 50 分、危机应对能力 25 分。

1.3 鉴定模型

团体成绩=(团体协作考核成绩+个人推演考核平均分)×0.3+个人理论考试成绩×0.4。

个人成绩=个人推演考核成绩×0.6+个人理论考试成绩×0.4。

直接对全部参与评价的团体和个人排序,或者在分类基础上对各小类按优劣排序,个人的态度、技能、能力、知识等特征与个人所需具备的胜任力、工作效能密切相关,从而找到团体的履职能力短板,将评价结果应用于履职的评定和晋升。

第 2 章 基本业务能力

2.1 消防基础知识

2.1.1 燃烧基础知识

熟悉固体、液体、气体的燃烧特点；掌握燃烧的必要条件和充分条件；辨识和分析各种燃烧物质的燃烧产物及其有毒有害性。

2.1.2 火灾基础知识

熟悉火灾的危害性，分析火灾发生的常见原因；掌握火灾的定义，对不同的火灾进行辨识和分类；了解火灾发生和发展蔓延的机理，掌握预防火灾和扑救火灾的基本原理和技术方法。

2.1.3 爆炸基础知识

熟悉爆炸危险源的概念及常见危险源，分析引起爆炸的主要原因，对不同的爆炸根据其形式和特点进行辨识和分类；了解爆炸极限、温度极限的定义，运用爆炸极限判定物质的火灾爆炸危险性，掌握爆炸危险场所建筑物的防爆要求以及防爆安全操作规程。

2.1.4 易燃易爆危险品安全知识

掌握易燃易爆危险品的分类和特性，辨识不同危险品的火灾危险性，掌握易燃易爆危险品的防火防爆要求和灭火基本方法；确定易燃易爆危险品生产、储存、运输安全管理的措施。

2.2 建筑防火

2.2.1 生产和储存物品的火灾危险性分类

熟悉各类生产和储存物品的火灾危险性，掌握各类生产和储存物品火灾危险性的分类方法；运用消防技术标准，辨识和分析各类生产和储存物品的火灾危险性。

2.2.2 建筑分类与耐火等级

熟悉建筑的不同分类方法，掌握不同建筑材料燃烧性能和建筑构件耐火极限的要求；运用消防技术标准，辨识和分析各建筑构件的耐火极限以及不同建筑物的耐火等级，掌握工业与民用建筑结构防火的要求。

2.2.3 总平面布局和平面布置

了解城市建筑总体布局的基本原则，掌握防火间距的设置要求；运用消防技术标准，根据建筑物的使用性质、建筑规模和耐火等级，分析和确定建筑规划选址、总体布局以及建筑物内平面布置的消防要求，掌握防火间距不足时应采取的防火技术措施。

2.2.4 防火防烟分区与分隔

熟悉防火分区划分应考虑的因素和常用的防火分区分隔构件；掌握防火墙、防火卷帘、防火门、防火阀、挡烟垂壁的设置要求；运用消防技术标准，针对不同建筑物和场所，掌握合理划分防火分区和防烟分区的基本方法与防火分隔设施的设置要求。

2.2.5 安全疏散

掌握建筑安全出口、疏散走道、避难走道、避难层的设置要求；依据消防法律法规，辨识和分析工业与民用建筑在疏散楼梯形式、安全疏散距离、安全出口宽度等方面存在的隐患；运用安全疏散相关技术标准，针对不同的建筑，确定疏散设施的设置方法和要求。

2.2.6 建筑电气防火

熟悉电线电缆选择和电气线路保护的措施要求，辨识和分析电气照明器具和电气设备选型、安装及使用方面存在的不安全因素；分析电动机的火灾危险性，提出电动机的火灾预防措施；运用消防技术标准，解决电气线路和用电设备的防火保护措施技术问题。

2.2.7 建筑防爆

掌握建筑防爆基本原则和措施要求，根据消防法律法规，辨识和分析建筑防爆安全隐患；掌握爆炸危险区域的划分与范围，提出爆炸危险性厂房、库房总平面布局和平面布置的具体要求；掌握爆炸危险环境电气防爆的原理和措施，辨识电气设备的基本防爆形式；运用消防技术标准，解决建筑物防爆技术难题。

2.2.8 建筑设备防火防爆

分析锅炉房、电力变压器等燃油燃气设施的火灾危险性，辨识锅炉房、电力变压器等燃油燃气设施防火防爆措施应用的正确性；分析采暖、通风与空调系统存在的消防安全隐患，运用不同的防火防爆技术，提出消除隐患的方案。

2.2.9 建筑装修、保温材料防火

掌握建筑装修材料的分类分级以及装修防火要求，根据消防法律法规和消防技术标准，辨识和分析建筑装修存在的火灾隐患，提出隐患整改的方案；运用相关消防技术标准，辨识各装修材料和保温材料的燃烧性能，制定不同建筑物和场所内部装修与外墙保温系统的消防安全要求。

2.2.10 灭火救援设施

掌握消防车道、消防登高面、消防救援窗、屋顶直升机停机坪、消防电梯等消防救援设施的设置目的与要求，运用消防技术标准，解决实际工程中消防救援设施设置的技术问题。

2.3 建筑消防设施

2.3.1 室内外消防给水系统

了解消防给水系统的主要构成及系统的类型，熟悉室内外消火栓系统的工作原理，掌握室内外消火栓系统的设置要求；运用消防技术标准，正确选用建筑室内外消防给水方式和用水量，提出消防供水设施和管路的设置要求。

2.3.2 自动喷水灭火系统

掌握自动喷水灭火系统、水喷雾灭火系统、细水雾灭火系统等自动水灭火系统的灭火机理和系统特点，熟悉各系统的组成、工作原理和设计参数，运用相关技术标准，根据各个系统的适用范围、选型原则以及设置要求，分析和辨识建设工程中自动喷水灭火系统选择和设置的合理性，提出完善的要求。

2.3.3 气体灭火系统

掌握二氧化碳、七氟丙烷、IG541、气溶胶、全氟己酮等气体灭火系统的灭火机理和系统特点，熟悉各系统的组成、工作原理和设计参数，运用相关技术标准，根据各个系统的适用范围、选型原则以及设置要求，分析和辨识建设工程中气体灭火系统选择和设置方面存在的问题，制订合理的方案。

2.3.4 泡沫灭火系统

掌握低倍数、中倍数、高倍数泡沫灭火系统的灭火机理和系统特点，熟悉各个系统的喷射方式、结构形式、应用方式、系统组成、工作原理和设置要求；运用相关技术标准，根据各个系统的适用范围、选型原则以及设置要求，分析和辨识建设工程中泡沫灭火系统选择和设置方面存在的问题，提出合理的修正方案。

2.3.5 干粉灭火系统

掌握干粉灭火系统的灭火机理、分类方式、系统组成和适用范围，熟悉系统的控制方式、工作原理和设计参数；运用相关消防技术标准，辨析不同保护对象系统设置的合理性，提出系统设置要求和干粉用量的计算方法。

2.3.6 火灾自动报警系统

熟悉火灾自动报警系统的分类、组成及组件功能，掌握火灾探测报警系统、消防联动控制系统、防火门监控系统、消防设备电源监控系统和可燃气体探测器、可燃气体报警控制器，以及电气火灾监控探测器和电气火灾监控器的工作原理及设置要求，分析火灾自动报警系统应用方面存在的常见问题；运用相关消防技术标准，根据不同建筑和场所的特点，评价系统的选型和设置的有效性。

2.3.7 防烟排烟系统

熟悉建筑防烟排烟设施的分类形式和设置要求，掌握机械加压送风系统和机械排烟系统的组成、工作原理和设计参数，辨识和分析建筑防排烟方面存在的常见问题；运用相关消防技术标准，针对建筑工程实际，评价防排烟方式和系统设置的有效性。

2.3.8 消防应急照明和疏散指示系统

熟悉消防应急灯具的分类、系统组成、工作原理和性能要求，掌握系统的选择原则和设置要求，运用相关消防技术标准，辨析系统形式和设备性能，制定相应系统设计要求。

2.3.9 城市消防远程监控系统

熟悉系统组成和相关设备的主要功能，掌握系统分类、工作原理、主要功能、设计原则和性能要求；运用相关消防技术标准，制定系统设置和使用要求。

2.3.10 建筑灭火器配置

了解灭火器的分类及其型号标识与主要参数，熟悉水基型、干粉、二氧化碳等常用灭火器的基本构造与灭火机理，掌握各类灭火器的适用范围、配置计算方法以及选型与设置要求；运用相关消防技术标准，辨析灭火器的配置与保护对象的适应性，确定建筑物和场所配置灭火器的计算方法和配置要求。

2.3.11 消防供配电

熟悉消防负荷和消防电源的分级与要求，掌握消防备用电源的组成、选型要求和消防用电设备的配电方式；运用相关消防技术标准，辨析消防供电方式和消防负荷等级的合理性，制定消防供配电设计要求。

2.4 其他建筑、场所防火

2.4.1 石油化工和精细化工防火

熟悉石油化工和精细化工生产工艺的原理和火灾特点；运用石油化工和精细化工相关技术标准，根据石油化工和精细化工装置布置、物质特性和生产储存特点，辨识和分析石油化工和精细化工生产、运输和储存过程中的火灾爆炸危险性，制订事故防控措施，提出规划选址和功能区域划分的要求和方法。

2.4.2 城市轨道交通防火

熟悉城市轨道交通建筑特性和火灾危险性，分析不同火灾工况下消防设施运行状况和人员疏散特征，掌握城市轨道交通的防火要点；运用城市轨道交通防火相关技术标准，辨识和分析城市轨道交通停靠站、运行等不同过程，以及站台区、车轨区等不同区域的火灾特征，制订相应的消防安全措施。

2.4.3 城市隧道防火

熟悉隧道分类、建筑特性和火灾特点，掌握隧道防火设计要求，辨识和分析城市交通隧道的火灾隐患，制订整改方案；运用相关消防技术标准，解决城市隧道防火设计技术问题。

2.4.4 加油加气加氢站防火

熟悉加油加气加氢站的火灾危险性以及加油加气加氢站的分类分级；掌握加油加气加氢站防火间距、平面布局、建筑防火、消防设施等方面的防火要求，辨识加油加气加氢站的火灾隐患；运用相关消防技术标准，针对工程实际，制订加油加气加氢站规划选址、平面布局等防火设计方案。

2.4.5 发电厂防火

熟悉发电厂的不同类别及其发电机理，掌握发电厂建筑防火设计和消防设施配置的要点；运用相关消防技术标准，分析发电厂存在的主要火灾危险源以及火灾事故危险性，制订火灾防范对策措施，提出发电厂消防扑救力量配置和防火设计要求。

2.4.6 飞机库防火

掌握飞机库的火灾危险性和防火设计要求，运用飞机库相关消防技术标准，辨识和分析飞机库的消防安全隐患，制订整改措施，提出特殊的防火设计要求。

2.4.7 汽车库、修车库防火

掌握汽车库、修车库的火灾特点和防火设计要点，依据消防法律法规，运用汽车库、修车库相关消防技术标准，辨识和分析汽车库、修车库的消防安全隐患，制订整改措施，提出防火设计要求。

2.4.8 洁净厂房防火

掌握洁净厂房的火灾特点和防火设计要求，分析洁净厂房的消防安全隐患，提出整改措施；运用洁净厂房相关消防技术标准，辨识和分析洁净厂房火灾危险，制订防范火灾的对策措施，提出消防设施配置等防火设计要求。

2.4.9 信息机房防火

掌握信息机房的火灾特点和防火设计要求；运用信息机房相关消防技术标准，辨识和分析信息机房的消防安全隐患，制订整改措施，提出消防设施配置等防火设计要求。

2.4.10 文物古建筑防火

掌握文物古建筑的火灾危险性和防火安全措施要求；运用文物古建筑相关消防技术标准，辨识和分析文物古建筑的结构特点及其火灾特征，制订文物古建筑火灾防范的对策措施。

2.4.11 人民防空工程防火

掌握人民防空工程的火灾危险性和防火安全措施要求，运用人民防空工程相关消防技术标准，辨识和分析人民防空工程消防安全隐患，提出整改措施；以平战结合的人民防空工程为重点，提出防火设计要求。

2.5 消防安全评估

2.5.1 火灾风险识别

熟悉火灾危险源可能带来的火灾风险和预防、控制危险发生的措施要求；掌握火灾危险源分类方法；辨识常见的火灾危险源，制订火灾危险源的管控措施，消除或减小火灾风险。

2.5.2 火灾风险评估方法

了解火灾风险评估基本流程、常用评估方法以及试验模拟方法基本技术手段；掌握安全检查表法和预先危险性分析法的技术特点，运用事件树分析方法进行事故致因分析；制订对区域和建筑进行火灾风险评估的方案。

2.5.3 建筑性能化防火设计评估

了解烟气及疏散模拟计算分析手段、影响建筑结构耐火性能的主要因素，以及钢结构、钢筋混凝土结构耐火的计算方法；掌握疏散安全所需时间的组成和计算方法，运用相关性能化消防技术，设定建筑性能化防火设计的目标和条件，制定建筑性能化防火设计评估的方法、步骤和要求。

2.6 消防规划

消防规划是城乡规划的重要组成部分，包括消防安全布局、消防站、消防用水、消防通信、消防车通道、消防装备等内容，掌握城乡消防专项规划的编制程序、方法，并与国土空间规划保持一致和有效衔接。

2.7 消防法及相关法律法规

(1)熟悉《中华人民共和国消防法》《广东省实施〈中华人民共和国消防法〉办法》等法律文件的有关要求。

(2)熟悉《机关、团体、企业、事业单位消防安全管理规定》《消防监督检查规定》《消防产品监督管理规定》《社会消防技术服务管理规定》《注册消防工程师管理规定》《消防安全责任制实施办法》《公共娱乐场所消防安全管理规定》《高层民用建筑消防安全管理规定》《信访工作条例》《消防救援机构办理行政案件程序规定》《消防行政法律文书式样》《关于对部分消防安全违法行为实施行政处罚的裁量指导意见》《广东省消防工作若干规定》《广东省消防救援机构消防行政处罚裁量规定》《火灾隐患举报投诉中心工作规范》等行政规章、规范性文件的有关要求。

(3)掌握《中华人民共和国民法典》《中华人民共和国行政处罚法》《中华人民共和国刑法》等法律相关内容，辨识和分析消防安全管理过程中存在的消防违法行为及相应的法律责任。

(5)熟悉广东省消防救援总队《火灾防范制度规范汇编》中工作制度、工作程序和内部监督等有关要求。

2.8　消防安全管理

2.8.1　社会单位消防安全管理

熟悉社会单位消防安全管理的内容和方法；掌握社会单位消防安全管理的相关要求；根据消防法律法规和有关规定，组织制定单位消防安全管理的原则、目标和要求，检查和分析单位依法履行消防安全职责的情况，辨识单位消防安全管理存在的薄弱环节，判断单位消防安全管理制度的完整性和适用性，解决单位消防安全管理问题。

2.8.2　单位消防安全宣传教育和培训

熟悉单位消防安全宣传教育和培训的内容和方法；掌握单位消防安全宣传教育和培训的相关要求；根据消防法律法规及相关规定，确认消防安全宣传教育和培训的主要内容，制订消防安全宣传教育和培训的方案，分析单位消防安全宣传教育和培训制度建设与落实情况，评估消防安全宣传教育和培训效果，解决消防安全宣传教育和培训方面的问题。

2.8.3　灭火和应急疏散预案编制与实施

熟悉灭火和应急疏散预案编制与实施的内容和方法；掌握灭火和应急疏散预案编制与实施的相关要求；根据消防法律法规和有关规定，确认应急预案制定的方法、程序与内容，分析单位消防应急预案的完整性和适用性，确认消防演练的方案，指导开展消防演练，评估演练的效果，发现、解决预案制定和演练方面的问题。

2.8.4　大型群众性活动消防安全管理

熟悉大型群众性活动消防安全管理的内容和方法；掌握大型群众性活动消防安全管理的相关要求；根据消防法律法规和有关规定，辨识和分析大型群众性活动的主要特点和火灾风险因素，组织制订消防安全方案，解决消防安全技术问题。

2.8.5　大型商业综合体消防安全管理

熟悉大型商业综合体消防安全管理的方法；掌握大型商业综合体消防安全管理的相关要求；根据消防法律法规及相关规定，辨识和分析大型商业综合体的火灾风险因素，检查履行消防安全职责情况、微型消防站建设情况、专职消防队等灭火应急救援组织运行和管理情况，解决单位消防安全管理问题。

第3章　实际操作能力

消防监督管理的对象多、范围广，高层建筑、大型商业综合体、博物馆和文物建筑、学校、医院、养老机构、公共娱乐场所等人员密集场所，以及"多合一"、群租房、老旧小区、民宿客栈等场所火灾风险较高，遍布城乡的小微企业、家庭作坊安全隐患问题突出，消防监督管理的难度越来越大，对消防监督员消防执法能力和水平提出了更高的要求和标准。同时，微博、微信、抖音等新兴媒体的快速发展从外部环境上要求消防监督员具备舆情处置、信息公开、信访办理等实际操作能力。

3.1　桌面推演方式设置

3.1.1　场地设置

分别设置候考室和推演室，考生在候考室等待考核，在推演室进行考核。

3.1.2　考前准备

考核对象以支队或大队为单位进行分组，超过9人的支队分为两组；各组考前进行抽签，按照抽签顺序进行考核，依次进入候考室候考，轮到考核的小组进入推演室进行考核。

3.1.3　考核方式

考核分为团体协作和个人应对两个部分。每个组进入推演室后抽取题目，题目分为团体协作题和个人应对题。

3.1.4　团体协作题

各组成员集体研讨，在白板上画出流程图并注明思路、要点，准备时间10分钟；指派一个发言人表达，答题时间5分钟。

3.1.5　个人应对题

团体协作题回答完毕后，每个成员随机抽题作答，随机答题准备时间和答题时间均不超过 1 分钟。

3.2　桌面推演题例设置

3.2.1　案例背景

某高层民用建筑于 2016 年建成投入使用，建筑高度为 115.6 m，地上 26 层，地下 3 层，总建筑面积 365640 m^2，地上第 1~8 层为大型商场，第 9~26 层为公寓，是一座集购物、住宿、娱乐等多种功能于一体的大型商业综合体。1~8 层商场内设网吧、银行网点、餐饮场所、生活休闲场所、国际影城、亲子体验商铺、KTV、书店、文化创意馆、手作生活馆等。

该建筑产权为天龙商业集团有限公司所有，以租赁形式交由他人使用，统一委托星际物业服务有限公司进行消防安全管理，物业公司委托第三方消防技术服务机构每月开展消防设施维护保养。

3.2.2　团体协作题

以上述背景为基础，提出需要集体协作的问题，要求考核对象以大队为单位进行考虑分工，例如：

7 月份，辖区消防救援大队组织开展大型商业综合体消防安全专项抽查，考虑到该建筑体量大、功能复杂、消防设施系统多，大队安排全体监督员共同开展检查。作为检查团队，请按照相关制度要求制订检查方案并组织实施。

3.2.3　团体协作题作答解析

要求考生根据本单位实际情况，结合案例背景进行回答，例如：

(1)工作分工：应结合检查人员专长，将检查人员分为建筑防火组、消防设施组、电气安全组、消防管理组、灭火救援组 5 个功能小组。

(2)执法检查人员开展现场检查，应当根据单位所在建筑的层数、防火分区数、场所规模等情况，确定抽查的项目及数量。

①3 个防火分区(含)以上的，抽查 3 个防火分区，查看防火分隔是否保持完好有效。

②3 层以上 10 层(含)以下的，抽查数量不少于 3 层。

③建筑的首层、顶层、避难层和地下商业空间必查，标准层、地下车库抽查数量不少

13

于 10%。

④消防控制室、消防水池、屋顶水箱、消防水泵房、变配电间、发电机房，以及人员密集场所的前台、厨房、仓库等消防安全重点部位必查。

⑤应设微型消防站、企业专职消防队、灭火救援工艺处置队的必查。

⑥执法检查人员开展现场检查，应根据《广东省消防救援总队"双随机、一公开"抽查事项清单》，核查场所防火间距、消防车通道、消防救援场地、建筑装修防火、防火防烟分隔、防爆设置、安全疏散、安全出口、消防水源、消防电源以及消防设施设置情况。

⑦执法检查人员对单位工作人员的抽查询问，应结合检查工作流程对不同工作岗位和管理级别的人员进行随机抽查询问。从员工名录中抽查 1 名入职 1 年以上员工，核实被检查单位是否每年对每名员工进行 1 次消防安全培训，公众聚集场所是否每半年对员工进行 1 次消防安全培训。从员工名录中抽查 1 名新入职员工，核实被检查单位是否组织新上岗和进入新岗位的员工进行上岗前的消防安全培训。核实消防控制室的值班、操作人员是否接受消防安全专门培训并持证上岗，现场抽查值班人员是否具备实际操作能力。

⑧现场检查结束后，执法检查人员应当对抽查结果进行汇总，当场向被检查单位反馈检查发现的问题并提出工作意见，单位陪同人员及联合检查人员在检查记录表和"双随机、一公开"监管系统执法终端上签字确认，同时利用"双随机、一公开"监管系统向社会公开检查结果，相关检查及评定结果按照程序进行公开公示。

3.2.4 个人应对题

在案例背景下，设置 9 道个人应对题目，题目可以为主观题也可以为客观题，例如：

该综合体首层、二至六层为商场，七层为餐厅，八层为歌舞厅及 KTV 包房，每层建筑面积为 15000 m^2，消防设施、器材设置符合相关消防技术规范要求，室内采用不燃、难燃材料装修。问：

（1）首层、二层、七层一个防火分区面积如何划分？（2）设有自动灭火系统时，歌舞厅一个厅、室的建筑面积应为多少？（3）歌舞厅的厅、室应与其他部位如何分隔？

3.2.5 个人应对题作答解析

考核对象答题应以要点为主，题目主要考核答题者的思考方式以及解决问题的方式，例如上题答案为：

（1）首层、二层商场部分一个防火分区面积不超过 4000 m^2，七层餐厅一个防火分区面积不超过 3000 m^2。（2）不应超过 200 m^2。（3）采用耐火极限不低于 2.00 h 的不燃烧体隔墙和不低于 1.00 h 的不燃烧体楼板与其他部位隔开，厅、室的疏散门应设置乙级防火门。

3.3 桌面推演题型举例

3.3.1 安检业务办理

案例背景： 某电竞网咖设置在一个 110000 m² 的大型商业综合体第五层 2~5 防火分区，除管理人外，共有员工 7 人。2022 年 1 月 17 日，该电竞网咖因不履行法定消防安全主体责任，在营业期间违规装修，引发火灾事故，导致 3 人死亡。2022 年 4 月 1 日，该电竞网咖重新装修后，采用告知承诺方式向辖区消防救援大队申报投入使用、营业前消防安全检查。在窗口申报时，窗口工作人员要求该电竞网咖提供《公众聚集场所投入使用、营业消防安全告知承诺书》和营业执照，其他材料在消防救援机构现场核查时提交，窗口当场出具《消防安全检查合格意见书》。2022 年 5 月 10 日，大队监督员对该电竞网咖开展现场检查，对第五层 2、5 防火分区消防设施、安全疏散开展全数抽查，对 4 名员工消防安全培训情况进行抽查，检查情况均合格。监督员在审核该电竞网咖现场提供的其他材料时指出，还欠缺住房城乡建设主管部门消防许可及法律、行政法规规定的其他材料，要求申报人现场核查后 15 个工作日内补齐。申请人逾期未能提供相关资料，大队对其做出依法撤销相应许可的处罚。

团体协作题：

请结合现行法律、法规、规章、制度，逐一指出上述案例中存在的问题。

答： 上述案例中主要存在以下 8 个问题。

(1) 该电竞网咖不履行法定消防安全主体责任，存在消防违法行为，其从事生产经营的场所发生较大亡人火灾事故，根据《广东省消防安全信用积分实施细则》，应扣 6 分信用分，属于消防安全信用 C 级，属于严重失信单位。

(2) 根据《广东省消防救援总队关于实行公众聚集场所投入使用营业前消防安全检查实施告知承诺管理等制度相关事项的通知》，凡消防安全信用监管等级确定为 C、D 级或者列入消防安全信用黑名单的社会单位或个人，不适用告知承诺。

(3) 根据《广东省消防救援总队关于实行公众聚集场所投入使用营业前消防安全检查实施告知承诺管理等制度相关事项的通知》，该电竞网咖设置在建筑面积超过 100000 m² 的大型商业综合体内，安全检查业务应由支队办理。

(4) 根据《公众聚集场所投入使用、营业消防安全检查规则》，该电竞网咖涉及 4 个防火分区，应至少抽查其中 3 个；该电竞网咖含管理人共有工作人员 8 名，应至少抽查 5 人，其中消防安全管理人为必考对象。

(5) 根据《广东省消防救援总队关于实行公众聚集场所投入使用营业前消防安全检查实施告知承诺管理等制度相关事项的通知》，承办人员应在案件受理后 20 个工作日内进行现场核查。

(6) 根据《广东省消防救援总队关于实行公众聚集场所投入使用营业消防安全检查

实施告知承诺管理等制度相关事项的通知》，住房城乡建设主管部门和消防救援机构行政许可互不作为前置条件。各地不得以任何理由，违法擅自增加行政许可前置条件，不得将建设工程消防设计审查验收意见书、不动产登记证等作为公众聚集场所投入使用、营业前消防安全检查受理材料或作为现场核查必查内容。

(7) 根据《广东省消防救援总队关于实行公众聚集场所投入使用营业前消防安全检查实施告知承诺管理等制度相关事项的通知》，现场核查时仍未能完全提交相关资料或资料内容经查存在应订正事项的，承办人员应口头要求申请人书面承诺及时补交，补交时限不得超过现场核查后 10 个工作日。申请人拒不提供或逾期不提供的，消防救援机构应按照《中华人民共和国消防法》第五十八条规定"违反本法规定，有下列行为之一的，由住房和城乡建设主管部门、消防救援机构按照各自职权责令停止施工、停止使用或者停产停业，并处三万元以上三十万元以下罚款：……(四)公众聚集场所未经消防救援机构许可，擅自投入使用、营业的，或者经核查发现场所使用、营业情况与承诺内容不符的。核查发现公众聚集场所使用、营业情况与承诺内容不符，经责令限期改正，逾期不整改或者整改后仍达不到要求的，依法撤销相应许可"查处，并根据《广东省消防安全信用监管实施办法(试行)》予以信用扣分，纳入"双随机"抽查范围，作为重点监管对象。

(8) 公众聚集场所投入使用、营业前消防安全检查受理材料中涉及营业执照的，受理人员可根据省政务服务数据管理局《关于依托"粤商码"的线下涉企政务服务"免证办"功能上线的通知》(粤政数函〔2021〕265号)，通过网页或政务系统对接下载电子证照。营业执照能够通过系统交互取得的，不得强制要求申报人提供。

个人应对题：

问题 1： 消防安全信用等级为 C 级的，公开有效期如何执行？时效多长？

答： 除行政处罚信息以外的消防安全信用信息根据等级确定公开有效期，按自然年度方式计算执行，公开有效期为 2 年。

问题 2： 公众聚集场所投入使用、营业前消防安全检查受理材料中涉及的"法律、行政法规规定的其他材料"具体指什么？

答： 仅指《互联网上网服务营业场所管理条例》等法律法规规定的前置材料。

问题 3： 消防监督人员在实施员工消防安全培训情况项目抽查时，具体应如何操作？

答： 应利用全民消防安全学习平台随机抽题考试，或组织现场闭卷考试，考试情况应归档备查。

问题 4： 哪些场所的投入使用、营业前消防安全检查必须由支队办理？

答： 设置在符合以下情形之一的建筑内，且达到一定规模的公众聚集场所申报投入使用、营业前消防安全检查的，业务办理由支队负责：

(1)建筑总面积大于 100000 m^2 的大型商业综合体；

(2)建筑高度大于 250 m 的高层公共建筑；

(3)存在特殊消防设计事项且经专家评审通过的建筑；

(4)支队列管的消防安全重点单位。

问题 5： 大队办理公众聚集场所投入使用、营业前消防安全检查时，申请人选择告知承诺方式办理且消防监督人员现场核查合格的，大队应如何履行行政审批手续？

　　答：申请人选择告知承诺方式办理的，消防监督员应在现场核查结束并资料收齐后 2 个工作日内向本级消防救援机构提交核查结果，按原公众聚集场所投入使用、营业消防安全检查审批流程审批后建档。呈批材料应包括《公众聚集场所投入使用、营业消防安全告知承诺现场核查情况审批表》、现场核查照片、申报材料、《公众聚集场所投入使用、营业消防安全检查记录表》等。

　　问题 6：监督员在开展现场检查时，发现一儿童活动场所与电竞网咖设置在同一楼层，针对这一情况，应做如何处理？

　　答：依据《重大火灾隐患判定方法》(GB 35181—2017)第 6.9 条，"托儿所、幼儿园的儿童用房以及老年人活动场所，所在楼层位置不符合国家工程建设消防技术标准的规定"，判定存在重大火灾隐患。

　　问题 7：监督员在开展现场检查时，发现该电竞网咖所在建筑物业管理公司以疫情防控为由，将首层 3 处安全出口锁闭，请按照《广东省消防救援机构行政处罚裁量标准》给出正确的量罚区间。

　　答：4.5 万元＜罚金≤5 万元。

　　问题 8：监督员在现场检查时，发现该电竞网咖采用隐蔽式喷头，请问《自动喷水灭火系统设计规范》(GB 50084—2017)对隐蔽式喷头的使用有何规定？该综合体公共区域能否使用隐蔽式喷头？

　　答：《自动喷水灭火系统设计规范》(GB 50084—2017)第 6.1.3 条第 7 点要求，"不宜选用隐蔽式洒水喷头；确需采用时，应仅适用于轻危险级和中危险级Ⅰ级场所"。该综合体为中危Ⅱ级场所，不能使用隐蔽式喷头。

　　问题 9：为切实提升该大型商业综合体消防安全管理水平，辖区消防救援大队安排监督员王某指导该综合体开展消防安全标准化管理达标创建工作，王某以工作难度大、不想从事监督工作为由，拒不执行大队安排，作为大队主官你应如何处理？

　　答：依据《广东省消防救援机构消防监督管理工作内部责任追究暂行规定》有关要求，应当根据情节、后果和责任，对责任人实施书面检查、通报批评、提醒谈话、脱产培训，直至取消评先评优资格的处理。

3.3.2　大型综合体检查

　　案例背景：某高层民用建筑于 2016 年建成投入使用，建筑高度为 115.6 m，地上 26 层，地下 3 层，总建筑面积 365640 m²，地上第 1~8 层为大型商场，第 9~26 层为公寓，是一座集购物、住宿、娱乐等多种功能于一体的大型商业综合体。第 1~8 层商场内设网吧、银行网点、餐饮场所、零售商店、生活休闲场所、国际影城、亲子体验商铺、KTV、书店、文化创意馆、手作生活馆等。

　　该建筑产权为天龙商业集团有限公司所有，以租赁形式交由他人使用，统一委托星际物业服务有限公司进行消防安全管理，物业公司委托第三方消防技术服务机构每月开展消防设施维护保养。

团体协作题：

7月份，辖区消防救援大队组织开展大型商业综合体消防安全专项抽查，考虑到该建筑体量大、功能复杂、消防设施系统多，大队安排全体监督员共同开展检查。作为检查团队，请按照相关制度要求制订检查方案并组织实施。

答：（1）工作分工：应结合检查人员专长，将检查人员分为建筑防火组、消防设施组、电气安全组、消防管理组、灭火救援组5个功能小组。

（2）执法检查人员开展现场检查，应当根据单位所在建筑的层数、防火分区数、场所规模等情况，确定抽查的项目及数量。

①3个防火分区（含）以上的，抽查3个防火分区，查看防火分隔是否保持完好有效。

②3层以上10层（含）以下的，抽查数量不少于3层。

③建筑的首层、顶层、避难层和地下商业空间必查，标准层、地下车库抽查数量不少于10%。

④消防控制室、消防水池、屋顶水箱、消防水泵房、变配电间、发电机房以及人员密集场所的前台、厨房、仓库等消防安全重点部位必查。

⑤应设微型消防站、企业专职消防队、灭火救援工艺处置队的必查。

⑥执法检查人员开展现场检查，应根据《广东省消防救援总队"双随机、一公开"抽查事项清单》，核查场所防火间距、消防车通道、消防救援场地、建筑装修防火、防火防烟分隔、防爆设置、安全疏散、安全出口、消防水源、消防电源以及消防设施设置情况。

⑦执法检查人员对单位工作人员的抽查询问，应结合检查工作流程对不同工作岗位和管理级别的人员进行随机抽查询问。从员工名录中抽查1名入职1年以上员工，核实被检查单位是否每年对每名员工进行1次消防安全培训，公众聚集场所是否每半年对员工进行1次消防安全培训。从员工名录中抽查1名新入职员工，核实被检查单位是否组织新上岗和进入新岗位的员工进行上岗前的消防安全培训。核实消防控制室的值班、操作人员是否接受消防安全专门培训并持证上岗，现场抽查值班人员是否具备实际操作能力。

⑧现场检查结束后，执法检查人员应当对抽查结果进行汇总，当场向被检查单位反馈检查发现的问题并提出工作意见，单位陪同人员及联合检查人员在检查记录表和"双随机、一公开"监管系统执法终端上签字确认，同时利用"双随机、一公开"监管系统向社会公开检查结果，相关检查及评定结果按照程序进行公开公示。

个人应对题：

问题1：支队应建立本级火灾防控专家库，人员专业应包括消防安全管理、建筑防火、消防设施、电气安全、灭火救援等领域。如此次检查邀请专家协同检查，根据《广东省消防救援机构聘请专家参与检查工作制度（试行）》有关要求，专家应如何选用，费用由谁支付？

答：下级消防救援机构可以根据实际需要，向上级消防救援机构申请聘用上级专家库成员开展检查工作。

各级消防救援机构应与受聘专家签订合作协议，明确双方各自应承担的责任和义务，商定完成工作的时间、内容等相关事宜。专家聘请费用应按规定纳入年度经费预算，按需支出。

问题2：根据《广东省火灾防范重点场所消防安全标准化管理指引》有关要求，该综合体应如何划分"大、中、小"三级网格？

答："大网格"为该综合体所有区域。

"中网格"为该综合体分属经营使用或管理区域，原则上以建筑楼层进行划分。建筑楼层内设置2个(含)以上防火分区的，应以单个防火分区进行划分。

"小网格"为该综合体内商铺、办公室、展厅、厨房等经营使用基本单元。大型商业综合体、商市场原则上以独立商铺划分。设置主力店、超市的，以产品经营范围划分。

"小模块"为该综合体消防控制室、消防水泵房、消防电梯机房、发电机房等消防设备用房。

问题3：该综合体首层、二至六层为商场，七层为餐厅，八层为歌舞厅及KTV包房，每层建筑面积为15000 m²，消防设施、器材设置符合相关消防技术规范要求，室内采用不燃、难燃材料装修。问：(1)首层、二层、七层一个防火分区面积如何划分？(2)设有自动灭火系统时，歌舞厅一个厅、室的建筑面积应为多少？(3)歌舞厅的厅、室应与其他部位如何分隔？

答：(1)首层、二层商场部分一个防火分区面积不超过4000 m²，七层餐厅一个防火分区面积不超过3000 m²。

(2)不应超过200 m²。

(3)采用耐火极限不低于2.00 h的不燃烧体隔墙和不低于1.00 h的不燃烧体楼板与其他部位隔开，厅、室的疏散门应设置乙级防火门。

问题4：大型商业综合体内餐饮场所的管理应当符合哪些要求？(答出4条以上)

答：(1)餐饮场所宜集中布置在同一楼层或同一楼层的集中区域；

(2)餐饮场所严禁使用液化石油气及甲、乙类液体燃料；

(3)餐饮场所使用天然气作燃料时，应当采用管道供气，设置在地下且建筑面积大于150 m²或座位数大于75的餐饮场所不得使用燃气；

(4)不得在餐饮场所的用餐区域使用明火加工食品，开放式食品加工区应当采用电加热设施；

(5)厨房区域应当靠外墙布置，并应采用耐火极限不低于2.00 h的隔墙与其他部位分隔；

(6)厨房内应当设置可燃气体探测报警装置，排油烟罩及烹饪部位应当设置能够联动切断燃气输送管道的自动灭火装置，并能够将报警信号反馈至消防控制室；

(7)炉灶、烟道等设施与可燃物之间应当采取隔热或散热等防火措施；

(8)厨房燃气用具的安装使用及其管路敷设、维护保养和检测应当符合消防技术标准及管理规定，厨房的油烟管道应当至少每季度清洗一次；

(9)餐饮场所营业结束时，应当关闭燃气设备的供气阀门。

问题5：经现场检查发现，该综合体消防控制室只有1名持消防行业特有工种职业资格证书上岗人员值守。

(1)依据《广东省实施〈中华人民共和国消防法〉办法》(以下简称《实施办法》)，在何种情况下消防控制室可由1名持证人员值班？

答：《实施办法》第十九条规定，消防控制室应当由其管理单位实行24小时值班制度，每班不少于 2 人；能够通过城市消防远程监控系统实现远程操作消防控制室所有控制功能的，每班不少于 1 人。消防控制室值班操作人员应当依法取得相应等级的消防行业特有工种职业资格证书，熟练掌握火警处置程序和要求，依法履行相关岗位职责。

(2)如不符合(1)中的条件，应如何查处？

答：《实施办法》第四十五条规定，消防控制室的管理单位违反本办法第十九条第二款规定，未落实消防控制室值班制度，或者安排不具备相应条件的人员值班的，由消防救援机构责令改正，并处 2000 元以上 10000 元以下罚款。

问题 6：该综合体设有 1 个微型消防站，与控制室合用，共 4 名队员，其中 2 名队员由消防控制室值班人员兼任。模拟拉动时，微型消防站队员赶到现场用时 5 分钟。依据《大型商业综合体消防安全管理规则(试行)》，该综合体微型消防站存在哪些问题？

答：大型商业综合体的建筑面积大于或等于 20 万 m² 时，应当至少设置 2 个微型消防站。(1)微型消防站应当根据大型商业综合体的建筑特点和便于快速灭火救援的原则分散布置，不得与消防控制室合用；(2)从各微型消防站站长中确定一名总站长，负责总体协调指挥。

微型消防站每班(组)灭火处置人员不应少于 6 人，且不得由消防控制室值班人员兼任。接到火警信息后，队员应当按照"3 分钟到场"要求赶赴现场扑救初起火灾，组织人员疏散，同时负责联络当地消防救援队，通报火灾和处置情况，做好到场接应，并协助开展灭火救援。

问题 7：县级以上人民政府消防救援机构对社会消防技术服务活动开展监督检查的形式有哪些？

答：(1)结合日常消防监督检查工作，对消防技术服务质量实施监督抽查；

(2)根据需要实施专项检查；

(3)发生火灾事故后实施倒查；

(4)对举报投诉和交办移送的消防技术服务机构及其从业人员的违法从业行为进行核查。

开展社会消防技术服务活动监督检查可以根据实际需要，通过网上核查、服务单位实地核查、机构办公场所现场检查等方式实施。

问题 8：经现场检查发现，该综合体物业公司与维保公司签订的维保协议中包含地下车库泡沫喷淋联用系统，但消防设施维保记录无相关维保记录，针对这一情况，应如何处理？

答：依据《社会消防技术服务管理规定》第二十九条，"消防技术服务机构不具备从业条件从事社会消防技术服务活动或者出具虚假文件、失实文件的，或者不按照国家标准、行业标准开展社会消防技术服务活动的，由消防救援机构依照《中华人民共和国消防法》第六十九条的有关规定处罚"。

《中华人民共和国消防法》第六十九条："消防设施维护保养检测、消防安全评估等消防技术服务机构，不具备从业条件从事消防技术服务活动或者出具虚假文件的，由消防救援机构责令改正，处五万元以上十万元以下罚款，并对直接负责的主管人员和其他直接责任人员处一万元以上五万元以下罚款；……有违法所得的，并处没收违法所得；给他人造成损失的，依法承担赔偿责任；情节严重的，依法责令停止执业或者吊销相应资格；造成重大损失的,由相关部门吊销营业执照,并对有关责任人员采取终身市场禁入措施。前款规定的机构出具失实文件,给他人造成损失的,依法承担赔偿责任;造成重大损失的,由消防救援机构依法责令停止执业或者吊销相应资格,由相关部门吊销营业执照,并对有关责任人员采取终身市场禁入措施。"

问题9: 经现场检查,该综合体内部中庭一处扶梯下方设置提供烤肠、热饮的固定商铺,针对这一情况,应如何处理?

答: 不符合《建筑设计防火规范(2018年版)》(GB 50016—2014)5.3.2条要求,应责令限期改正,逾期不改依法予以5千元以上5万以下的处罚。

3.3.3 老年人照料设施检查

案例背景: 2022年4月,辖区消防救援大队根据上级工作要求,部署开展全区医养结合建筑消防安全专项检查,根据有关部门提供的台账,大队辖区内共有医养结合建筑26处,大队决定以"双随机"方式开展此次专项检查,经查询"双随机"系统,其中7处未纳入检查对象库。

4月11日,大队监督员、大队聘请专家及有关行业主管部门对一医养结合建筑开展检查。该建筑于2007年建成,经验收合格后投入使用,建筑高度为99 m,每层建筑面积为1600 m²,第1~2层为厨房及餐厅,第3层为康复医疗室,第4~6层为老年人活动场所(每间活动场所400 m²),第7~33层为老年人公寓。该医养结合建筑一楼厨房于2017年在建筑北面贴邻设置瓶装液化石油气瓶组间,存放50 kg瓶装液化石油气6瓶。因该医养结合建筑经营规模扩大,于2021年又建设了一栋8层(25 m)的老年人公寓,耐火等级一级,建筑面积4000 m²,未经消防设计审查、验收,该建筑设置两条封闭楼梯、两台客用电梯,设置自动喷水灭火系统、火灾自动报警系统、室内消火栓系统,以及灭火器、应急照明等消防设施、器材,新建建筑与主体建筑之间防火间距为9 m。

团体协作题:

问题1: 按照现行规范,该99 m医养结合建筑存在什么问题?针对上述问题,应做如何处理?

答: (1)平面布置方面。

①独立建造的一、二级耐火等级老年人照料设施的建筑高度不宜大于32 m,不应大于54 m。

②老年人照料设施中的老年人公共活动用房、康复与医疗用房设置在地上四层及以上时,每间用房的建筑面积不应大于200 m²且使用人数不应大于30人。

③依据《重大火灾隐患判定方法》(GB 35181—2017)第6.9条,"托儿所、幼儿园的儿童用房以及老年人活动场所,所在楼层位置不符合国家工程建设消防技术标准的规定",应直接判定该养老院存在重大火灾隐患,并提请政府挂牌督办。

(2)易燃易爆危险品使用方面。

①根据《建筑设计防火规范(2018年版)》(GB 50016—2014)第5.4.17条第2点,"瓶组间不应与住宅建筑、重要公共建筑和其他高层公共建筑贴邻"。

②依据《重大火灾隐患判定方法》(GB 35181—2017)第6.8条，"在人员密集场所违反消防安全规定使用、储存或销售易燃易爆危险品"，直接判定存在重大火灾隐患；依据《中华人民共和国消防法》第六十二条，"违反有关消防技术标准和管理规定生产、储存、运输、销售、使用、销毁易燃易爆危险品的"，移交公安治安部门依法查处；依据《消防监督检查规定》(公安部令第120号)第二十二条，依法予以临时查封。

问题2：该医养结合场所经营者提出该建筑已取得合格消防手续，且2015年区消防救援大队检查时也为合格，对大队处理意见存在异议。作为辖区消防救援大队长，你应如何应对？

答：依据原《重大火灾隐患判定方法》(GA 653—2006)第4.5条的规定，可不判定为重大火灾隐患的情形如下：(1)可以立即整改的；(2)因国家标准修订引起的；(3)对重大火灾隐患依法进行了消防技术论证，并已采取相应技术措施的；(4)发生火灾不足以导致特大火灾事故后果或严重社会影响的。而新修订的《重大火灾隐患判定方法》(GB 35181—2017)第5.1.3条规定不应判定为重大火灾隐患的情形如下：(1)依法进行了消防设计专家评审，并已采取相应技术措施的；(2)单位、场所已停产停业或停止使用的；(3)不足以导致重大、特别重大火灾事故或严重社会影响的。

针对该医养结合建筑具体情况，建议组织火灾防范技术措施调研论证，通过论证提出整改措施和处理意见。

个人应对题：

问题1：该医养结合建筑是否属于老年人照料设施，老年人照料设施的定义是什么？

答：属于。老年人照料设施是指现行行业标准《老年人照料设施建筑设计标准》(JGJ 450—2018)中规定的床位总数(可容纳老年人总数)大于或等于20床(人)，为老年人提供集中照料服务的公共建筑，包括老年人全日照料设施和老年人日间照料设施。

问题2：根据总队《"双随机、一公开"消防监管工作实施办法(试行)》要求，月度"双随机"抽查单位数量的设置主要考虑哪些关键参数？"双随机、一公开"不适用的消防监督检查形式是什么？

答：应考虑专职监督员数量、兼职监督员数量、法定工作日天数、检查对象名录库、检查对象总数等关键参数。

"双随机、一公开"不适用于消防安全违法行为的举报投诉的核查，公众聚集场所投入使用、营业前的消防安全检查，以及上级督办核查等其他消防监督检查。

问题3：按照现行消防技术标准有关要求，新建6层建筑存在哪些问题？应如何处理？

答：应设置防烟楼梯间，应设置消防电梯，对于未经消防设施审查、验收擅自投入使用的消防安全违法行为，抄告住建部门。对未按国家技术标准设置防烟楼梯间、消防电梯的行为，依法予以查处。

问题4："双随机、一公开"消防监督检查对象名录库的定期更新有何要求？

答：各级消防救援机构应当与当地政府有关部门建立监管信息互联互通机制，定期交换、共享检查对象信息库的相关数据和信息。对市场监管、住建、商务、民政、教育、公安、文化和旅游、卫生健康等主要行业部门的相关数据和信息，应每半年至少更新一次，其他部门相关数据和信息应每年至少更新一次。

问题5：根据《建筑设计防火规范(2018年版)》(GB 50016—2014)有关要求，该建筑疏散走道、楼梯间，以及应急照明地面最低水平照度分别不少于多少？

答：10 lx，10 lx。

问题6：如何对该医养结合建筑隐患整改进行火灾防范技术措施调研论证？应由谁来组织？

答：由属地支队组织，可邀请总队派员参加。总队认为有必要或当地消防救援支队提出申请的，可以由总队直接组织实施。

问题7：该建筑是否需设置避难间？如需设置，应如何设置？

答：3层及3层以上总建筑面积大于3000 m²(包括设置在其他建筑内3层及以上楼层)的老年人照料设施，应在二层及以上各层老年人照料设施部分的每座疏散楼梯间的相邻部位设置1间避难间；避难间内可供避难的净面积不应小于12 m²，避难间可利用疏散楼梯间的前室或消防电梯的前室。

问题8：该医养结合建筑第20层至第30层进行室内装修改造，根据《广东省消防救援总队 广东省住房和城乡建设厅关于进一步加强房屋市政工程建设项目施工现场消防服务保障的通知》，消防救援机构和住房城乡建设主管部门是如何分工的？

答：各级消防救援机构要依法负责在建工地消防安全综合监管工作，承担涉及在建工地消防安全管理职责落实情况监督执法职能。住房城乡建设主管部门要依法负责在建工地工程质量安全监管和消防安全监管工作，依法承担相应消防执法职能，并及时告知同级消防救援机构新审批项目情况。

问题9：6层新建建筑与主体建筑之间防火间距是否符合要求？如间距不足，应采取何种补救措施？

答：不符合要求，应为13 m。

(1)两座建筑相邻较高一面外墙为防火墙，或高出相邻较低一座一、二级耐火等级建筑的屋面15 m及以下范围内的外墙为防火墙时，其防火间距不限。

(2)相邻两座建筑中较低一座建筑的耐火等级不低于二级且屋顶无天窗，相邻较高一面外墙高出较低一座建筑的屋面15 m及以下范围内的开口部位设置甲级防火门、窗，或设置符合现行国家标准《自动喷水灭火系统设计规范》(GB 50084—2017)规定的防火分隔水幕或该规范第6.5.3条规定的防火卷帘时，其防火间距不应小于3.5 m；对于高层建筑，不应小于4 m。

3.3.4 建筑消防设施检查

案例背景：某辖区大队组织对某一类高层公共建筑进行监督抽查，某建筑有地下2层、地上30层，地下各层均为车库及设备用房。地上一~四层为商场，五~三十层为写字楼，商场中庭贯通一~四层。二~四层中庭回廊按规范要求设置防火卷帘，其他部位按规范设置了火灾自动报警系统、自动喷水灭火系统、室内消火栓系统、防排烟系统以及消防应急照明和疏散指示系统等。检查情况如下：

(1)火灾报警控制器(联动型)功能检测。

检查人员拆下安装在消防控制室顶棚上的1只感烟探测器，火灾报警控制器(联动型)在 50 s 内显示故障信息并发出故障声音,选取另外 1 只感烟探测器加烟测试。火灾报警控制器(联动型)在 50 s 内显示探测器火灾报警信息和故障报警信息,并切换为火灾报警声音。

(2)防火卷帘联动控制功能检测。

检查人员将联动控制功能设置为自动工作方式,在地上一层模拟触发 2 只火灾探测器报警,二~四层中庭回廊防火卷帘下降到距楼板面 1.8 m 处。

(3)排烟系统联动控制功能检测。

检查人员将联动控制功能设置为自动工作方式。在二十八层模拟触发 2 只感烟探测器,排烟风机联动启动。现场查看该层排烟阀没有打开。通过消防联动控制器手动启动二十八层排烟阀,该排烟阀打开。

(4)消防应急照明和疏散指示系统功能检测。

系统由一台应急照明控制器、消防应急灯具、消防应急照明配电箱组成,应急照明控制器显示工作正常,现场发现 5 个消防应急标志灯具不同程度损坏;消防控制室发出十层以上应急转换联动控制信号,十层以上除十一层、十二层以外的消防应急灯具均转入应急工作状态。

(5)消防控制室记录。

检查人员检查了消防控制室值班记录,发现地下车库有两只感烟探测器,近半年来多次报警,但现场核实均没有发生火灾,确认为误报火警后值班人员做复位处理。

(6)消火栓系统检查。

检查人员对一楼步行街商铺外的室内消火栓进行检查发现,应每隔 40 m 设置 DN65 的消火栓,消火栓箱内设置水泵启动按钮、水带、水枪、栓阀,对其进行动压实验,检查人员将消火栓测压接头与栓口连接,打开栓阀,读数稳定后压力表显示 0.71 MPa。

(7)自动喷水灭火系统检查。

检查人员在对自动喷水灭火系统湿式报警阀组的检查工程中发现,报警管路控制阀处于关闭状态,经业主介绍得知,开启报警管路控制阀后水力警铃排水口处会不停地流水,喷淋泵也会频繁启动。

(8)灭火器检查。

对写字楼二十三楼部分灭火器进行检查发现,配置地点、配置数量符合规范要求,每个点配置两瓶 4 kg 碳酸氢钠干粉灭火器,该批灭火器出厂日期为 2012 年 6 月,组件完整,外观良好,无锈蚀、无松动。

(9)气体灭火系统联动控制功能检查。

该建筑配电室设置了 5 套预制七氟丙烷气体灭火装置,消防监督检查人员加烟触发配电室内一只感烟探测器报警,再加温触发一只感温探测器报警,配电室内声光报警器随之启动,但气体灭火控制器一直没有输出灭火启动及联动控制信号;按下气体灭火控制器上的启动按钮,气体灭火控制器仍然一直没有输出灭火启动及联动控制信号。经检查,确认气体灭火控制连接线路及接线均无问题。

团体协作题:

请根据题干回答,该大队是否按照"双随机、一公开"消防监督抽查规则开展了检查?

答：没有。

该场所应按照消防安全重点单位的"双随机一公开"监督抽查事项标准开展检查：

(1)消防安全责任人履责情况。

(2)消防安全管理人履责情况。

(3)消防档案建立情况。

(4)行政审批办理情况。

(5)防火巡查、检查落实情况。

(6)消防(控制室)值班情况。

(7)火灾隐患整改落实情况。

(8)安全疏散设施管理。

(9)用火、用电安全管理。

(10)重点部位管理情况。

(11)消防设施、器材管理情况。

(12)消防安全教育培训情况。

(13)消防组织建设情况。

(14)灭火和应急疏散准备情况。

(15)"三合一"场所是否存在违规住人、电动自行车违规停放或充电现象。

个人应对题：

问题1：该建筑火灾报警控制器(联动型)功能检测过程中的火灾报警功能是否正常？火灾报警控制器(联动型)功能检查还应包括哪些内容？

判定：应按照《火灾自动报警系统施工及验收标准》(GB 50166—2019)的规定检查控制器功能。使控制器与探测器之间的连线断路和短路，控制器应在100 s内发出故障信号(短路时发出火灾报警信号除外)；在故障状态下，使任一非故障部位的探测器发出火灾报警信号，控制器应在1 min内发出火灾报警信号，并应记录火灾报警时间。

答：(1)故障报警和火灾报警信息优先正常。应再使其他探测器发出火灾报警信号，检查控制器的再次报警功能，如正常，则火灾报警功能正常。

(2)火灾报警控制器(联动型)功能检查还应包括：

①检查自检功能和操作级别。

②检查消音和复位功能。

③使控制器与备用电源之间的连线断路和短路，控制器应在100 s内发出故障信号。

④检查屏蔽功能。

⑤使总线隔离器保护范围内的任一点短路，检查总线隔离器的隔离保护功能。

⑥使任一总线回路上不少于10只的火灾探测器同时处于火灾报警状态，检查控制器的负载功能。

⑦检查主、备电源的自动转换功能，并在备电工作状态下重复第⑥款检查。

⑧检查控制器特有的其他功能。

考点：火灾报警控制器(联动型)功能检测内容。

问题2：该建筑防火卷帘的联动控制功能是否正常？为什么？

判定：非疏散通道上设置的防火卷帘的联动控制，应由防火卷帘所在防火分区内任2只独立的火灾探测器的报警信号，作为防火卷帘下降的联动触发信号，并应联动控制防火卷帘直接下降到楼板面。

答：(1)二~四层防火卷帘联动功能不正常。

(2)中庭回廊设置的防火卷帘为防火分隔卷帘，即属在非疏散通道上设置的防火卷帘，其联动控制方式是由防火卷帘所在防火分区(一层及中庭空间为同一个防火分区)内任2只独立的火灾探测器的报警信号，作为防火卷帘下降的联动触发信号，并由联动控制防火卷帘直接下降到楼板面。

考点：非疏散通道上的防火卷帘的联动控制方式。

问题3：该建筑排烟系统的联动控制功能是否正常？为什么？

判定：排烟系统的联动控制，应由同一防烟分区内的2只独立的火灾探测器的报警信号，作为排烟口、排烟窗或排烟阀开启的联动触发信号，由消防联动控制器联动控制排烟口、排烟窗或排烟阀开启，同时停止该防烟分区的空气调节系统；排烟口、排烟窗或排烟阀开启的动作信号作为排烟风机启动的联动触发信号，由消防联动控制器联动控制排烟风机启动。

答：(1)该建筑排烟系统的联动控制功能不正常。

(2)二十八层同一防烟分区内的2只独立的火灾探测器的报警信号，应作为二十八层该防烟分区排烟阀开启的联动触发信号，并应由消防联动控制器联动开启相应排烟阀，同时停止该防烟分区的空气调节系统。排烟阀开启的动作信号，作为排烟风机启动的联动触发信号，并应由消防联动控制器联动控制排烟风机的启动。

考点：排烟系统的联动控制。

问题4：对5个损坏的消防应急标志灯具，应更换为何种类型的消防应急灯具？十一层、十二层的消防应急灯具未转入应急工作状态的原因是什么？

判定：(1)应急照明控制器控制并显示集中控制型消防应急灯具、应急照明集中电源、应急照明分配电装置、应急照明配电箱及相关附件等的工作状态。

(2)工作状态由应急照明控制器控制的消防应急灯具是集中控制型消防应急灯具。

答：(1)5个损坏的消防应急标志灯具应更换为集中控制型消防应急灯具。

(2)十一层、十二层的消防应急灯具未转入应急工作状态的原因：应急照明控制器与十一层、十二应急照明分配电装置、配电箱之间连接线断开；十一层、十二层应急照明分配电装置、配电箱与应急灯具之间的连接断路或短路；应急照明配电箱故障或损坏；消防应急灯具本身故障或损坏。

考点：消防应急照明和疏散指示系统。

问题5：该建筑地下车库感烟探测器误报火警的可能原因有哪些？值班人员对误报火警的处理是否正确？为什么？

判定：(1)火灾探测器和手动火灾报警按钮等报警触发装置，可能因产品质量、使用环境及人为损坏等原因而产生误动作。

(2)报警触发装置误报火警应按《建筑消防设施的维护管理》(GB 25201—2010)的规定程序处理。

答：(1)感烟探测器误报火警，通常有下列原因。

①产品质量问题：产品技术指标达不到要求，稳定性比较差，对使用环境非火灾因素如温度、湿度、灰尘、风速等引起的灵敏度漂移得不到补偿或补偿能力低，对各种干扰及线路分析参数的影响无法自动处理而误报。

②环境因素：电磁环境干扰，主要表现为空中电磁波干扰、电源及其他输入输出线上的窄脉冲群、人体静电干扰；气流影响烟气的流动线路，对离子感烟探测影响比较大，对光电感烟探测器也有一定影响；探测器距空调送风口过近、探测器安装在易产生水蒸气的场所；可能产生大量粉尘或油雾等。

③线路接头压接不良或布线不合理，系统开通前对防尘、防潮、防腐措施处理不当；元件老化；灰尘和昆虫；探测器损坏。

(2)值班人员对误报火警的处理不正确。确认属于误报时，应查找误报原因并填写《建筑消防设施故障维修记录表》，向建筑使用管理单位消防安全管理人报告。消防安全管理人应立即通知维修人员或委托具有资质的消防设施维保单位进行维修。维修期间，应采取确保消防安全的有效措施；故障排除后，应进行相应功能试验，并经单位消防安全管理人检查确认。维修情况应记入《建筑消防设施故障维修记录表》。

考点：感烟探测器误报火警原因、建筑消防设施的维护管理。

问题6：该建筑步行街部分室内消火栓设施是否符合规范要求？如何对该建筑室内消火栓系统进行动压测试？测试结果应在多少范围内？

判定：(1)《建筑设计防火规范(2018年版)》(GB 50016—2014)第5.3.6条："餐饮、商店等商业设施通过有顶棚的步行街连接，且步行街两侧的建筑需利用步行街进行安全疏散时，应符合下列规定：……步行街两侧建筑的商铺外应每隔30 m设置DN65的消火栓，并应配备消防软管卷盘或消防水龙，商铺内应设置自动喷水灭火系统和火灾自动报警系统；每层回廊均应设置自动喷水灭火系统。步行街内宜设置自动跟踪定位射流灭火系统。"

(2)《消防给水及消火栓系统技术规范》(GB 50974—2014)第7.4.12条："室内消火栓栓口压力和消防水枪充实水柱，应符合下列规定：①消火栓栓口动压力不应大于0.50 MPa，当大于0.70 MPa时必须设置减压装置；②高层建筑、厂房、库房和室内净空高度超过8m的民用建筑等场所，消火栓栓口动压不小于0.35 MPa，且消防水枪充实水柱应按13 m计算；其他场所，消火栓栓口动压不应小于0.25 MPa，且消防水枪充实水柱应按10 m计算。"

答：(1)该建筑步行街部分室内消火栓设施不符合规范要求。室外消火栓间隔不应大于30 m，应设置软管卷盘。

(2)消火栓栓口出水压力(动压)的测量：

①将水带延展好，水带一端连接到消火栓栓口。

②将水带另一端接到测压接头的进口，取下测压接头后端盖。

③待持测压接头人员把持好后，逐步打开消火栓阀门直至全开，按下消火栓箱内启泵按钮，待压力表数值稳定时读取数值，该值即为消火栓口的出水压力。

这里要明确，测试消火栓的动压，不是直接接在消火栓栓口的阀门位置测试的，是要连接在水带的另一端来测试的，这样测出的压力比较准确。

(3)消火栓栓口动压力不应大于0.50 MPa；当大于0.70 MPa时必须设置减压装置。

考点：室内消火栓设计、组件要求、动压测试方法及要求。

问题7：分析有可能导致报警阀异常灵敏而频繁启动的原因，并给出解决方法。

答：（1）排水阀门未完全关闭，应关紧排水阀。

（2）阀瓣密封垫老化或者损坏，应更换密封垫。

（3）系统侧管路渗漏严重，导致阀瓣经常开启。全面检查系统侧管路和附件，修补渗漏。

（4）阀瓣组件与阀座之间因变形或污垢、杂物阻挡出现不密封状态，应冲洗阀瓣、阀座，必要时更换组件。

（5）延迟器下部孔板溢出，水孔堵塞，卸下筒体、拆下孔板进行清洗。

考点：湿式报警阀组故障排除。

问题8：灭火器配置是否合理？若不合理，给出解决方案。

判定：根据《建筑灭火器配置设计规范》（GB 50140—2005），该建筑属于 A 类火灾场所，严重危险等级。

答：（1）碳酸氢钠灭火器也被称为 BC 干粉灭火器，该建筑属于 A 类火灾场所，建议配置磷酸铵盐干粉（ABC 干粉）灭火器。

（2）严重危险等级应配置单只灭火级别不小于 3A 的灭火器，建议配置 5 kg ABC 干粉灭火器，每个存放点两支。

（3）干粉灭火器已超过报废年限（10 年），建议更换一批。

考点：灭火器配置。

问题9：指出配电室气体灭火控制功能不符合规范之处，气体灭火控制器没有输出灭火启动及联动控制信号的原因主要有哪些？

答：（1）两只探测器报警后声光报警器启动不符合要求。理由：声光警报器应在首个火灾报警信号后启动。

（2）两个独立火灾报警信号后，气体灭火控制器一直没有输出灭火启动及联动信号，不符合要求。理由：气体灭火控制器应可以输出灭火启动及联动信号。

（3）按下气体灭火控制器上的启动按钮，仍然一直没有输出灭火启动及联动控制信号不符合要求，应可以手动启动。

（4）控制模块损坏。

（5）显示装置损坏，无法显示。

（6）通信控制单元损坏。

（7）控制设置错误，造成无限制延时。

3.3.5　新旧规范适用

案例背景1：某加油站设有 3 个 40 m³ 的汽油罐和 2 个 50 m³ 的柴油罐，设置有 8 台加油机，每台加油机均配置了 2 具 5 kg 手提式干粉灭火器。该加油站还配置了灭火毯 8 块、沙子 4 m³，加油站内路面为沥青路面。该加油站于 1999 年经消防审批合格后投入使用，后因城市发展，加油站所在地由原来的郊区变为城市中心区。2022 年 5 月，辖区消防救援大队对该加油站开展监督检查。

案例背景2：某地上 31 层、地下 4 层的综合楼，建筑高度为 130 m，地下室为汽车库和设备用房，第1~5层为大型商业综合体，每层建筑面积5000 m²；第6~31层为办公室，其中第15层(65 m)、第24层(100 m)为避难层，总建筑面积12万 m²。该综合楼2007年依据《高层民用建筑设计防火规范(2005年版)》(GB 50045—1995)消防审批合格并投入使用；2022年7月重新进行室内装修(属于改建的一种形式)，5楼设置一网咖，3楼设置一儿童活动场所。该综合楼消防控制室设在首层，消防水泵房设置在地下四层，柴油发电机房设置在地下一层。该建筑设置了室内外消火栓系统、火灾自动报警系统、自动喷水灭火系统、机械防排烟系统和气体灭火系统。高位水箱设置在建筑屋面，水箱容积为18 mm³。该建筑在合法竣工验收后，除避难层之外，均已房产确权。

团体协作题：

问题1： 作为辖区消防救援大队，针对上述两个单位的检查情况，从标准适用、法律溯及力原则考虑，应做如何处理？

问题2： 辖区消防救援大队依据《重大火灾隐患判定方法》(GB 35181—2017)中第6.3条"城市建成区内的加油站、天然气或液化石油气加气站、加油加气合建站的储量达到或超过GB 50156对一级站的规定"，直接判定案例1为重大火灾隐患。请就重大火灾隐患监督整改工作流程等进行桌面推演。

答： 案例处理措施如下。

(1)案例1加油站的应对：《中华人民共和国行政许可法》第8条规定："公民、法人或者其他组织依法取得的行政许可受法律保护，行政机关不得擅自改变已经生效的行政许可。行政许可所依据的法律、法规、规章修改或者废止，或者准予行政许可所依据的客观情况发生重大变化的，为了公共利益的需要，行政机关可以依法变更或者撤回已经生效的行政许可。由此给公民、法人或者其他组织造成财产损失的，行政机关应当依法给予补偿。"此条被认为是《中华人民共和国行政许可法》的信赖保护原则。在保护重大公共利益或者维护社会公平时，对特殊情况需要溯及既往，才能很好地维护社会秩序，保障人民生命财产安全。

《中华人民共和国消防法》第22条规定："已经设置的生产、储存、装卸易燃易爆危险品的工厂、仓库和专用车站、码头，易燃易爆气体和液体的充装站、供应站、调压站，不再符合前款规定的，地方人民政府应当组织、协调有关部门、单位限期解决，消除安全隐患。"针对火灾隐患大、火灾后果严重的易燃易爆场所，其消防安全需要溯及既往，消防救援机构要慎重对待。故要推动政府协调有关部门限期解决该加油站存在的消防安全隐患。

(2)案例2综合楼的应对：由于消防规范原因，消防救援机构如强制要求在50 m和100 m处增设避难层，涉嫌违反《中华人民共和国物权法》，侵犯原综合楼层的业主权益。《中华人民共和国立法法》第93条规定"法律、行政法规、地方性法规、自治条例和单行条例、规章不溯及既往"。同样，对于新制定和修订的消防技术标准，只适用于该标准施行之后的新建、扩建或改建项目，不适用于已经建成的项目，也就是不溯及既往。新旧法律标准适用其实就是法的溯及力问题，除《中华人民共和国刑法》确立的"罪刑法定"原则和"从旧兼从轻"原则外，其他法律在具体执行时，由于对"有利"的内涵无法进行确切的判断，因此难以明确不溯及既往或有条件溯及既往。法不溯及既往能有效防止公权力的滥用而造成私权利受到侵害，能够有效维护公民的权利与法律地位，因此法不溯及既往原则应当贯穿立法、执法、司法、守法和法律监督的各个环节。针对本案例,可综合运用专家检查、技术论证等措施,推动综合楼按照现行消防技术标准整改。

重大火灾隐患监督整改工作流程(图3-1):

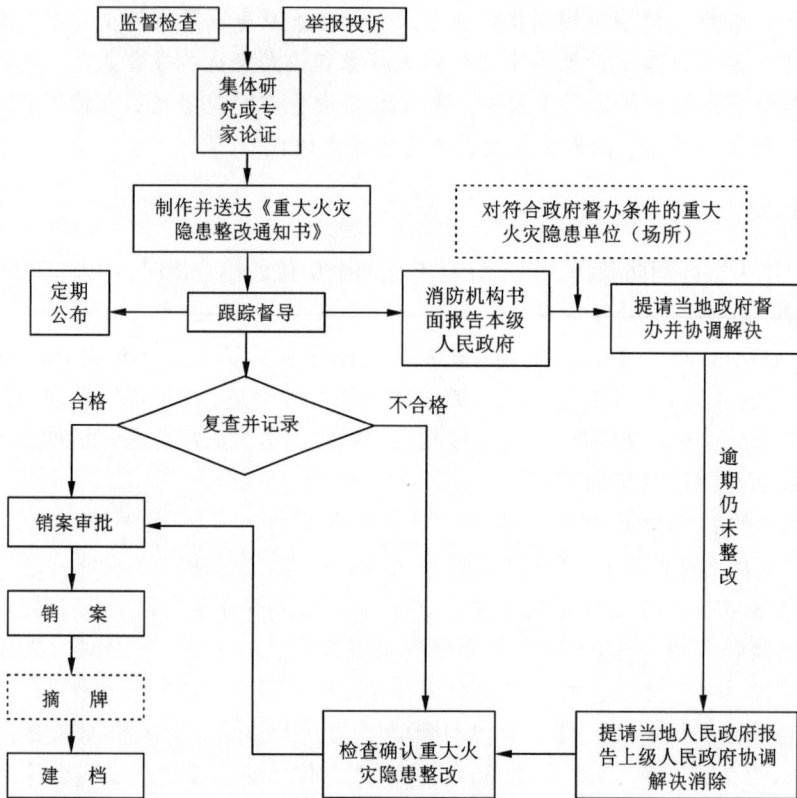

图3-1 重大火灾隐患监督整改工作流程

工作流程中的要点(依据《广东省消防救援机构重大火灾隐患和火灾高风险区域确定、报告和挂牌督办制度(试行)》):

(1)各支队、大队在消防监督检查中发现城乡消防安全布局、公共消防设施不符合消防安全要求,或者发现本地区存在影响公共安全的重大火灾隐患的,经集体议案研究确定后,应当自检查之日起7个工作日内提出处理意见,按程序报告本级人民政府解决(根据责任制规定,人民政府需在7日内批复);组织专家论证的,应自检查之日起7个工作日内提出处理意见。对影响公共安全的重大火灾隐患,还应当在确定之日起3个工作日内书面通知存在重大火灾隐患的单位进行整改。

(2)下列社会单位或者场所存在重大火灾隐患但整改困难,严重影响公共安全的,各支队、大队应当及时按程序提请本级人民政府予以挂牌督办,协调解决:①医院、养老院、学校、托儿所、幼儿园、车站、码头、地铁站等人员密集场所;②生产、储存和装卸易燃易爆化学物品的工厂、仓库和专用车站、码头、储罐区、堆场,易燃易爆气体和液体的充装站、供应站、调压站等生产、储存或使用易燃易爆化学物品的单位或者场所;③不符合消防安全布局要求，必须拆迁的单位或者场所；④其他影响公共安全的单位和场所。

（3）对确有正当理由不能在期限内整改完毕，单位在整改期限届满前提出书面延期申请的，消防救援机构应当在组织集体研究后作出是否同意延期的决定。

（4）消防救援机构应当自重大火灾隐患整改期限届满或收到当事人书面申请之日起3个工作日内进行复查。

（5）社会单位确定存在重大火灾隐患的，消防救援机构应严格依法实施行政处罚和行政强制措施。逾期未完成重大火灾隐患整改，仍不具备消防安全条件的，消防救援机构应提请本级政府组织有关部门、单位依法采取相应强制措施。

（6）重大火灾隐患经消防救援机构检查确认整改消除，或经专家论证认为已经消除的，或生产经营储存部位恢复空置停用状态的，视为重大火灾隐患解除，报消防救援机构负责人批准后予以销案。政府挂牌督办的重大火灾隐患经消防救援机构复查合格后，消防救援机构应按程序提请本级人民政府摘牌销案。

个人应对题：

问题1：根据加油站等级划分，案例1中的加油站属于几级加油站？该加油站有无存在不符合现行消防技术标准的地方？

答：（1）该加油站油罐总容积：40×3+50×2/2=170 m³，该加油站属于一级加油站。

（2）该加油站违反《汽车加油加气加氢站技术标准》（GB 50156—2021）第4.0.2条"在城市中心区不应建一级汽车加油加气加氢站、CNG加气母站"的规定；该加油站不应采用沥青路面。

问题2：案例2中的综合楼存在哪几项不符合现行消防技术标准的地方？

答：（1）原设一个避难层在第15层（65 m），违反了《建筑设计防火规范（2018年版）》（GB 50016—2014）第5.5.23条中"建筑高度大于100 m的公共建筑"，"第一个避难层（间）的楼地面至灭火救援场地地面的高度不应大于50 m"的规定。

（2）原消防水泵房设在负四层，违反了《建筑设计防火规范（2018年版）》（GB 50016—2014）第8.1.6条中"附设在建筑内的消防水泵房，不应设置在地下三层及以下或室内地面与室外出入口地坪高差大于10 m的地下楼层"的规定。

（3）高位水箱容积为18 m³，违反了《消防给水及消火栓系统技术规范》（GB 50974—2014）第5.2.1条中建筑高度大于100 m的一类高层公共建筑高位水箱不应小于50 m³的规定。

问题3：该综合楼内大型商业综合体内餐饮场所的管理应当符合哪些要求？（答出4条以上）

答：（1）餐饮场所宜集中布置在同一楼层或同一楼层的集中区域。

（2）餐饮场所严禁使用液化石油气及甲、乙类液体燃料。

（3）餐饮场所使用天然气作燃料时，应当采用管道供气。设置在地下且建筑面积大于150 m²或座位数大于75个的餐饮场所不得使用燃气。

（4）不得在餐饮场所的用餐区域使用明火加工食品，开放式食品加工区应当采用电加热设施。

（5）厨房区域应当靠外墙布置，并应采用耐火极限不低于2.00 h的隔墙与其他部位分隔。

(6)厨房内应当设置可燃气体探测报警装置,排油烟罩及烹饪部位应当设置能够联动切断燃气输送管道的自动灭火装置,并能够将报警信号反馈至消防控制室。

(7)炉灶、烟道等设施与可燃物之间应当采取隔热或散热等防火措施。

(8)厨房燃气用具的安装使用及其管路敷设、维护保养和检测应当符合消防技术标准及管理规定;厨房的油烟管道应当至少每季度清洗一次。

(9)餐饮场所营业结束时,应当关闭燃气设备的供气阀门。

问题4:4楼剧场(容纳人数为2800人)至少应设置几个安全出口?

答:对于剧场、电影院、礼堂的观众厅或多功能厅,每个疏散门的平均疏散人数不应超过250人;当容纳人数超过2000人时,其超过2000人的部分,每个疏散门的平均疏散人数不应超过400人。故共应设置10个安全出口。

问题5:5楼网咖申报公众聚集场所投入使用、营业前消防安全检查的受理材料中涉及的"法律、行政法规规定的其他材料"具体指什么?

答:仅指《互联网上网服务营业场所管理条例》等法律法规规定的前置材料。

《互联网上网服务营业场所管理条例》第十一条:文化行政部门应当自收到申请之日起20个工作日内作出决定;经审查,符合条件的,发给同意筹建的批准文件。

申请人完成筹建后,应当向同级公安机关承诺符合信息网络安全审核条件,并经公安机关确认当场签署承诺书。申请人还应当依照有关消防管理法律法规的规定办理审批手续。

申请人执信息网络安全承诺书并取得消防安全批准文件后,向文化行政部门申请最终审核。文化行政部门应当自收到申请之日起15个工作日内依据本条例第八条的规定作出决定;经实地检查并审核合格的,发给《网络文化经营许可证》。

问题6:该综合楼物业公司与维保公司签订的维保协议中包含地下室发电机房气体灭火系统,但消防设施维保记录无相关维保记录,依据《社会消防技术服务管理规定》应当如何处理?

答:依据《社会消防技术服务管理规定》第二十九条,"消防技术服务机构不具备从业条件从事社会消防技术服务活动或者出具虚假文件、失实文件的,或者不按照国家标准、行业标准开展社会消防技术服务活动的,由消防救援机构依照《中华人民共和国消防法》第六十九条的有关规定处罚"。《中华人民共和国消防法》第六十九条:"消防设施维护保养检测、消防安全评估等消防技术服务机构,不具备从业条件从事消防技术服务活动或者出具虚假文件的,由消防救援机构责令改正,处五万元以上十万元以下罚款,并对直接负责的主管人员和其他直接责任人员处一万元以上五万元以下罚款;……有违法所得的,并处没收违法所得;给他人造成损失的,依法承担赔偿责任;情节严重的,依法责令停止执业或者吊销相应资格;造成重大损失的,由相关部门吊销营业执照,并对有关责任人员采取终身市场禁入措施。前款规定的机构出具失实文件,给他人造成损失的,依法承担赔偿责任;造成重大损失的,由消防救援机构依法责令停止执业或者吊销相应资格,由相关部门吊销营业执照,并对有关责任人员采取终身市场禁入措施。"

问题7:案例2中的高层综合楼首层至五层产权为甲业主所有,地下室/六~三十一层产权为乙业主所有,根据《高层民用建筑消防安全管理规定》,为避免由于多业主、使用人

之间推诿扯皮致消防安全责任落不到实处,应当如何指导和划分彼此的消防安全职责?

答:根据《高层民用建筑消防安全管理规定》第五条,同一高层民用建筑有两个及以上业主、使用人的,各业主、使用人对其专有部分的消防安全负责,对共有部分的消防安全共同负责。

同一高层建筑有两个以上业主(使用人)的,应当委托一家消防专业服务单位,或者明确一个业主(使用人)作为统一管理人,对共有部分的消防安全实行统一管理,并负责协调、指导业主、使用人共同做好整栋建筑的消防安全工作,并通过书面形式约定各方消防安全责任。

问题8:案例2中的高层综合楼第3层商场需重新进行装修,消防救援机构应如何指导业主注意施工现场的消防安全?

答:依据《高层民用建筑消防安全管理规定》第十四条,高层民用建筑施工期间,建设单位应当与施工单位明确施工现场的消防安全责任。施工期间应当严格落实现场防范措施,配置消防器材,指定专人监护,采取防火分隔措施,不得影响其他区域的人员安全疏散和建筑消防设施的正常使用。高层民用建筑的业主、使用人不得擅自变更建筑使用功能、改变防火防烟分区,不得违反消防技术标准使用易燃、可燃装修装饰材料。

依据《高层民用建筑消防安全管理规定》第十五条,高层民用建筑的业主、使用人或者物业服务企业、统一管理人应当对动用明火作业实行严格的消防安全管理,不得在具有火灾、爆炸危险的场所使用明火;因施工等特殊情况需要进行电焊、气焊等明火作业的,应当按照规定办理动火审批手续,落实现场监护人,配备消防器材,并在建筑主入口和作业现场显著位置公告。作业人员应当依法持证上岗,严格遵守消防安全规定,清除周围及下方的易燃、可燃物,采取防火隔离措施。作业完毕后,应当进行全面检查,消除遗留火种。高层公共建筑内的商场、公共娱乐场所不得在营业期间动火施工。

问题9:综合楼3楼设置的儿童活动场所,在平面布置和安全疏散上有何要求?

答:应采用耐火极限不低于2.00 h的隔墙和1.00 h的楼板与商场其他部位分隔,应设置独立的安全出口和疏散楼梯。

3.3.6 消防安全信用监管

案例背景:某超高层公共建筑被消防救援机构抽查发现存在严重消防安全违法行为,经消防救援机构通知后,拒不改正。对于该情况,消防救援机构依法对该单位实施信用登记评定,扣除信用积分6分。

团体协作题:

信用信息公示后,当事人存在异议,请画出异议处理流程图。
答:异议处理流程图,如图3-2所示。

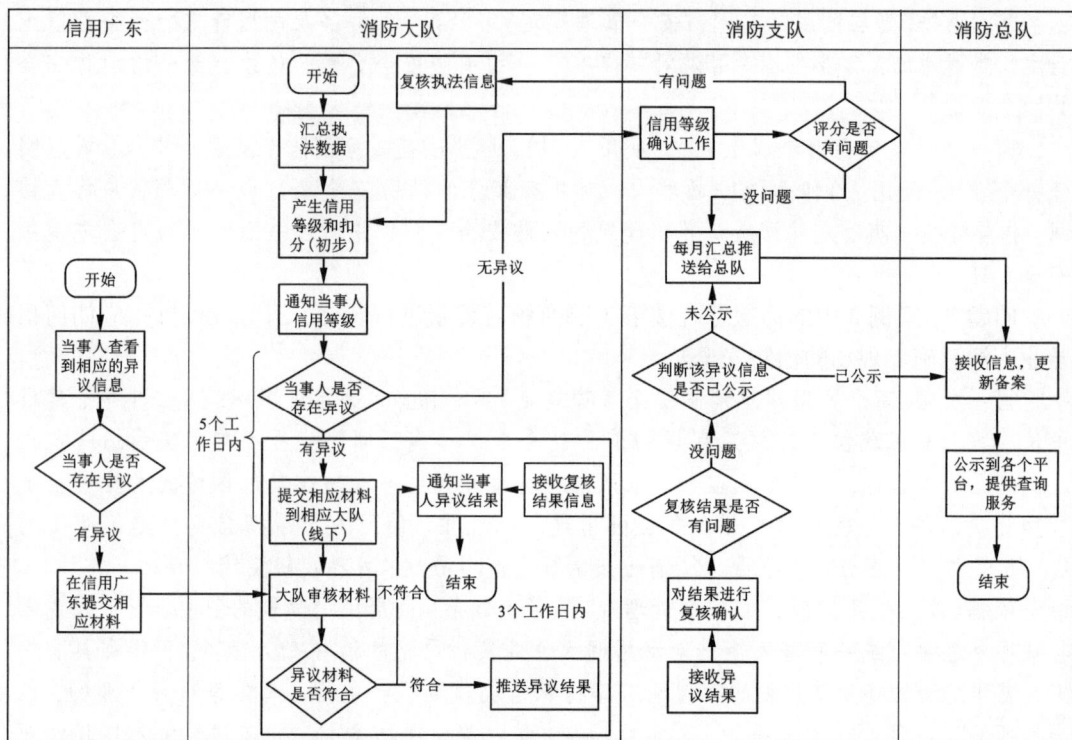

图 3-2 异议处理流程图

个人应对题：

问题1：消防安全信用等级是如何确定的？

答：消防安全信用等级采取信用积分模式确定，满分为10分。

(1)社会单位和个人信用积分累计为8分以上的，确定为A级，列入消防安全守信名单。

(2)社会单位和个人信用积分累计为6分以上8分以下的，确定为B级，列入消防安全一般失信名单。

(3)社会单位和个人信用积分累计为超过0分不足6分的，确定为C级，列入消防安全较重失信名单。

(4)社会单位和个人信用积分累计为0分的，确定为D级，列入消防安全严重失信名单。

问题2：消防安全信用信息公开有效期是如何规定的？

答：除行政处罚信息以外的消防安全信用信息根据等级确定公开有效期，按自然年度方式计算执行。

(1)确定为B级的对象信息，公开有效期为6个月。

(2)确定为C级的对象信息，公开有效期为2年。

(3)确定为D级的对象信息，公开有效期为3年。

（4）行政处罚信息的公示与修改条件及程序按国家相关规定执行。

问题3：哪些情形不适用消防安全信用修复？

答：被处以责令停产停业，或吊销许可证、吊销执照，以及消防安全信用等级为D级的社会单位和个人不适用消防安全信用修复。

消防安全信用修复后一年内再次受到行政处罚的，不予消防安全信用修复。

问题4：申请信用修复应满足什么条件？

答：消防安全信用等级为B、C级的社会单位和个人在信用信息公开时限内满足以下要求的，可开展消防安全信用修复，但信用信息公开时限不得少于《广东省消防安全信用监管实施办法(试行)》第九条规定时限的一半：

（1）社会单位和个人在规定期限内完成火灾隐患或消防违法行为整改，经当事人书面申请和消防救援机构现场核实，确实消除违法行为和火灾隐患，履行行政处罚、行政强制措施要求，落实消防安全管理主体责任。

（2）个人应当在规定期限内通过集中免费教学或消防救援机构门户网站接受消防安全专题教育培训，达到规定学时要求，经考核取得合格成绩。按1天4个学时计，属于消防安全信用等级为B级的，消防安全专题教育培训学习不得少于12个学时；属于消防安全信用等级为C级的，消防安全专题教育培训学习不得少于24个学时。

（3）个人还应当在规定期限内由本人承担社区消防义工，发放宣传单张，普及消防安全常识，并达到规定数量要求。属于消防安全信用等级为B级的，社区消防义工服务范围不得少于1个行政社区(村)，入户宣传不少于100户；属于消防安全信用等级为C级的，社区消防义工服务范围不得少于2个行政社区(村)，入户宣传不少于200户。社区消防义工服务数量判定应以回收消防安全宣传单张回执为准。

鼓励符合条件的第三方信用服务机构向消防安全失信单位和个人提供信用报告、信用管理咨询等服务。提交信用报告可作为社会单位和个人消防安全信用修复具体方式之一，并列入消防安全信用档案。

问题5：符合哪些情形时，承办消防监督员应在承办呈请前提请本级消防救援机构组织集体议案？

答：（1）案件情形较复杂，消防救援机构负责人或案件承办人员认为应当组织集体议案的。

（2）累计信用扣分4.5分以上的。

信用扣分情形符合行政处罚、行政强制措施、火灾事故认定复核、重大火灾隐患认定等集体议案情形的，信用监管集体议案可与行政处罚、行政强制措施、火灾事故认定复核、重大火灾隐患认定等集体议案合并组织。

问题6：经现场检查时发现，该单位消防控制室只有一名持消防行业特有工种职业资格证书的上岗人员值守，依据《广东省实施〈中华人民共和国消防法〉办法》，在何种情况下消防控制室可由一名持证人员值班？

答：该办法第十九条规定："消防控制室应当由其管理单位实行二十四小时值班制度，每班不少于两人；能够通过城市消防远程监控系统实现远程操作消防控制室所有控制功能的，每班不少于一人。消防控制室值班操作人员应当依法取得相应等级的消防行业特有工种职业资格证书，熟练掌握火警处置程序和要求，依法履行相关岗位职责。"

问题 7：如消防控制室不符合单人值班要求只安排一人持证人员值班，应如何查处？

答：《广东省实施〈中华人民共和国消防法〉办法》第四十五条规定："消防控制室的管理单位违反本办法第十九条第二款规定，未落实消防控制室值班制度，或者安排不具备相应条件的人员值班的，由消防救援机构责令改正，对经营性单位处二千元以上一万元以下罚款，对非经营性单位处五百元以上一千元以下罚款。"

问题 8：该建筑 17 楼公寓一住户在楼梯间为电动自行车锂电池充电，应该如何查处？

答：依据《高层民用建筑消防安全管理规定》第四十七条、《广东省实施〈中华人民共和国消防法〉办法》第四十九条，由消防救援机构责令立即改正；拒不改正的，对该住户处五百元以上一千元以下罚款。

问题 9：消防救援机构接到居民投诉该建筑 3 楼卡拉 OK 厅存在火灾隐患，遂安排监督人员到现场检查，发现该卡拉 OK 厅安全出口处和通道上堆满货物。问：

(1)对安全出口上锁、疏散通道堵塞的举报、投诉，应当在多少时间内进行核查？

(2)对其他消防违法行为的举报、投诉，应当在多少时间内进行核查？

(3)监督人员对该隐患应如何处置？

答：(1)24 小时内。

(2)3 个工作日内。

(3)应当责令改正，并处五千元以上五万元以下处罚。

3.3.7　信访案件处理

案例背景：陈某等人是幸福住宅小区的业主。该小区于 2002 年建成并投入使用。2021 年 12 月 22 日，陈某通过 12345 热线向辖区消防救援大队提出政府信息公开申请，申请公开幸福住宅小区项目的相关消防行政审批图纸，以确认其是否达到消防安全标准。2021 年 12 月 27 日，辖区消防救援大队向该小区开发商 A 有限公司和物业管理单位 B 公司发出征求意见书，征询其是否同意公开幸福住宅小区竣工验收图纸，A 公司和 B 公司分别答复不同意。2022 年 1 月 15 日，辖区消防救援大队以消防设计文件、消防竣工图纸等内容因涉及第三方商业秘密或个人隐私，经征求第三方意见后决定不予公开为由不予公开小区竣工图纸，并书面答复申请人。

申请人陈某不服，于 2022 年 1 月 22 日向区政府申请行政复议，2022 年 2 月 23 日，区政府作出行政复议决定，责令消防救援大队重新作出处理。

2022 年 4 月 7 日，陈某到辖区消防救援大队信访，要求处理经办人员不作为行为，同时投诉幸福小区存在杂物堵塞疏散楼梯、小区管理处违规扩建首层原有管理用房等违法行为。

2022 年 4 月 8 日，消防大队监督员到场开展监督检查，疏散通道上堆放杂物堵塞通道、小区管理处违规扩建首层原有管理用房属实。检查中发现，该小区自编 K 栋住宅楼原为 9 层塔式住宅楼，设置一条敞开疏散楼梯，后因加建电梯，经规划公示后在楼顶加建 1 层，目前现场为 10 层，高 30 m。

团体协作题：

作为辖区消防救援大队，请用桌面推演形式回答下列问题：

(1)指出消防救援大队办理信息公开过程中存在的不足。

(2)指出核查发现该小区存在的消防安全隐患及其对策。

(3)指出信访人提出要求处理经办人员不作为的应对措施及信访工作办理要求和时效。

答： (1)消防救援大队在信息公开办理中存在的问题如下：①消防救援大队以"涉及第三方商业秘密或个人隐私"为由不予公开小区竣工图纸不妥，应予公开。②《中华人民共和国政府信息公开条例》第二十四条规定，"行政机关收到政府信息公开申请，能够当场答复的，应当当场予以答复。行政机关不能当场答复的，应当自收到申请之日起15个工作日内予以答复；如需延长答复期限的，应当经政府信息公开工作机构负责人同意，并告知申请人，延长答复的期限最长不得超过15个工作日"。消防救援大队回复时间已超过法定期限，且未提供经负责人同意延长答复期限的相关证据，构成程序违法。

(2)核查发现该小区存在的消防安全隐患及其对策如：①小区存在杂物堵塞疏散楼梯情况，核查属实后应责令改正，并处罚款5000~50000元(如能当初改正完毕，情节轻微者可不予处罚)。②小区管理处违规扩建首层原有管理用房，不属于消防部门职责的要及时移送相关职能部门。③该小区K栋住宅楼加建后属于高层建筑，楼梯设置形式不符合现行国家技术规范标准，属于《广东省消防救援机构火灾防范技术措施调研论证管理规定(试行)》第三条中第四点"既有建筑存在与现有国家标准、规范不相符，按现有国家标准、规范要求难以整改，且社会影响较大的"，应由社会单位提请属地支队召开专家调研论证，或由消防救援大队报告支队组织调研论证。

(3)信访人提出要求处理经办人员不作为的应对措施及信访工作办理要求和时效：①依据《广东省消防救援机构消防监督管理工作内部责任追究暂行规定》有关要求，应当根据情节、后果和责任，对责任人实施书面检查、通报批评、提醒谈话、脱产培训，直至取消评先评优资格的处理。②依据《信访工作条例》，对信访人直接提出的信访事项，有关机关、单位能够当场告知的，应当当场书面告知；不能当场告知的，应当自收到信访事项之日起15日内书面告知信访人，但信访人的姓名(名称)、住址不清的除外。③依据《信访工作条例》，信访事项应当自受理之日起60日内办结；情况复杂的，经本机关、单位负责人批准，可以适当延长办理期限，但延长期限不得超过30日，并告知信访人延期理由。

个人应对题：

问题1：经现场检查发现该住宅楼消防控制室无人值班，应如何查处？

答：依据《广东省实施〈中华人民共和国消防法〉办法》第四十五条，"消防控制室的管理单位违反本办法第十九条第二款规定，未落实消防控制室值班制度，或者安排不具备相应条件的人员值班的，由消防救援机构责令改正，对经营性单位处二千元以上一万元以下罚款，对非经营性单位处五百元以上一千元以下罚款"。

问题2：接到群众投诉后，消防救援大队监督人员到现场检查，疏散通道上堆放杂物堵塞通道属实。问：(1)消防救援机构接到投诉，应当在多少时间内进行核查？(2)监督人员对该隐患应如何处置?

答:(1)24 小时内。

(2)应当责令改正,并处五千元以上五万元以下处罚。

问题 3:经消防监督检查,消防监督员发现该小区疏散通道经常堵塞,本年度内消防救援大队已实施过 2 次责令改正行政处理。消防救援大队依据《广东省消防安全信用积分实施细则》给予小区物业管理单位的消防安全失信行为扣 1 分。请问:消防监督员在承办呈请前是否需要提请本级消防救援机构组织集体议案?哪些情形须组织集体议案?

答:(1)该情况无须集体议案。

(2)符合下列情形,承办消防监督员应在承办呈请前提请本级消防救援机构组织集体议案:①案件情形较复杂,消防救援机构负责人或案件承办人员认为应当组织集体议案的;②累计信用扣分 4.5 分以上的。

问题 4:依据《建筑设计防火规范(2018 年版)》(GB 50016—2014),该小区自编 K 栋住宅楼在楼顶加建 1 层后建筑性质发生了什么变化?疏散楼梯设置存在什么问题?加建后总平面设置方面有何新的要求?

答:(1)原建筑属于多层民用建筑,加建后变为高层民用建筑。

(2)加建后,高度大于 21 m、不大于 33 m 的住宅建筑应采用封闭楼梯间;当户门采用乙级防火门时,可采用敞开楼梯间。建筑高度大于 27 m,但不大于 54 m 的住宅建筑,每个单元设置一座疏散楼梯时,疏散楼梯应通至屋面,且单元之间的疏散楼梯应能通过屋面连通,户门应采用乙级防火门;当不能通至屋面或不能通过屋面连通时,应设置 2 个安全出口。

(3)须考虑消防车道和消防登高操作的设置。

问题 5:【不定项选择题】根据《广东省消防救援机构火灾防范技术措施调研论证管理规定(试行)》,涉及降低既有建筑火灾风险措施的调研论证程序中,以下说法正确的有( )。

A.当地消防救援机构介绍建筑(场所)火灾隐患的基本情况和拟采取降低建筑(场所)火灾风险的措施,阐述进行专家调研论证的必要性,并提出需要专家调研论证的关键问题

B.产权或使用单位介绍单位、建筑(场所)的基本情况,整改火灾隐患面临的困难,拟采取的整改措施

C.专家针对既有建筑存在的火灾隐患及其整改方案进行分析研究,提出专家意见,提出降低建筑(场所)火灾风险的措施及整改方案

D.专家组成员讨论形成专家组意见,可当场表决或 3 天内作出结论

E.专家组意见获得专家组全体成员 2/3 以上同意的方可视为有效

答:A、B、C、D。

问题 6:监督检查中发现,该住宅小区物业公司与维保公司签订的维保协议中包含地下室发电机房气体灭火系统,但消防设施维保记录无相关维保记录,依据《社会消防技术服务机构管理规定》应当如何处理?消防救援机构开展社会消防技术服务活动监督检查可以通过哪几种方式实施?

答:依据《社会消防技术服务管理规定》第二十九条,"消防技术服务机构不具备从业条件从事社会消防技术服务活动或者出具虚假文件、失实文件的,或者不按照国家标准、

行业标准开展社会消防技术服务活动的，由消防救援机构依照《中华人民共和国消防法》第六十九条的有关规定处罚"。《中华人民共和国消防法》第六十九条："消防设施维护保养检测、消防安全评估等消防技术服务机构，不具备从业条件从事消防技术服务活动或者出具虚假文件的，由消防救援机构责令改正，处五万元以上十万元以下罚款，并对直接负责的主管人员和其他直接责任人员处一万元以上五万元以下罚款；……有违法所得的，并处没收违法所得；给他人造成损失的，依法承担赔偿责任；情节严重的，依法责令停止执业或者吊销相应资格；造成重大损失的，由相关部门吊销营业执照，并对有关责任人员采取终身市场禁入措施。前款规定的机构出具失实文件，给他人造成损失的，依法承担赔偿责任；造成重大损失的，由消防救援机构依法责令停止执业或者吊销相应资格，由相关部门吊销营业执照，并对有关责任人员采取终身市场禁入措施。"

开展社会消防技术服务活动监督检查可以根据实际需要，通过网上核查、服务单位实地核查、机构办公场所现场检查等方式实施。

问题7：根据《建筑设计防火规范(2018年版)》(GB 50016—2014)有关要求，自编K栋住宅楼在满足什么条件时每个单元每层可以设置一个安全出口？

答：建筑高度大于27 m、不大于54 m的建筑，当每个单元任一层的建筑面积大于650 m²，或任一户门至最近安全出口的距离大于10 m时，每个单元每层的安全出口不应少于2个。

问题8：简述信访工作的工作依据、办理期限及告知方式。

答：(1)信访工作依据《信访工作条例》。

(2)受理后，有关机关、单位能够当场告知的，应当当场书面告知；不能当场告知的，应当自收到信访事项之日起15日内书面告知信访人是否受理。

(3)信访事项应当自受理之日起60日内办结；情况复杂的，经本机关、单位负责人批准，可以适当延长办理期限，但延长期限不得超过30日，并告知信访人延期理由。

(4)信访应当书面答复。

问题9：简述火灾隐患举报投诉的工作依据、办理期限及告知方式。

答：(1)火灾隐患举报投诉主要的工作依据是《消防监督检查规定》(公安部令第120号)、《火灾隐患举报投诉中心工作规范》(XF/T 1338—2016)和各市的12345政府服务热线实施细则。

(2)公安部令第120号对到场核查时间作出了规定："消防救援机构应当按照下列时限，对举报投诉的消防安全违法行为进行实地核查：①对举报投诉占用、堵塞、封闭疏散通道、安全出口或者其他妨碍安全疏散行为，以及擅自停用消防设施的，应当在接到举报投诉后二十四小时内进行核查；②对举报投诉本款第一项以外的消防安全违法行为，应当在接到举报投诉之日起三个工作日内进行核查。核查后，对消防安全违法行为应当依法处理。"

(3)处理情况应当及时告知举报投诉人；无法告知的，应当在受理登记中注明。

(4)可采用电话或者短信告知方式，但举报投诉人要求书面答复时，应书面答复。

(5)《火灾隐患举报投诉中心工作规范》(XF/T 1338—2016)中规定，应在火灾隐患举报投诉得到依法处理后五个工作日内告知举报投诉人。

3.3.8 举报投诉处理

案例背景：某商业广场所在建筑为一栋地上 10 层、地下 2 层的综合楼，建筑高度为 48.24 m，属一类高层民用建筑。建筑地下二层、负一层局部为汽车库(停车 120 辆)、设备用房；地下一层局部、首层及二层为商场，三至十层为办公室。该广场 2007 年经消防部门审批合格。

某日，辖区消防救援大队接到群众王某举报信，反映该商业广场负一层、首层、二层商场存在采用易燃可燃材料装修、疏散通道堆放杂物、消防设施和器材配置不足、储存易燃易爆物品、消防宣传培训不全面、私自封堵逃生通道、商场部分擅自加改建和消防管理混乱等 8 个投诉事项。

接报后，辖区消防大队监督员到场核查，并针对投诉事项逐一核查。(1)现场抽查店铺，尚未发现使用易燃、可燃材料装修，部分店铺使用木质阻燃胶合板进行装修，按商场要求向物业报备并提供检验报告。(2)商场首层、二层公共走道有部分店铺占道摆放衣物，已责令经营者当场整改完毕。(3)现场对感烟探测器、手动报警装置进行抽查测试，消防控制室可正常接收报警信号；抽查二层喷淋系统末端试水装置，压力符合规范要求；抽查若干店铺配备有灭火器等设施，部分商铺未将灭火器摆放在明显位置，已现场指导完成整改。(4)现场未发现使用、存储易燃易爆危险品情况。(5)经核查资料，商场有每年不少于 2 次定期开展消防演练、定期对电气线路进行安全评估，并设置统一电箱，落实非营业时段断电等安全措施。(6)现场抽查防烟楼梯间保持畅通，防火门保持常闭，其中有两座防烟楼梯间设置断电可自行关闭的常开式防火门。(7)商场首层、二层个别店铺存在楼上、楼下打通情况，楼上、楼下打通的店铺为同一经营者使用，一层进行经营，另一层处于闲置状态。(8)经查阅资料和现场提问，该广场消防组织机构健全，各项消防安全制度齐全，有开展防火巡查和隐患自改工作。检查结束后，消防监督员及时将核查处理情况通过电话方式告知市民王某。

王某接到核查情况后，表示不满意，陆续多次向市消防救援支队和省消防救援总队投诉，投诉对象为该广场，投诉内容均与前几次类似。

团体协作题：

问题 1：经分析此现状，辖区消防救援大队调阅审批图纸，拟对照广东省消防救援总队《"双随机、一公开"消防监管工作实施办法(试行)》中消防监管随机抽查事项清单利用半天时间对该广场组织一次全面的监督检查，参加人员为大队全体干部，请你对此次检查进行工作安排。

答：(1)工作分工：应结合检查人员专长，将检查人员分为建筑防火组、消防设施组、电气安全组、消防管理组、灭火救援组 5 个功能小组。

(2)执法检查人员开展现场检查，应当根据单位所在建筑的层数、防火分区数、场所规模等情况，确定抽查的项目及数量。

①3 个防火分区(含)以上的，抽查 3 个防火分区，查看防火分隔是否保持完好有效。

②3 层以上 10 层(含)以下的，抽查数量不少于 3 层。

③建筑的首层、顶层、避难层和地下商业空间必查，标准层、地下车库抽查数量不少于10%。

④消防控制室、消防水池、屋顶水箱、消防水泵房、变配电间、发电机房以及人员密集场所的前台、厨房、仓库等消防安全重点部位必查。

⑤应设微型消防站、企业专职消防队、灭火救援工艺处置队的必查。

⑥执法检查人员开展现场检查，应根据《广东省消防救援总队"双随机、一公开"抽查事项清单》，核查场所防火间距、消防车通道、消防救援场地、建筑装修防火、防火防烟分隔、防爆设置、安全疏散、安全出口、消防水源、消防电源以及消防设施设置情况。

⑦执法检查人员对单位工作人员的抽查询问，应结合检查工作流程对不同工作岗位和管理级别的人员进行随机抽查询问。从员工名录中抽查1名入职1年以上员工，核实被检查单位是否每年对每名员工进行1次消防安全培训，公众聚集场所是否每半年对员工进行1次消防安全培训。从员工名录中抽查1名新入职员工，核实被检查单位是否组织新上岗和进入新岗位的员工进行上岗前的消防安全培训。核实消防控制室的值班、操作人员是否接受消防安全专门培训并持证上岗，现场抽查值班人员是否具备实际操作能力。

⑧现场检查结束后，执法检查人员应当对抽查结果进行汇总，当场向被检查单位反馈检查发现的问题并提出工作意见，单位陪同人员及联合检查人员在检查记录表和"双随机、一公开"监管系统执法终端上签字确认，同时利用"双随机、一公开"监管系统向社会公开检查结果，相关检查及评定结果按照程序进行公开公示。

问题2：经全面检查，发现该广场主要存在以下问题：

(1)十层局部涉嫌加建，原设计为天井的部位加盖，天井底部涉嫌加建办公室，涉嫌加建部位未设置自动消防设施；

(2)十层办公室违规使用彩钢板；

(3)三至九层平面布置、使用功能与审批不一致，四、五层轴c到d交轴15至17部位改为中庭；

(4)地下一层设备维修间改变功能用途为员工餐厅；

(5)1109~1110商铺首层、二层楼板被打通；

(6)负二层汽车库原设计的两个汽车疏散口有一个疏散出口被封堵；

(7)负二层汽车库局部改建成机械汽车库；

(8)首层至二层北面涉嫌违章加建(加建面积约200 m²)；

(9)首层至二层原设计建筑北侧疏散楼梯被拆除。

作为辖区消防救援大队，请根据检查发现的上述9个问题分别作出处理意见。

答：检查发现的上述9个问题的处理意见如下。

(1)十层局部涉嫌加建，原设计为天井的部位加盖，天井底部涉嫌加建办公室，涉嫌加建部位未设置自动消防设施。

措施：按照原审核同意的设计要求恢复设置，确需变更的，变更部门应向住建、城管等职能部门申报相关审批手续。未设置自动消防设施的消防救援大队依法予以处罚，并指导使用单位按要求设置消防设施。

(2)十层办公室违规使用彩钢板。

措施：临时查封；指导使用单位拆除彩钢板。

(3)三至九层平面布置、使用功能与审批不一致,四、五层轴c到d轴交15至17轴部位改为中庭。

措施:按照原审核同意的设计要求恢复设置,确需变更的,变更部门应向住建、城管等职能部门申报相关审批手续。

(4)地下一层设备维修间改变功能用途为员工餐厅。

措施:按照原审核同意的设计要求恢复设置,确需变更的,变更部门应向住建、城管等职能部门申报相关审批手续。

(5)1109~1110商铺首层、二层楼板被打通。

措施:责令限期整改。

(6)负二层汽车库原设计的两个汽车疏散口有一个疏散出口被封堵。

措施:按照原审核同意的设计要求恢复原汽车出口设置或向住建部门申报变更。在申报手续完善之前,按照1个汽车疏散口的要求车库内停车数量不得超100辆。

(7)负二层汽车库局部改建成机械汽车库。

措施:按照原审核同意的设计要求恢复设置,确需变更的,变更部门应向住建、城管等职能部门申报相关审批手续。

(8)首层至二层北面涉嫌违章加建(加建面积约200 m²)。

措施:按照原审核同意的设计要求恢复平面布局,确需变更的,变更部门应向住建、城管等职能部门申报相关审批手续。

(9)首层至二层原设计建筑北侧疏散楼梯被拆除,在二层西侧加建了室外疏散楼梯,其宽度与被拆除楼梯宽度一致。

措施:按照原审核同意的设计要求恢复平面布局,确需变更的,变更部门应向住建、城管等职能部门申报相关审批手续。

(10)措施补充:根据现场存在的问题,依据《重大火灾隐患判定方法》(GB 35181—2017),该广场被判定为重大火灾隐患,大队确定后并提请区政府挂牌督办。同时,大队将检查发现的不属于消防部门职能的问题及时移送住建、城管和辖区街道。

同时,根据《广东省消防救援机构火灾防范技术措施调研论证管理规定(试行)》,组织专家针对既有建筑存在的火灾隐患及整改方案进行分析研究,提出专家意见,提出降低建筑(场所)火灾风险的措施及整改方案。

个人应对题:

问题1: 若该广场为新投入使用的单位,未列为消防安全重点单位。依据广东省人民政府办公厅印发的《广东省消防安全重点单位管理规定》,该单位需履行什么程序?

答: 符合消防安全重点单位界定标准的单位,如已经取得消防行政许可或竣工验收消防备案手续的,应依法向消防救援机构申报,经消防救援机构确定后,报本级人民政府,并通过一定形式向社会公告。

对符合消防安全重点单位界定标准的单位,但未取得消防行政许可或竣工验收消防备案手续的,行业主管部门和消防救援机构应督促其按照火灾高危单位加强自我管理,每年自行委托社会服务机构至少开展1次消防安全评估,并根据评估情况分别处理。

问题2: 接到群众投诉该广场消防设施停用,消防救援大队监督人员到现场核查属实。

问：(1)消防救援机构接到投诉，应当在多少时间内进行核查？(2)监督人员对该隐患应如何处置？

答：(1)24小时内。

(2)应当责令改正，并处五千元以上五万元以下处罚。

问题3：经消防监督检查，消防监督员发现该广场疏散通道经常堵塞，本年度内消防救援大队已实施过2次责令改正行政处理。消防救援大队依据《广东省消防安全信用积分实施细则》给予小区物业管理单位的消防安全失信行为扣1分。请问：消防监督员在承办呈请前是否需要提请本级消防救援机构组织集体议案？哪些情形须组织集体议案？

答：(1)该情况无须集体议案。

(2)符合下列情形，承办消防监督员应在承办呈请前提请本级消防救援机构组织集体议案：①案件情形较复杂，消防救援机构负责人或案件承办人员认为应当组织集体议案的；②累计信用扣分4.5分以上的。

问题4：若该广场首层、二层为商场，三层为餐厅，四层为歌舞厅，每层建筑面积为5000 m²，消防设施、器材设置符合相关消防技术规范要求，室内采用不燃、难燃材料装修。问：(1)首层、二层、三层一个防火分区面积如何划分？(2)设有自动灭火系统时，歌舞厅一个厅、室的建筑面积应为多少？(3)歌舞厅的厅、室应与其他部位如何分隔？

答：(1)首层、二层商场部分一个防火分区面积不超过4000 m²，三层餐厅一个防火分区面积不超过3000 m²。

(2)不应超过200 m²。

(3)采用耐火极限不低于2.00 h的不燃烧体隔墙和不低于1.00 h的不燃烧体楼板与其他部位隔开，厅、室的疏散门应设置乙级防火门。

问题5：监督检查中发现，该广场与维保公司签订的维保协议中包含地下室发电机房气体灭火系统，但消防设施维保记录无相关维保记录，依据《社会消防技术服务机构管理规定》应当如何处理？

答：依据《社会消防技术服务机构管理规定》第二十九条，"消防技术服务机构不具备从业条件从事社会消防技术服务活动或者出具虚假文件、失实文件的，或者不按照国家标准、行业标准开展社会消防技术服务活动的，由消防救援机构依照《中华人民共和国消防法》第六十九条的有关规定处罚"。《中华人民共和国消防法》第六十九条："消防设施维护保养检测、消防安全评估等消防技术服务机构，不具备从业条件从事消防技术服务活动或者出具虚假文件的，由消防救援机构责令改正，处五万元以上十万元以下罚款，并对直接负责的主管人员和其他直接责任人员处一万元以上五万元以下罚款；……有违法所得的，并处没收违法所得；给他人造成损失的，依法承担赔偿责任；情节严重的，依法责令停止执业或者吊销相应资格；造成重大损失的，由相关部门吊销营业执照，并对有关责任人员采取终身市场禁入措施。前款规定的机构出具失实文件，给他人造成损失的，依法承担赔偿责任；造成重大损失的，由消防救援机构依法责令停止执业或者吊销相应资格，由相关部门吊销营业执照，并对有关责任人员采取终身市场禁入措施。"

问题6：监督检查中发现，该广场8楼一租户在楼梯间为电动自行车锂电池充电，请问该如何处理？

答：依据《高层民用建筑消防安全管理规定》第四十七条、《广东省实施〈中华人民共和国消防法〉办法》第四十九条，由消防救援机构责令立即改正；拒不改正的，对该住户处五百元以上一千元以下罚款。

问题 7：简述信访工作的工作依据、办理期限及告知方式。

答：(1)信访工作依据《信访工作条例》。

(2)受理后，有关机关单位能够当场告知的，应当当场书面告知；不能当场告知的，应当自收到信访事项之日起 15 日内书面告知信访人是否受理。

(3)信访事项应当自受理之日起 60 日内办结；情况复杂的，经本机关、单位负责人批准，可以适当延长办理期限，但延长期限不得超过 30 日，并告知信访人延期理由。

(4)信访应当书面答复。

问题 8：简述火灾隐患举报投诉的工作依据、办理期限及告知方式。

答：(1)火灾隐患举报投诉主要的工作依据是《消防监督检查规定》(公安部令第120 号)、《火灾隐患举报投诉中心工作规范》(XF/T 1338—2016)和各市的 12345 政府服务热线实施细则。

(2)公安部令第 120 号对到场核查时间作出了规定："消防救援机构应当按照下列时限，对举报投诉的消防安全违法行为进行实地核查：①对举报投诉占用、堵塞、封闭疏散通道、安全出口或者其他妨碍安全疏散行为，以及擅自停用消防设施的，应当在接到举报投诉后二十四小时内进行核查；②对举报投诉本款第一项以外的消防安全违法行为，应当在接到举报投诉之日起三个工作日内进行核查。核查后，对消防安全违法行为应当依法处理。"

(3)处理情况应当及时告知举报投诉人；无法告知的，应当在受理登记中注明。

(4)可采用电话或者短信告知方式，但举报投诉人要求书面答复时，应书面答复。

(5)《火灾隐患举报投诉中心工作规范》(XF/T 1338—2016)中规定，应在火灾隐患举报投诉得到依法处理后五个工作日内告知举报投诉人。

3.3.9 "三合一"场所治理

案例背景：某地一栋 10 层自建房，主体建筑为钢筋混凝土结构，建筑高度约 32 m，其中一层为商铺，二层为业主自住，三至十层为出租屋，每层建筑面积约 150 m²，总建筑面积约 1500 m²。某日该场所发生火灾，造成 3 人死亡，经调查，起火原因为起火建筑一楼西北角楼梯口旁停放的电动车电源线路短路故障引燃电动车及周边可燃物。经调查分析，火灾暴露出的消防安全问题如下：

(1)消防安全意识淡薄，商铺接电、用电不规范，"三合一"场所违规住人。

(2)消防监督存在盲区，由于起火建筑为自建性住宅，属地镇街、村居未开展过消防巡查。

(3)消防技术措施缺乏，起火建筑为"三合一"场所，住人部位与商店未进行有效防火分隔，无独立式感烟探测报警器，电气线路选型不当，线路敷设不规范，未设置消火栓和灭火器等消防设施。

团体协作题：

针对该起火灾事故提出火灾防范工作思路。

答：围绕责任、重点、法治、基础、科技、全民六大防控体系进行阐述。

(1)构建责任防控体系。一是坚持"党政同责、一岗双责"，主动向各级党委政府汇报，加强对党政领导的消防安全培训，争取其对消防工作的重视支持，采取政府购买服务、网格力量"敲门"行动、安保期间"全民皆兵""人海战术"等形式，发动社会各界力量群防群治。二是实化细化消防救援机构与行业部门"1+N"的联合监管模式，建立良好的互动机制，开展针对性的联合行动，落实务实有效的防控措施。三是区分大单位、重点单位和"三小"场所的主体责任，加强重点单位"四个能力"建设、"三小"场所"一懂三会"，确保懂逃生、懂报警，防止小火变大火，导致人员伤亡。四是制定职责清单和年度工作清单，压清压实行业责任、镇街责任、网格责任、单位责任，锁紧责任链条，实行"消防列清单、政府抓督办、部门抓整改、单位抓落实"工作机制。五是强化火灾事故倒查追责，在"一案三查"机制框架指导下，做到查原因、查责任、查教训并行，达到处理一个、惩戒一批、警示一片的效果，倒逼各方责任落实。

(2)构建重点防控体系。一是抓重点场所，结合消防安全大检查、消防安全"扫雷"行动和消防安全专项整治三年行动，聚焦火灾多发的居民住宅、厂房仓库、人员密集场所、"三合一"场所、群租房等场所，以及疫情防控常态化条件下隔离点、外贸企业、物流门店、直播带货等场所，强化针对性管控措施。二是抓重点行业，以民政、教育、文旅、卫健等部门为重点，巩固前期治理成果，推进行业消防安全标准化管理。三是抓重点地区，针对火灾多发的地区，强化党委成员挂点联系指导，建立一套严密科学的火灾防控体系。四是抓重点时段，重要节日和重大活动期间，要组织集中开展检查督查，督促落实特殊管控措施，加强值班值守，在重点场所和部位前置力量巡防看护，做好应急处置各项准备。

(3)构建法治防控体系。一是贯彻落实《广东省实施〈中华人民共和国消防法〉办法》《广东省消防工作若干规定》，抓住地方经济社会发展的战略契机，争取出台更多法律法规和政策文件，全面优化消防工作体制机制。二是严格落实中央《关于深化消防执法改革的意见》和省委省政府《关于深化消防执法改革的若干措施》，抓紧出台配套制度。三是贯彻落实《广东省消防安全信用监管实施办法(试行)》，联合行业部门开展消防安全守信联合激励、失信联合惩戒，构建以信用为基础的新型监管体系。

(4)构建基础防控体系。一是强化"十四五"消防规划，充分研判评估消防规划执行情况，推动消防安全重要指标和重点工作全面落地。二是结合乡村振兴、"美丽乡村"建设、老旧小区和城中村改造工程，加快补齐城乡公共消防基础设施建设短板。三是结合乡镇街道体制机制改革，推动独立设置消防工作管理机构，配备必要的消防监管人员力量，委托乡镇街道行使部分消防执法权限。四是强化《关于加强基层社会治理综合网格工作的指导意见》，将消防专业网格融入全科网格建设。五是严格落实《关于做好消防改革过渡期间公安派出所消防监督检查工作的通知》，加强公安派出所消防民警培训，严格绩效考核和督导检查。

(5)构建科技防控体系。一是大力推进社会单位消防设施物联网建设，通过远程感知、智能监控，实现线上监管、远程监管，让数据多跑路、监督员少跑腿，化解"人少事多"的矛盾。二是深入运用广东社会消防安全管理系统，通过单位自查巡查，及时整改消除火灾隐患，提升消防安全自我管理水平，落实单位主体责任。三是大力推进火灾预警监测系统建设，通过采集与火灾相关的数据，建立预警预报模型，运用大数据手段强化火灾风险动态管控。四是深化消防监督管理一体化平台建设应用，实现消防监督执法所有环节网上流转、全程留痕、闭环管理，提升工作效能。

（6）构建全民防控体系。一是抓宣传平台建设，确保每个市、县主流媒体都有消防专栏，定期开展消防宣传。二是制作高质量的消防宣传产品，使群众一看就懂、一学就会，达到入脑、入心的效果。三是持续深化消防宣传"五进"工作，通过打造样板，嵌入防灾减灾示范社区创建等工作，以点带面推动工作开展。四是分行业领域开展对单位负责人的约谈培训，通过培养消防安全"明白人"，提升单位消防本质安全水平。五是联合宣传部门、文明办、团委组织将消防志愿者服务纳入志愿服务体系，动员全社会共同开展消防宣传志愿活动。

个人应对题：

问题 1：为强化基层镇街整治工作，根据《广东省消防救援机构指导乡镇街道消防工作制度（试行）》要求，镇街消防安全联络员人数和工作频次如何确定？

答：消防救援大队应为每个镇街分别指定 1 名消防安全联络员，通过"线上+线下"方式实施日常工作联系、服务指导工作。消防安全联络员对所联系的镇街服务指导工作每季度不少于 1 次，每月工作联系不少于 1 次，填写《乡镇（街道）消防指导工作记录表》并存档备查。

问题 2：为强化部门整治工作，根据《广东省消防救援机构指导行业部门消防工作制度（试行）》要求，县级行业消防安全联络员人数和工作频次如何确定？

答：各级消防救援机构应为同级行业部门指定 1 名消防安全联络员，通过"线上+线下"方式实施日常工作联系、服务指导工作，填写《指导行业部门消防工作记录》并存档备查。县（市、区）级行业部门消防安全联络员每季度指导服务不少于 1 次，每周工作联系不少于 1 次。

问题 3：针对大队人少事多的实际，需聘请专家参与整治工作，根据《广东省消防救援机构聘请专家参与检查工作制度（试行）》要求，行业主管部门或消防救援机构聘请专家参与检查时，专家费用由谁支付？

答：各负有消防安全管理职责的行业主管部门对行业单位开展消防安全检查时，可以聘请专家参与检查，消防救援机构应主动提供专家库成员名单。专家聘请费用由相关行业主管部门负责。

行业主管部门商请消防救援机构开展联合检查时，消防救援机构可以根据实际情况，委派消防技术专家参与。专家聘请费用由指派消防救援机构负责。

问题 4：整治工程中，市领导指示要带队开展检查，根据《广东省消防救援机构陪同地方党政领导检查工作制度（试行）》要求，针对检查中地方党政领导提出的指示要求以及检查发现的火灾隐患和消防安全问题，消防救援机构应如何处理？

答：针对检查中地方党政领导提出的指示要求，消防救援机构应及时开展调研，制订具体贯彻落实的方案或措施。根据行业领域工作分工，提请属地政府分管领导组织相关行业主管部门，就存在的消防安全问题制订整改措施，明确整改时限，列入工作督办内容。此外，对检查发现的消防安全违法行为，也应当依法实施处罚。

针对检查发现的火灾隐患和消防安全问题，消防救援机构应依法实施查处。针对检查发现的工作质态问题，消防救援机构应制订整改措施，明确整改时限，列入工作督办内容，安排人员跟进，确保问题及时消除。

问题5：《加强"三合一"场所火灾防范九项措施》中村（社区）网格对"三合一"的错时检查、上门宣传服务、分街巷演练的频次是如何规定的？

答：每周一次错时检查、每月一次上门宣传服务、每半年一次分街巷演练。

问题6：根据《加强出租屋火灾防范九项措施》，日常火灾隐患排查整治工作的主体是谁？消防救援机构承担什么角色？

答：主体是乡镇人民政府、街道办事处。消防救援机构负责工作督导，提供技术支持，依法查处或委托乡镇人民政府、街道办事处查处消防安全违法行为。

问题7：对于设置在村民自建房中的出租屋，且未设有两部不同方向疏散楼梯，安全疏散设施应该如何整改？

答：外窗、阳台上的防盗网应设置紧急逃生口，并在户内和公共区域设置逃生软梯、逃生缓降器、消防逃生梯或辅助爬梯等辅助疏散逃生设施。

问题8：根据《加强电动自行车火灾防范九项措施》，电动自行车在室内停放充电有何要求？

答：电动自行车严禁在未落实防火分隔、监护等防范措施的地下车库和地下室、半地下室内停放。设置人员密集场所的建筑内严禁停放电动自行车。

设置在上述范围外的其他室内电动自行车集中停放充电场地应与建筑其他部位实施独立防火分隔，独立设置安全出口。

问题9：某居民在楼梯间为电动自行车锂电池充电，应该如何查处？

答：依据《广东省实施〈中华人民共和国消防法〉办法》第四十九条，由消防救援机构责令立即改正；拒不改正的，对该住户处五百元以上一千元以下罚款。

3.3.10　消防安全专项治理

案例背景：某区一重点镇是工业重镇，辖区总面积152平方千米，户籍人口5.09万人，另有流动人口13万多人；有村级工业园3个，有不锈钢、五金制品、新型建材、精细化工四大支柱产业，工业企业4105个，其中规模以上83个，政府重点支持的企业5个；有人员密集场所958个，公共娱乐场所65个，"三小"场所8958个，出租屋256个，营业面积超过50 m² 的综合商店或超市47个，其中中、小型商业综合体5个，部分生产、经营、租住场所为村民自建房，该镇无消防救援力量。

团体协作题：

该镇的其中一个村级工业园火灾风险较为突出，占用防火间距、消防车通道，违规住人问题等普遍，消防安全基础薄弱，需进行消防安全整治。请阐述开展专项整治的思路和流程，画出治理工作流程图。需列明部局、总队自建房整治方案中生产、经营、租住自建房重点整治的六类情形。

答：参考思路如下。

（1）目标任务。

从即日起至2022年12月31日，对村级工业园区进行消防安全整治，进一步提升工业园区消防安全管理水平，推动工业园区的企业落实消防安全主体责任，提高工业园区企业员工消防安全意识，切实消除消防安全隐患，减少和防范火灾事故的发生。

（2）工作职责。

各村（居）、各职能部门要严格按照《消防安全责任制实施办法》的规定，按照"管行业必须管安全、管业务必须管安全、管生产经营必须管安全"的要求，切实履职，进一步推动村级工业园区内各类企业落实消防安全主体责任，切实消除消防安全隐患。

各村（居）要落实属地管理职责，做好村级工业园消防安全整治的各项工作，充分发动网格员做好村级工业园的排查、巡查工作，与街道安监局做好沟通，对隐患进行排查定性，督促整改。自然资源管理所要依据城市管理和综合执法部门的函请，对工业园区占用防火间距、消防车通道等消防方面的违法建设行为作出适法认定。街道城综所要按照职权对发现建设单位依法应进行竣工验收消防备案而未进行备案的违法行为责令整改，实行综合执法的地区同时移交综合执法部门实施处罚。执法中队要依法查处违反城乡规划相关规定的违章建筑，协助做好消防安全隐患排查工作。市场监管所要依法查处工业园区内已经取得许可证或批准文件，但未取得营业执照、已被吊销营业执照、已注销营业执照，擅自从事经营活动的行为。街道安监局应依照法定职权，依法查处工业园区内不具备安全生产条件的企业存在的违法生产经营行为。街道安监局联合区消防救援大队提供整治工作技术支持，依法查处消防违法行为；并将村级工业园区企业纳入社会化管理平台，对企业进行培训指导，督促企业落实消防安全主体责任。供电部门负责所属资产供电设施安全隐患排查整治，属用电客户产权的用电设备，由业主自行委托有资质的施工单位进行日常维护和安全检查，供电企业配合政府部门提供技术支持和开展用电安全检查。执法中队和自来水公司要督促指导工业园区企业用户安全用水用气，并对燃气、供水设施定期进行安全检查，排除隐患。其他部门要按照各自职责，配合做好工业园区消防安全治理工作。

（3）整治内容。

根据《广东省实施〈中华人民共和国消防法〉办法》第二十七条第二款，"大型商业综合体、建筑高度超过一百米的超高层民用建筑、城市轨道交通、大型住宅区和村级工业园，其产权人或者管理人应当按照规定组建专职消防队、志愿消防队等消防组织，提高自防自救能力"。

①查处占用防火间距、消防车通道问题。严格落实仓库与厂房之间的防火分隔、生产部位与住宿部位的防火分隔。对于防火间距不足、消防通道堵塞的场所要责令限期整改，直至符合消防安全要求。

②杜绝违规住人问题。要摸清村级工业园区内"三合一"场所的底数，做到责任到人，确保"不漏一间、不少一户"，采取有力措施，清理搬迁违规住宿人员，督促有关单位、场所落实技防措施，确保消防安全。

③强化消防安全改造。要加强消防基础设施建设，解决消防给水不达标、违规停放电动车等问题。对消防设施器材设置配置不符合国家标准的单位要督促其限期整改。对消防水源不足的园区要设立消防水池、水塔，在临近河道、湖泊设置消防取水口。对存在违规停放电动车、违规为电动车充电的园区，要在园区内集中设置露天充电桩，如设置电动车

停放间,应在停放间设置简易喷淋灭火装置。

④确保用火用电安全。要全面排查整治电器产品及电气线路使用管理等方面存在的隐患和问题,重点规范工业园区供用电行为,督促用电企业遵守安全规范用电要求。对工业用电与居住、生活用电进行改造,分开设置,分开配电,重点整治违规动火、电焊,电线严重老化、乱拉乱接,未安装防漏电开关等问题。加强对园区内企业用火用电的安全检查,对用火、用电行为违反安全规定、存在安全隐患的企业,要按照有关法律法规进行查处。每个村级工业园每年应聘请有资质电工对园区内的用电线路及用电设备进行全面检测并形成报告。

⑤提升人员消防素质。加强对村级消防工作人员、网格员、企业员工等各类群体的消防安全培训。运用岗前培训、专门培训、定期考核等形式提升网格员对工业园区消防检查的能力。每个园区要设立1个微型消防站及1支企业志愿消防队(不少于6人)。同时,在每个工业园区设置1名专职消防安全经理人或消防园长(需取得消防设施操作员证),专职负责园区消防安全管理、培训和宣传工作,每季度在园区内至少组织1次消防演练,定期组织园区内的企业单位负责人及员工到驻地消防部门、消防培训学校参加培训。

⑥大力开展消防宣传。开展消防宣传进工业园区专项活动,广泛运用消防宣传车、宣传单张、液晶显示屏、标语横幅、园区微博微信等载体开展消防宣传。在重点生产厂房、仓库悬挂安全操作要求及警示说明。在园区内设置应急广播,日常播报消防安全提示,宣传消防安全知识,发生火灾情况下有效引导人员逃生自救和疏散。

⑦完善隐患举报曝光机制。引导群众积极通过"96119"火灾隐患举报电话,对工业园区内生产企业存在的消防安全隐患进行举报。组织市级主流媒体对存在消防安全隐患的工业园区生产企业进行跟踪曝光,督促相关企业落实消防安全责任,自觉提升消防安全意识,优化消防安全环境。

⑧推进执法信息共享制度。各村(居)、各部门在村级工业园消防整治当中发现涉及其他部门执法的违法行为,应及时函告相关部门,形成执法合力,共同推进村级工业园区的消防安全专项整治工作。

(4)时间安排。

①调查摸底、编制方案阶段(2022年6月10日前)。

各村(居)、各部门要迅速组织开展对工业园区的调查摸底工作,摸清村级工业园区底数和现状,建立整治台账,填写工业园区基本情况统计表。在此基础上,根据综合整治的目标任务、整改内容,结合区域实际,采取"一园一策"的方式,制订工作方案,抓好动员部署,层层落实。

②建立整治示范阶段(2022年10月31日前)。

各街道根据自身实际,设定不少于1个村级工业园专项整治示范点,完成消防安全整治任务。

③全面整治阶段(2022年6月1日至2022年11月30日,2023年1月1日至11月30日)。

各街道、各部门要严格按照整治内容和要求,组织开展消防安全隐患大排查,深入有序推进工业园区消防安全专项整治,督促工业园区内的企业做好隐患整改工作,重拳打击消防安全违法行为；逐家单位填写《工业园区消防巡查登记表》和《消防安全管理承诺书》。

④考核验收阶段(2022年至2023年每年12月1日至12月30日)。

各村(居)及有关部门要根据本工作方案，结合本区域实际自行制定验收标准并每年组织开展整治验收工作。村级工业园消防安全专项整治工作列入消防安全责任制考核内容，街道消防安全委员会将于每年年底对各村(居)及有关部门整治工作情况进行检查。

(5)工作要求。

①提高思想认识，加强组织领导。成立工业园区消防安全专项整治工作领导小组，由街道党工委副书记兼办事处主任任组长，街道党工委委员任副组长。办公室设在街道安监局，具体负责组织协调、联络沟通、情况汇总、督查考核等工作。各村(居)要高度重视，充分认识村级工业园区消防安全综合整治是强化街道消防安全工作基础的有效途径。各村(居)要切实加强组织领导，明确责任分工，参照街道的做法成立工业园区消防安全专项整治工作领导协调机构，统筹整治工作，制订整治方案和分工表，建立联动机制，分工明确、责任到人的整治机制，按职责落实工作任务。

②厘清责任边界，压实监管责任。各村(居)及有关部门要根据村级工业园内厂(企)的规模、行业、区域等特点，逐一明确和落实监管责任。对依法符合消防安全重点单位标准的，街道安监局要依法履行监管责任；对有行业主管部门的，按照"管行业必须管安全"的要求，相关行业主管部门要履行监管责任；对工业园区内的违规既有厂(企)，要明确村居(社区)属地网格化管理责任。经基层消防安全网格员巡查发现并责令整改后，仍没有按要求整改的厂(企)，应由各职能部门按责任分工，依法依规进行查处。

③坚持统筹推进，建立协同机制。各村(居)及有关部门要结合政府产能淘汰升级改造，清理一批产能落后、火灾危险性高的产业，并按照工业园区消防安全整治指引，通过专项整治，坚决"取缔一批、理顺一批、整治一批"，优化村级工业园区消防安全环境。要将村级工业园区消防安全专项整治与年度重点工作有机结合起来，充分发挥各村(居)及有关部门的职能作用，共同落实好工业园区消防安全管理措施，建立健全消防安全长效机制。

④强化督导检查，务求取得实效。街道消防安全委员会将组织相关部门不定期对各村(居)单位开展专项整治的情况进行督导并通报情况。各村(居)单位要将日常督导检查和通报制度贯穿村级工业园消防安全专项整治工作的始终，强化对村级工业园区的指导。村级工业园区消防安全综合整治的验收结果纳入各村(居)单位消防安全责任制考核范围。

治理工作流程图见图3-3。

六种重点整治情形：

a.使用易燃可燃夹芯彩钢板或易燃材料搭建临时房屋；屋顶、围护结构、房间隔墙使用易燃可燃夹芯彩钢板或易燃材料。

b.居住区域与生产、经营区域未完全防火分隔。

c.电动自行车、电动摩托车、电动平衡车及其蓄电池在室内公共区域、疏散走道、楼梯间、安全出口或房间内停放、充电；室外集中停放、充电区域及设置的雨棚与建筑外窗、安全出口直接相邻。

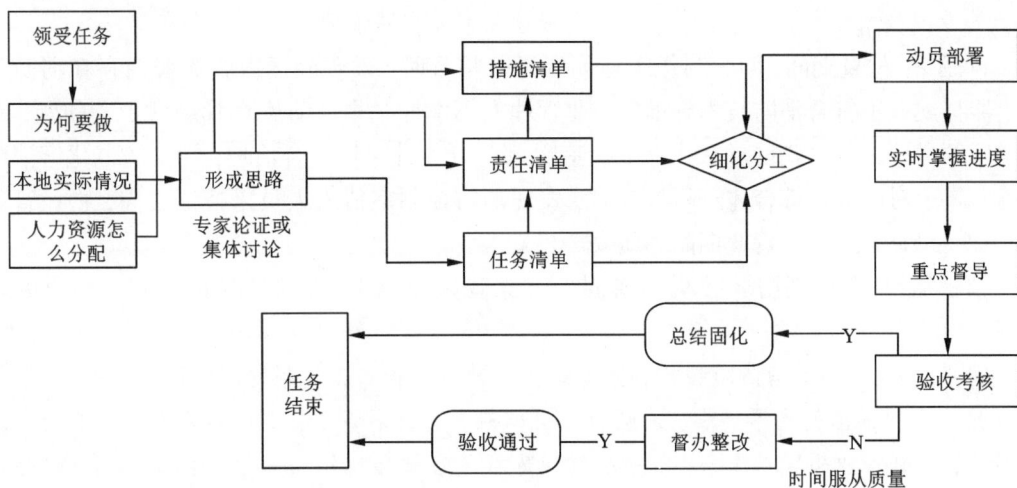

图 3-3　治理工作流程图

d.每层建筑面积超过 200 m² 的自建房、屋顶承重构件和楼板为可燃材料的自建房、建筑层数为 4 层及以上的自建房,疏散楼梯少于 2 部,首层安全出口少于 2 个。

e.外窗、疏散通道上设置栅栏、防盗网、装饰条、广告牌等影响逃生和灭火救援的障碍物。

f.用于居住的自建房内设置采用易燃可燃保温材料的冷库、设置液氨制冷剂的冷库,生产、储存、经营易燃易爆危险品的自建房设置居住场所。

个人应对题:

问题 1: 接区政府党政办通知,9 月 30 日,区长将到该镇组织开展节前消防安全检查,要求辖区消防救援大队陪同检查。接到通知后,作为辖区消防救援大队长,应如何统筹做好检查前的准备工作?

答: 根据《广东省消防救援机构陪同地方党政领导检查工作制度(试行)》,接到陪同检查通知后,要做好如下工作:

(1)消防救援机构陪同地方党政领导检查工作应坚持精简务实的原则,应为地方党政领导深入基层、深入群众、深入实际创造条件,重点引导前往消防工作困难较多、情况复杂、矛盾尖锐的地方协调解决重大瓶颈问题。

(2)接到陪同地方党政领导检查工作的通知后,消防救援机构应根据辖区火灾防控需要和上级部署要求,结合政府领导分工,提前做好工作调研,梳理工作基本情况以及需要地方党政领导了解的工作经验和难点问题,制订工作计划和检查方案。

(3)消防救援机构陪同检查方案应明确陪同检查人员,检查活动的时间、对象、方式、要求和工作对接联系人,制订检查记录表。检查内容上应侧重检查被检查对象消防安全责任制落实情况。

(4)消防救援机构陪同地方党政领导检查时,应安排不少于 1 名专业技术人员参与检查,并在检查记录表签名确认。专业技术人员由消防救援机构中具有不少于3年防火工作经历的专业技术干部,或从省、市级火灾防控专家库中聘请的行业领域专家担任。

问题2:检查期间,对一村级工业园区进行检查时,发现园区内企业普遍存在消防设施、器材配备不符合消防技术标准,企业管理人不掌握基本消防安全管理常识等问题,对此,区领导要求辖区消防救援大队联合有关部门开展针对性综合治理,切实防范化解消防安全风险;对一商业综合体进行检查时,发现消防控制室值班人员未持证上岗,物业管理公司以疫情防控为由,营业期间锁闭安全出口。

请根据《广东省消防救援机构陪同地方党政领导检查工作制度(试行)》,提出处理意见。

答:根据《广东省消防救援机构陪同地方党政领导检查工作制度(试行)》,对于检查中地方党政领导提出的指示要求,消防救援机构应及时开展调研,制订具体贯彻落实的方案或措施;根据行业领域工作分工,提请属地政府分管领导组织相关行业主管部门,就存在的消防安全问题制订整改措施,明确整改时限,列入工作督办内容。此外,对检查发现的消防安全违法行为,也应当依法实施处罚。

对于检查发现的火灾隐患和消防安全问题,消防救援机构应依法实施查处。针对检查发现的工作质态问题,消防救援机构应制订整改措施,明确整改时限,列入工作督办内容,安排人员跟进,确保问题及时消除。

问题3:在整治过程中,发现大部分村级工业园区企业防火间距不足,针对这一问题,请提出合理处理措施。

答:由于场地等原因,防火间距难以满足国家有关消防技术规范的要求时,可根据具体情况,采取下列相应的措施:

(1)改变建筑物的生产或使用性质,尽量降低建筑物的火灾危险性;改变房屋部分结构的耐火性能,提高建筑物的耐火等级。

(2)调整生产厂房的部分工艺流程和库房储存物品的数量,调整部分构件的耐火性能和燃烧性能。

(3)将建筑物的普通外墙改为防火墙。

(4)拆除部分耐火等级低、占地面积小、适用性不强且与新建建筑相邻的原有建筑物。

(5)设置独立的防火墙等。

问题4:陪同地方领导检查结束后,经查询"双随机"系统,发现被检查的村级工业园区中仅有一间工厂纳入了检查对象库,请问该如何处理?"双随机、一公开"消防监督检查对象名录库的来源分为几类?

答:根据《广东省"双随机一公开"消防监管检查对象名录库管理工作规定(试行)》第六条的有关要求,消防救援机构应当通过直接采集方式,将该村级工业园及内设所有企业纳入本级消防监督检查对象信息库。

"双随机、一公开"消防监督检查对象名录库的来源分为直接鉴别导入、分类征集录入、自行采集录入三种情形。

问题5:为进一步提升该重点镇消防基础设施建设水平,大队拟推动供水部门建设完善该重点镇市政消火栓,请问市政消火栓的保护距离、保护半径、压力、流量如何确定?

答:市政消火栓的保护半径不应超过 150 m,间距不应大于 120 m,压力自地面算起为 0.14 MPa,流量为 15 L/s。

问题6:根据广东省地方消防技术标准《小档口、小作坊、小娱乐场所消防安全整治技术要求》有关规定,当"三小"场所集中区域市政消防供水不能满足要求时,可采取何种补充措施?

答:应利用天然水源或设置室外消防水池,有效容量不应小于 200 mm³,消防水池的保护半径不应超过 150 m,并应设置消防取水口或取水井,吸水高度不应大于 6 m。

问题7:根据《广东省消防救援机构火灾防范技术措施调研论证管理规定(试行)》,下列火灾防范技术措施调研论证可直接由支队负责组织的是?

(1)存在国家消防技术标准规范没有具体规定情形的。

(2)存在采用国际标准或者境外消防技术标准情形的。

(3)存在采用的新技术、新工艺、新材料可能影响场所消防安全,不符合国家标准规定的或者现有国家标准规范未收录的。

(4)既有建筑存在与现有国家标准、规范不相符,按现有国家标准、规范要求难以整改,且社会影响较大的。

(5)对于涉及复杂疑难的技术问题,按照《重大火灾隐患判定方法》判定重大火灾隐患有困难的。

(6)对于涉及复杂或者疑难技术问题的重大火灾隐患整改有困难的。

答:(4)~(6)。

问题8:该重点镇内一酒吧经营面积为 150 m²,根据《建筑灭火器配置设计规范》(GB 50140—2005)附录 D,该酒吧属于什么危险级别? ABC 干粉灭火器最小配置级别是多少?

答:根据《建筑灭火器配置设计规范》(GB 50140—2005)附录 D,建筑面积在 200 m² 以下的公共娱乐场所属于中危险级;根据该规范第6.2.1条规定,A 类火灾场所危险等级为中危险级时,单具灭火器最小配置灭火级别为 2A(3 kg 以上 ABC 干粉)。

问题9:《广东省消防救援机构重大火灾隐患和火灾高风险区域确定、报告和挂牌督办制度(试行)》对政府挂牌督办火灾高风险区域的验收程序是怎么规定的?

答:根据该制度第十二条,省级政府挂牌督办火灾高风险区域在督办期限内完成整改的,由消防救援支队提请市级人民政府向省消防安全委员会申请现场核查验收。省消防安全委员会办公室(省消防救援总队)组织第三方消防技术服务机构实施验收,验收意见为合格的,由省消防安全委员会办公室提请省人民政府解除挂牌督办;验收意见为不合格的,由省消防安全委员会办公室提请省人民政府继续予以挂牌督办。

各市、县级政府及东莞、中山镇级政府挂牌督办的火灾高风险区域解除督办程序参照实施。

3.3.11 大型活动消防安保

案例背景:广东省某市体育中心包括体育场、体育馆、训练馆、游泳馆等多个建筑,其中体育馆由主体建筑(比赛馆)和附属建筑(训练馆)两部分组成,建筑高度23 m,总建筑面积1.70万 m²,采用框架及大跨度钢屋架结构体系,耐火等级二级。比赛馆为单层大空间建筑,可容纳观众席2800个,其中固定席2500个、活动席300个。训练馆地上二层(局部一层)内设有篮球、游泳、乒乓球、健身等训练用房,设有两部敞开疏散楼梯间(楼梯净宽均为1.40 m)。该体育馆共设有6个防火分区,其中最大一个防火分区(使用功能为比赛场地及观众厅)的建筑面积为5000 m²,每个防火分区均至少设有两个安全出口。该体育馆按有关国家工程建设消防技术标准配置了自动喷水灭火系统等消防设施及器材。2022年7月15日,大队监督员对该体育馆进行监督检查,测试自动喷水灭火系统末端试水装置时,发现系统未能正常出水,该体育馆自动喷水灭火系统喷头使用隐蔽式喷头。

团体协作题:

某市准备于7月13日—20日在该体育馆举办全国体操锦标赛。作为辖区消防救援大队,请就如何做好社会面火灾防控工作和赛事场馆消防安全保卫工作进行推演。

答:参考思路如下。

(1)"以火灾防控为核心,以消防宣传为基础手段",科学合理部署力量,建立火灾防控组、作战指挥组、信息联络组、通信保障组、宣传报道组,全面强化消防安全措施。

(2)科学制订方案,统筹协调推进。合理安排工作进度,以赛事消防安保为中心任务,以重要时段、重大活动消防安保为阶段任务,确保每个重要节点有目标、有措施、有效果,统筹推进消防安全保卫工作有序开展。

(3)科学划分等级,做好点、线、面结合。

"点"上将赛事场馆可视范围划分为一级防护圈。主动对接场馆运营方,提前介入,全面熟悉场馆建筑结构和消防设施配备情况,按照"一场馆一对策"的要求建立完善火灾风险防范指南,指导场馆管理单位建立消防安全管理专业团队,完善消防安全管理制度,全面落实消防安全主体责任。联合属地镇(街)、派出所和行业主管部门对场馆周围场所采取"过筛子"的方式全部检查一遍,逐家单位、逐栋建筑明确消防安全负责人,建立健全区域联防和应急联动机制。赛时期间,消防救援机构派驻监督员进驻场馆全天候开展服务指导,辖区消防救援站落实力量前置备勤,镇(街)、社区网格员和派出所不间断开展巡查检查,确保一级防护圈内消防绝对安全。

"线"上将运动员住宿酒店前往赛事场馆途径沿线周围200 m内划分为二级防护圈。将二级防护圈内的机关、团体、企业、事业单位和小场所全部纳入"双随机"抽查单位库,加强对该区域内单位、场所的日常消防监督抽查;借助消安委平台,推动行业主管部门开展行业消防安全检查,强化线条消防安全管理;发动镇(街)网格员、公安派出所结合"敲门行动"和消防安全"进万家"活动,逐家上门开展一次隐患排查和宣传提醒。赛时期间,辖区消防救援站联合社区微型消防站上街开展流动执勤,镇(街)、社区网格员加强巡查检查,消防技术服务机构派员进驻消防安全重点单位协助开展值班值守,确保二级防护圈内不冒烟。

"面"上将除一、二级防护圈以外的其他区域划分为三级防护圈。联合行业主管部门加大对大型商业综合体、文物古建筑、古村落、高层建筑、歌舞娱乐场所、易燃易爆危险品企业等单位、场所的监督检查力度;对排查出的不放心场所实施重点防护,各镇(街)持续推进打通生命通道和基层消防安全示范社区创建活动，确保赛时期间三级防护圈不发生有影响的火灾事故。

（4）强化物防技防，提升管理水平。全面应用消防物联网远程监控系统，单位消防安全管理信息、消防设施设备运行状况、电气火灾监测情况全部接入广东社会消防管理平台，提升单位消防安全实时化、智能化管理水平。

（5）强化执勤备战，做好应急准备。严格落实战备制度，深入开展执勤战备大检查，督促落实战勤保障措施；按照"一场馆一预案"的要求制定完善赛事场馆3D灭火救援预案，开展综合性联合演练；加强微型消防站、专职消防队联勤联训，建立健全应急联动机制，开展前置备勤。

（6）强化队伍管理，确保安全稳定。对队伍安全管理工作进行一次全面分析，强化重点领域、重大活动、重要时节安全风险评估，紧盯"六查六防"重点，深入开展自查自纠；对重点人、风险点、危险源列出问题清单、任务清单、责任清单、整改清单，实行挂账销号；重大活动期间，落实战时蹲点驻守措施，加强对"小散远"单位和执勤队伍临时住地的监管。

（7）强化宣传培训，做好舆情监控。充分利用各类新闻媒体、门户网站及消防官方微博微信，广泛开展消防公益提示宣传，集中曝光重大火灾隐患，持续报道消防安保工作动态；组织开展赛事场馆、住宿酒店消防安全责任人、管理人、工作人员、消防安全志愿者等关键人员、关键岗位的消防安全大培训活动，提升赛事相关人员消防安全意识；强化网络舆情监控，规范对外信息发布流程，落实相关人员责任，避免发生因队伍管理和工作失误导致的负面舆情。

个人应对题：

问题1：对于举办集会、焰火晚会、灯会等具有火灾危险的大型群众性活动的消防安全检查，检查的主要内容有哪些？（答出其中四项）

答：（1）室内活动使用的建筑物（场所）、公众聚集场所是否通过使用、营业前的消防安全检查。

（2）临时搭建的建筑物是否符合消防安全要求。

（3）是否制定灭火和应急疏散预案并组织演练。

（4）是否明确消防安全责任分工并确定消防安全管理人员。

（5）活动现场消防设施、器材是否配备齐全并完好有效。

（6）活动现场的疏散通道、安全出口和消防车通道是否畅通。

（7）活动现场的疏散指示标志和应急照明是否符合消防技术标准并完好有效。

问题2：根据《大型群众性活动安全管理条例》，参加人数达到多少才属于大型群众性活动？大型群众性活动的消防安全检查程序是如何规定的？

答：1000人以上。对大型群众性活动现场在举办前进行的消防安全检查，消防机构应当在接到本级公安机关治安部门通知之日起3个工作日内进行检查，并将检查记录移交本级公安机关治安部门。

问题3：该体育馆消防车道应如何设置？根据《建筑设计防火规范（2018年版）》（GB 50016—2014）有关要求，哪些建筑应设置环形消防车道？

答：可不设置环形消防车道。下列建筑应设置环形消防车道：高层民用建筑，超过3000个座位的体育馆，超过2000个座位的会堂，占地面积大于3000 m² 的商店建筑、展览建筑等单、多层公共建筑。

问题4：请问《自动喷水灭火系统设计规范》（GB 50084—2017）对隐蔽式喷头的使用有何规定？该体育馆能否使用隐蔽式喷头？

答：《自动喷水灭火系统设计规范》（GB 50084—2017）第6.1.3条第7点要求，"不宜选用隐蔽式洒水喷头；确需采用时，应仅适用于轻危险级和中危险级Ⅰ级场所"。该体育馆为中危Ⅰ级场所，可以使用隐蔽式喷头。

问题5：请分析该体育馆自动喷水灭火系统未能出水可能存在的原因。

答：自动喷水灭火系统未能出水可能存在的原因：

(1)高位水箱无水，补水设施故障。

(2)楼层自喷管阀门被关闭。

(3)高位水箱出水管阀门被关闭。

问题6：安保工作期间，支队消防监督人员数量不足，难以满足工作开展需求，根据总队火灾防范工作制度，可采取何种措施解决？

答：根据《广东省消防救援机构聘请专家参与检查工作制度（试行）》第二条，可以聘请专家参与重要活动消防安全保卫工作和其他社会面火灾防控工作。

问题7：该体育馆局部装修需要动火作业，请问在动火作业管理上有何要求？（答出4条以上）

答：动火作业管理：动火作业是指在施工现场进行明火、爆破、焊接、气割或采用酒精炉、煤油炉、喷灯、砂轮、电钻等工具进行可能产生火焰、火花和炽热表面的临时性作业。

为保证动火作业安全，施工现场动火作业应符合下列要求：

(1)施工现场动火作业前，应由动火作业人提出动火作业申请。动火作业申请至少应包含动火作业的人员、内容、部位或场所、时间、作业环境及灭火救援措施等内容。

(2)动火许可证的签发人收到动火申请后，应前往现场查验，在确认动火作业的防火措施落实后方可签发动火许可证。

(3)动火操作人员应按照相关规定，具有相应资格，并持证上岗作业。

(4)焊接、切割、烘烤或加热等动火作业前，应对作业现场的可燃物进行清理；作业现场及其附近无法移走的可燃物，应采用不燃材料对其覆盖或隔离。

(5)进行施工作业安排时，宜将动火作业安排在使用可燃建筑材料的施工作业前进行。确需在使用可燃建筑材料的施工作业之后进行动火作业，应采取可靠的防火措施。

(6)严禁在裸露的可燃材料上直接进行动火作业。

(7)焊接、切割、烘烤或加热等动火作业，应配备灭火器材，并设动火监护人进行现场监护。

问题8：安保过程中，应注重检查与火灾发生发展密切相关的哪七类案由？

答：(1)违反规定使用明火作业。

(2)电器线路敷设不符合规定。

(3)违法储存易燃易爆危险品。

(4)占用疏散通道、安全出口。

（5）堵塞疏散通道、安全出口。

（6）封闭疏散通道、安全出口。

（7）擅自停用消防设施、器材。

问题9：在对场馆进行检查时，发现某消防技术服务机构出具虚假维保报告，应如何处理？

答：依据《社会消防技术服务管理规定》第二十九条，"消防技术服务机构不具备从业条件从事社会消防技术服务活动或者出具虚假文件、失实文件的，或者不按照国家标准、行业标准开展社会消防技术服务活动的，由消防救援机构依照《中华人民共和国消防法》第六十九条的有关规定处罚"。

《中华人民共和国消防法》第六十九条："消防设施维护保养检测、消防安全评估等消防技术服务机构，不具备从业条件从事消防技术服务活动或者出具虚假文件的，由消防救援机构责令改正，处五万元以上十万元以下罚款，并对直接负责的主管人员和其他直接责任人员处一万元以上五万元以下罚款；……9有违法所得的，并处没收违法所得；给他人造成损失的，依法承担赔偿责任；情节严重的，依法责令停止执业或者吊销相应资格；造成重大损失的，由相关部门吊销营业执照，并对有关责任人员采取终身市场禁入措施。前款规定的机构出具失实文件，给他人造成损失的，依法承担赔偿责任；造成重大损失的，由消防救援机构依法责令停止执业或者吊销相应资格，由相关部门吊销营业执照，并对有关责任人员采取终身市场禁入措施。"

3.3.12　舆情应对

案例背景：某天，网络舆情监测系统发现，一场所业主在网上曝出一则《消防工作人员指定消防技术服务机构》的帖子，该帖子和视频引起网友的关注和转发，随后多家媒体对该事件进行了持续的跟踪报道，由此在网上掀起一股舆情风暴，并产生长达近半个月的热议和关注。该事件主要经过是该地消防救援大队主动上门提供重点企业（大型商业综合体，建筑层数4层，建筑高度23 m，建筑面积14万 m²）消防安全菜单式服务，在服务过程中指出该企业未按国家工程建设消防技术标准的规定设置火灾自动报警系统，并指定消防技术服务机构为其提供消防整改工作服务，但消防技术服务机构报价过高，导致业主不满引发舆情。

团体协作题：

面对该起舆情，应该如何分工应对？

答：舆情事件发生后，应当适当运用新闻管制，及时化解公众情绪，疏通事实传播渠道，引导转移舆论焦点，坚持正面宣传等手段进行应对，同步开展内部调查处理，以求最快速度化解舆情风波。

应成立管控组、引导组、调查组，各组具体工作分工如下：

（1）管控组。

①大队应启动辖区所在地党委网信办、网警部门建立的涉消重大舆情处置、管控的联动协作机制，对涉及发布妄议中央大政方针、泄露消防内部秘密资料、辱骂歪曲投诉指定

人等行为的，应及时发函协调，先删帖再查办。

②大队应启动与当地主要新闻媒体单位建立的涉消舆情处置、管控的联动协作机制，积极协调新闻媒体单位协助，对在其主管媒体上发布的涉消内容给予屏蔽、沉贴，防止舆情进一步扩大。

③主动联系发帖本人，化解公众情绪，要求立即删帖。

(2)引导组。

①针对负面舆情，大队应会同业务处(科)室，以官方媒体账号登录同步跟帖，加强正面引导，做好政策解答，回应广大网友关切。

②按照政务公开有关要求，通过新闻发布会、媒体见面会等形式，及时主动公开消防监督执法等工作，打造消防新媒体矩阵，形成集群效应，放大主流声音，有效引导社会舆论。

③大队应推动各级消防官方媒体主动发声，扩大正面宣传声势，及时传播先进事迹，树立正面舆论导向。

(3)调查组。

舆情事件发生后，大队应迅速响应，抓好该起事件的内部调查工作，查明事件来龙去脉和问题缘由，及时向支队报告，配合上级业务科室开展内部处理和采取防范措施。

个人应对题：

问题1：关于重点企业消防安全菜单式服务，《广东省重点企业消防安全菜单式服务工作规定(试行)》中的重点企业包括？

答：(1)本地经济支柱产业龙头企业；

(2)本地涉及国计民生的重点企业；

(3)本地重点支持企业。

问题2：依据《广东省重点企业消防安全菜单式服务工作规定(试行)》，消防监督员开展上门消防安全服务指导时发现社会单位存在火灾隐患或消防安全违法行为的，应该如何处理？针对该重点企业的具体隐患应如何查处？(涉及处罚的，请说明处罚额度)

答：应严格依法实施查处。应按照《中华人民共和国消防法》第六十条第一款第一项责令改正并处 4.5 万元以上 5 万元以下罚款；按照《重大火灾隐患判定方法》(GB 35181—2017)，直接判定该综合体存在重大火灾隐患。

问题3：该重点企业为当地最大型的商业综合体，建筑层数 4 层，建筑高度 23 m，地下一层为车库，首层为商场，二层、三层为餐厅，四层为电影院和冰雪场所，每层建筑面积为30000 m²，消防设施、器材设置符合相关消防技术规范要求，室内采用不燃、难燃材料装修。问：(1)首层、三层应划分几个防火分区？(2)电影院的平面布置和安全疏散有何要求？

答：(1)首层商场至少划分 3 个防火分区，三层餐厅至少划分 6 个防火分区。

(2)电影院确需设置在其他民用建筑内时，至少应设置 1 个独立的安全出口和疏散楼梯，并应符合下列规定：

①应采用耐火极限不低于 2.00 h 的防火隔墙和甲级防火门与其他区域分隔。

②设置在一、二级耐火等级的建筑内时，观众厅宜布置在首层、二层或三层；确需布

置在四层及以上楼层时，一个厅、室的疏散门不应少于2个，且每个观众厅的建筑面积不宜大于400 m²。

问题4：该综合体设有1个微型消防站，共4名队员，其中2名队员由消防控制室值班人员兼任，模拟拉动时，微型消防站队员赶到现场用时5分钟。依据《大型商业综合体消防安全管理规则(试行)》，该综合体微型消防站存在哪些问题？

答：大型商业综合体的建筑面积大于或等于20万 m²时，应当至少设置2个微型消防站。(1)微型消防站应当根据大型商业综合体的建筑特点和便于快速灭火救援的原则分散布置；(2)从各微型消防站站长中确定一名总站长，负责总体协调指挥。

微型消防站每班(组)灭火处置人员不应少于6人，且不得由消防控制室值班人员兼任。接到火警信息后，队员应当按照"3分钟到场"要求赶赴现场扑救初起火灾，组织人员疏散，同时负责联络当地消防救援队，通报火灾和处置情况，做好到场接应，并协助开展灭火救援。

问题5：该综合体配置了ABC干粉灭火器和水基灭火器，请问两种灭火器维修期限和报废期限有何要求？

答：依据《建筑灭火器配置验收及检查规范》(GB 50444—2008)的规定，ABC干粉灭火器的维修期限为出厂期满5年，首次维修以后每满2年，报废期限为10年；水基型灭火器的维修期限为出厂期满3年，首次维修以后每满1年，报废期限为6年。

问题6：该综合体4楼餐饮场所在天面设置瓶装液化石油气瓶组间，存放50 kg瓶装液化石油气6瓶，请问该如何查处？

答：(1)依据《消防监督检查规定》(公安部令第120号)第二十二条依法予以临时查封。

(2)依据《重大火灾隐患判定方法》(GB 35181—2017)第6.8条"在人员密集场所违反消防安全规定使用、储存或销售易燃易爆危险品"，直接判定存在重大火灾隐患。

(3)依据《中华人民共和国消防法》第六十二条"违反有关消防技术标准和管理规定生产、储存、运输、销售、使用、销毁易燃易爆危险品的"，移交公安治安部门依法查处。

问题7：大型商业综合体内餐饮场所的管理应当符合哪些要求？(答出4条以上)

答：(1)餐饮场所宜集中布置在同一楼层或同一楼层的集中区域。

(2)餐饮场所严禁使用液化石油气及甲、乙类液体燃料。

(3)餐饮场所使用天然气作燃料时，应当采用管道供气。设置在地下且建筑面积大于150 m²或座位数大于75个的餐饮场所不得使用燃气。

(4)不得在餐饮场所的用餐区域使用明火加工食品，开放式食品加工区应当采用电加热设施。

(5)厨房区域应当靠外墙布置，并应采用耐火极限不低于2.00 h的隔墙与其他部位分隔。

(6)厨房内应当设置可燃气体探测报警装置，排油烟罩及烹饪部位应当设置能够联动切断燃气输送管道的自动灭火装置，并能够将报警信号反馈至消防控制室。

(7)炉灶、烟道等设施与可燃物之间应当采取隔热或散热等防火措施。

(8)厨房燃气用具的安装使用及其管路敷设、维护保养和检测应当符合消防技术标准及管理规定；厨房的油烟管道应当至少每季度清洗一次。

（9）餐饮场所营业结束时，应当关闭燃气设备的供气阀门。

问题8：县级以上人民政府消防救援机构对社会消防技术服务活动开展监督检查的形式有哪些？

答：（1）结合日常消防监督检查工作，对消防技术服务质量实施监督抽查；

（2）根据需要实施专项检查；

（3）发生火灾事故后实施倒查；

（4）对举报投诉和交办移送的消防技术服务机构及其从业人员的违法从业行为进行核查。

开展社会消防技术服务活动监督检查可以根据实际需要，通过网上核查、服务单位实地核查、机构办公场所现场检查等方式实施。

问题9：对于指定消防技术服务机构，且尚未构成犯罪的行为，依据《国家综合性消防救援队伍处分条令（试行）》应该受到何种纪律处分？

答：依据《国家综合性消防救援队伍处分条令（试行）》第二十八条，予以警告、记过或者记大过；情节较重的，予以降级或者撤职；情节严重的，予以开除。

3.3.13 产生社会影响的一般火灾事故调查处理

案例背景：2021年3月2日15时10分许，位于某区某街道独岗村委会下沙一队的金华园704房住宅发生火灾，火灾过火面积18 m²，造成1人死亡。该起火灾位于市中心，周边人流密集，火灾视频、图片迅速传播。事故发生后，市委、市政府高度重视。市委书记批示要求"妥善做好善后处理，查明起火原因"。起火建筑共11层，高度约36 m，钢筋混凝土结构，建筑基底占地面积约338.54 m²，总建筑面积约3845.94 m²，首层为商铺，共4间，二层以上为住宅，共48户，每层1梯5户，设有1条疏散楼梯。起火建筑坐西朝东，东南西北四周均为民宅。该建筑所占用地权属为某街道独岗村委会下沙一村集体，由4户人组成，2017年上述地块协议转给江某某使用；2018年4月，江某某组织施工队进行桩基础建设；2018年6月，经原区国土资源局城区国土所制止停工；2019年3月重新启动建设，并于2019年底完成建筑主体建设。起火前商铺、住宅已全部售完。

团体协作题：

辖区政府组织召开新闻发布会，请你准备好新闻通稿，并对记者可能提问的敏感问题准备有关答复口径。

答：2021年3月2日15时10分，某区某街道独岗村委会王某某住宅发生火灾，火灾造成1人死亡。起火建筑是位于某市某街道独岗村委会下沙一队的金华园704房住宅，遇难人员为女性。

接到警情后，区委、区政府高度重视，组织公安、消防、应急、住建、民政等部门第一时间赶赴现场，指导现场救援处置工作。区消防救援大队迅速调集6辆消防车、38名指战员赶赴现场负责救援工作。截至2日16时33分，大火被扑灭，现场搜救出1名被困人员，经医生确认，已无生命体征。

事故发生后，区政府第一时间成立事故调查组和事故善后处理工作小组，迅速调集消防、公安刑侦部门共16人开展事故原因调查工作，另调集民政处置队共8人负责事故善后工作，截至3日15时，所有工作在紧张有序地进行中。

事故原因正在调查中，相关情况将及时向社会公布。在这里呼吁市民，有任何线索或者需要临时救助拨打热线电话12×××。

参考答复口径：

（1）请问到现在为止，火灾造成什么样的后果？

2021年3月2日15时33分，消防指战员从建筑内搜救出1名被困人员，送往医院救助，经医生抢救无效死亡，善后处理工作组正在妥善安排相关人员。

（2）刚才听周边的群众反映，消防队20分钟才到场，救援时间持续长是造成伤亡的主要原因，您能解释一下吗？

110及119的接警电话显示，第一个报警的时间是2日15时11分，第一支救援队伍于2日15时15分到达现场展开救援，16时33分，大火被扑灭，并搜救出1名被困人员送往医院救治，火灾救援时间历时78分钟。离火灾发生地最近的消防救援站距离事故现场3.8公里，根据接警到达时间，第一救援力量4分钟到达现场，出警时间符合要求，救援时长符合火灾扑救的实际情况。

（3）现在有哪方面的专家在参与事故的调查？

事故发生后，市委、市政府调派2名市级火灾调查专家及2名市级刑侦专家指导事故调查，区政府成立消防、刑侦合作的调查组参与调查，调查力量将全力攻克难题，尽早尽快查明事故原因并在第一时间公布。

（4）事故造成周边群众无家可归，该怎么办？

区政府的善后处理工作组已经启动救助工作，稍后工作人员会按照受灾轻重顺序联系相关受灾群众，采取有力措施实施救助，遇紧急情况的市民可以拨打12×××。

个人应对题：

问题1：根据国务院办公厅印发的《消防安全责任制实施办法》，该起火灾的调查处理由谁负责？

答：根据《消防安全责任制实施办法》第二十八条的规定，发生造成人员死亡或产生社会影响的一般火灾事故的，由事故发生地县级人民政府负责组织调查处理。

问题2：若区政府启动火灾事故调查程序，事故调查组应如何成立？

答：火灾事故发生后，消防救援机构应立即起草关于成立火灾事故调查组的请示，报本级人民政府审批，经批复同意后，迅速成立火灾事故调查组，实施调查处理工作。调查处理的组织分工：根据《广东省生产安全事故调查处理办法》，事故调查组应当自事故发生之日起3个工作日内成立。火灾事故调查组通常设组长、副组长和若干成员，实行组长负责制，根据实际需要可设技术组、管理组、综合组、责任追究调查组等若干工作小组。

问题3：最高人民检察院关于失火案的立案追诉标准如何？

答：《最高人民检察院、公安部关于公安机关管辖的刑事案件立案追诉标准的规定（一）》第一条："［失火案（刑法第一百一十五条第二款）］过失引起火灾，涉嫌下列情形之一的，应予立案追诉：

（1）导致死亡一人以上，或者重伤三人以上的；

（2）造成公共财产或者他人财产直接经济损失五十万元以上的；

（3）造成十户以上家庭的房屋以及其他基本生活资料烧毁的；

（4）造成森林火灾，过火有林地面积二公顷以上，或者过火疏林地、灌木林地、未成林地、苗圃地面积四公顷以上的；

（5）其他造成严重后果的情形。

本条和本规定第十五条规定的'有林地'、'疏林地'、'灌木林地'、'未成林地'、'苗圃地'，按照国家林业主管部门的有关规定确定。"

问题4：根据《生产安全事故报告和调查处理条例》，提交事故调查报告的时限要求是多少？

答：根据《生产安全事故报告和调查处理条例》第二十九条，事故调查组应当自事故发生之日起60日内提交事故调查报告；特殊情况下，经负责事故调查的人民政府批准，提交事故调查报告的期限可以适当延长，但延长的期限最长不超过60日。

问题5：根据消防救援局《关于开展火灾延伸调查强化追责整改的指导意见》，对于火灾延伸调查发现的消防安全违法行为，应如何分类处理？

答：对调查发现的消防安全违法行为，应当由消防救援机构作出行政处罚的，消防救援机构依法给予相应处罚，并将处罚情况通报给相关行业主管部门；应当由其他部门作出行政处罚的，将收集到的线索、证据移送相关部门调查处理：

涉嫌建设工程类行政违法行为的，由建设行政主管部门、市场监督管理部门依职权按照《中华人民共和国建筑法》《中华人民共和国消防法》《中华人民共和国产品质量法》等法律法规和规章实施行政处罚；

涉嫌消防产品类行政违法行为的，由市场监督管理部门依职权按照《中华人民共和国产品质量法》《中华人民共和国消防法》等法律法规和规章实施行政处罚；

涉嫌安全生产类行政违法行为的，由应急管理部门按照《中华人民共和国安全生产法》等法律法规和规章实施行政处罚。

问题6：对于调查中发现涉嫌刑事犯罪的案件，消防救援机构应如何向公安机关移送案件？

答：消防救援机构向公安机关移送案件，应当制作移送案件通知书，并根据调查情况附以下材料：

（1）火灾调查报告，载明火灾基本情况、人员伤亡和损失统计、火灾发生过程及起火部位、起火原因等情况。

（2）涉案物品清单，载明涉案物品的名称、数量、特征、存放地等事项，并附采取行政强制措施、现场笔录等表明涉案物品来源的相关材料。

（3）火灾事故认定书（涉嫌放火的除外），以及与火灾事故认定有关的证据材料复印件。

（4）消防行政处罚决定书等相关文书资料。

（5）其他需要移送的案件材料。

问题7：根据《生产安全事故报告和调查处理条例》，负责事故调查的人民政府应当自收到事故调查报告之日起几日内做出批复？

答：重大事故、较大事故、一般事故，负责事故调查的人民政府应当自收到事故调查报告之日起 15 日内做出批复；特别重大事故，30 日内做出批复，特殊情况下，批复时间可以适当延长，但延长的时间最长不超过 30 日。

问题 8：责任追究的形式有哪几种？

答： 行政处罚、党纪处分、政纪处分、信用惩戒、刑事责任追究。

问题 9：请你说出 5 个在火灾事故调查处理中涉及的社会单位主体责任罪名？

答： 按照《中华人民共和国刑法》规定，在火灾事故调查处理中涉及的社会单位主体责任罪名有：放火罪，失火罪，消防责任事故罪，重大责任事故罪，强令违章冒险作业罪，重大劳动安全事故罪，大型群众性活动重大安全事故罪，工程重大安全事故罪，教育设施重大安全事故罪，生产、销售伪劣产品罪，生产、销售不符合安全标准的产品罪，非法经营罪，危险物品肇事罪，不报、谎报安全事故罪，非法制造、买卖、运输、邮寄、储存爆炸物罪，非法制造、买卖、运输、储存危险物质罪，提供虚假证明文件罪，出具证明文件重大失实罪，伪造、变造、买卖国家机关公文、证件、印章罪，妨碍公文罪及其他在火灾事故调查中发现的涉嫌刑事责任的罪名。

3.3.14 较大火灾事故调查处理

案例背景： 2022 年 2 月 22 日 6 时 40 分许，某市某县某镇一居民自建房发生火灾，造成 5 人死亡，1 人受伤，过火面积 300㎡，直接经济损失 76.88 万元。起火建筑为某镇碧涌村村民杨某某自建房及杂物间（当地俗称偏房，以下称偏房），位于碧涌村岩碧涌大桥桥头西侧下游 30 m 处，属于临河坡地建筑，总建筑面积约 840 m²。整个建筑坐东朝西，东侧临近河道，南侧为空旷坡地，西侧为巷道，北侧为民房。火灾发生后，相关市领导作出重要批示、指示要求成立事故调查组，全面开展火灾事故调查处理工作。

团体协作题：

请你结合《生产安全事故报告和调查处理条例》和《消防安全责任制实施办法》的有关规定，谈谈如何及时把握调查主动权，启动调查，为市政府代拟调查方案？

答： 发生造成人员死亡或产生社会影响的火灾，根据火灾事故等级，由政府决定组织成立火灾事故调查组进行调查。根据《生产安全事故报告和调查处理条例》，生产安全事故调查（含火灾事故调查）可由政府直接组织事故调查组进行调查，也可以授权或者委托有关部门组织事故调查组进行调查。消防救援机构应主动作为，积极牵头火灾事故调查处理工作，发生造成人员死亡或产生社会影响的火灾，应立即提请负责事故调查的人民政府成立火灾事故调查组启动调查处理工作。

参考方案：

2022 年 2 月 22 日 6 时 40 分许，某市某县某镇一居民自建房发生火灾，造成 5 人死亡，1 人受伤。根据《消防安全责任制实施办法》的有关规定，经市政府决定成立火灾事故调查组（以下简称调查组）对事故展开调查，启动工作如下：

一、调查组构成

调查组由市消防安全委员会办公室牵头，成员由市消防救援支队、市应急管理局、市公安局、市住房建设局、市司法局、市总工会、市纪委监委、×县政府组成，共×人，组织架构和人员如下：

（一）调查组领导

组长：×××（市委常委、常务副市长）

副组长：×××（市政府副秘书长）

副组长：×××（市消防救援支队支队长）

副组长：×××（市应急管理局局长）

事故调查组设办公室，办公室主任由市消防救援支队支队长兼任。

（二）调查组成员

市消防救援支队：×××（副支队长）、×××（火调技术处高级工程师）

市应急管理局：×××（执法监督处处长）、×××（执法监督处二级主任科员）

市公安局：×××（危管科二级警员）

市司法局：×××（市政府法律顾问室中级法律专务）

市住建局：×××（物业管理处处长）、×××（住房和房地产产业科科长）

市总工会：×××（四级调研员）

××县政府：×××（常务副县长）。县应急管理局：×××（局长）、×××（事故科科长）。县消防大队：×××。县司法局：×××（法制办一级科员）。县总工会：×××（权益保障部部长）。×××街道：×××（安监办副主任）

二、调查组职责分工

调查组下设综合组、技术组、管理组和应急处置评估组共四个小组，各小组具体职责如下：

（一）综合组

负责事故调查工作的综合协调、后勤保障和资料证据管理等工作，组织调查组全体会议、发布事故调查信息、协调事故善后处置，综合技术组、管理组和应急处置评估组的资料形成事故调查报告初稿，报事故调查组全体会议审核。

综合组由市消防救援支队副支队长×××同志任组长，市消防救援支队防火监督科科长任副组长，市公安局、市住建局、市应急管理局等单位有关负责同志为成员。

（二）技术组

负责查明事故发生的详细过程、人员伤亡、善后处理情况；根据《火灾事故调查规定》查明事故直接经济损失情况；查明事故发生的直接原因和技术方面的间接原因，提出事故性质认定意见，查清与事故发生有关的基本情况，总结技术管理方面的教训并提出相应的防范整改措施建议，向综合组和管理组提交技术组调查报告（含损失评估报告），报告相关内容要以"插入脚注"的方式引用有关法律法规、标准、规范、政策文件、规章制度等内容，并附上有关证据材料以及证据材料清单。技术组调取的材料应编制材料目录清单，清单连同分类清晰的资料文件一并提交给综合组。

技术组由市消防救援支队高级工程师×××同志任组长，市消防救援支队、市公安局、市住建局、市应急管理局等单位有关负责同志为成员。

（三）管理组

负责查清事故相关责任单位和责任人的管理责任，查清有关部门履行消防安全管理职责情况,查明事故发生场所安全管理方面的情况,提出对相关单位及有关人员的处理意见,提出事故性质认定意见,总结场所安全管理方面的教训并相应提出防范整改措施,提交管理组调查报告,报告相关内容要以"插入脚注"的方式引用有关法律法规、标准、规范、政策文件、规章制度等内容,并附上有关证据材料以及证据材料清单。服从调查组组长的工作安排,协调、配合市纪委监委开展责任追究相关工作。管理组调取的材料应编制材料目录清单,清单连同分类清晰的资料文件一并提交给综合组。

管理组由市消防救援支队综合指导科长×××同志任组长,市消防救援支队、市公安局、市住建局、市应急管理局等单位有关负责同志为成员。

(四)应急处置评估组

负责查清事故发生后的救援及应急处置情况,对事故场所和事发地政府的应急处置工作进行综合评估并作出结论性意见,必要时聘请有关专家参与评估工作,总结应急处置方面的教训并提出相应的防范整改措施建议,撰写应急处置评估报告提交综合组和管理组,报告相关内容要以"插入脚注"的方式引用有关法律法规、标准、规范、政策文件、规章制度等内容,并附上有关证据材料以及证据材料清单。应急处置评估组调取的材料应编制材料目录清单,清单连同分类清晰的资料文件一并提交给综合组。

应急处置评估组由市应急管理局主要负责同志任组长,市公安局、市应急管理局、市消防救援支队等单位有关负责同志为成员。

三、工作推进步骤

1.前期准备工作:向市政府报请工作请示,收集相关单位人员名单,制订初步工作方案,选定办公地点,通知人员做好报到准备。(完成时间:×月×日)

2.启动进场工作:召开第一次碰头会,宣布工作纪律和整体分工;小组内部形成工作推进表,确定调查范围和主要对象,并按要求各自开展工作。(完成时间:×月×日)

3.完成技术报告:根据现场勘查、走访调查、技侦物证等程序和手段,出具初步的技术报告,认定事故原因。(完成时间:×月×日)

四、其他事项

1.集中统一办公。调查组人员脱产集中办公,办公、住宿、交通和卫生防疫工作,统一由××街道按照相关规定落实。

2.严格纪律要求。遵守调查组各项纪律,工作上高效,作风上严谨,加强信息保密,多请示多汇报,确保工作有序推进。

五、调查要点

市应急管理局、市消防救援支队、市住房和建设局、市场监督管理局、市商务局等相关负有监管职责的部门"三定"方案,职责规定;区直相关部门"三定"方案及履职情况;街道两办(安监办、消安办)职责及履职情况;社区两站(工作站、网格办)职责及履职情况;辖区派出所职责及履职情况;物业管理单位职责及履职情况(包括消防控制室值班);电气远程监控系统报警及处置情况;出租屋管理情况及租住人员情况;当事人电话、轨迹、周围视频监控情况;灭火救援及各级应急处置相关情况;直接财产损失及善后处理情况;灾前消防工作开展落实情况;与火灾相关的其他方面情况。

个人应对题：

问题 1：根据国务院办公厅印发的《消防安全责任制实施办法》，该起火灾的调查处理由谁负责？

答：根据《消防安全责任制实施办法》第二十八条的规定，发生较大火灾事故的，由事故发生地设区的市级人民政府负责组织调查处理。

问题 2：根据《广东省消防救援机构与公安机关火调协作实施细则》，消防救援机构负责调查火灾原因，在火灾调查中发现哪些情形，应当及时通知具有管辖权的公安机关派员协助调查？

答：（1）疑似放火的；

（2）受伤人数、受灾户数以及直接经济损失预估值达到相关刑事案件立案追诉标准的；

（3）有人员死亡的；

（4）国家机关、广播电台、电视台、学校、医院、养老院、托儿所、幼儿园、文物保护单位、宗教活动场所等重点场所和公共交通工具发生火灾，造成重大社会影响的；

（5）其他火灾需要协作的。

受伤人数、受灾户数以及直接经济损失预估值，可以以消防救援机构、公安机关或医疗鉴定机构、物价部门等提供的数据作为依据。有争议情形的，由火灾调查协作领导小组进行确定。

问题 3：最高人民检察院关于重大责任事故案的立案追诉标准如何？

答：《最高人民检察院、公安部关于公安机关管辖的刑事案件立案追诉标准的规定（一）》第八条："[重大责任事故案（刑法第一百三十四条第一款）]在生产、作业中违反有关安全管理的规定，涉嫌下列情形之一的，应予立案追诉：

（1）造成死亡一人以上，或者重伤三人以上；

（2）造成直接经济损失五十万元以上的；

（3）发生矿山生产安全事故，造成直接经济损失一百万元以上的；

（4）其他造成严重后果的情形。"

问题 4：根据《生产安全事故报告和调查处理条例》，事故调查报告的时限要求是多少？

答：根据《生产安全事故报告和调查处理条例》第二十九条，事故调查组应当自事故发生之日起 60 日内提交事故调查报告；特殊情况下，经负责事故调查的人民政府批准，提交事故调查报告的期限可以适当延长，但延长的期限最长不超过 60 日。

问题 5：根据《生产安全事故报告和调查处理条例》，有关机关、事故发生单位应当如何根据调查报告做好有关后续工作？

答：根据《生产安全事故报告和调查处理条例》第三十二条，有关机关应当按照人民政府的批复，依照法律、行政法规规定的权限和程序，对事故发生单位和有关人员进行行政处罚，对负有事故责任的国家工作人员进行处分。

事故发生单位应当按照负责事故调查的人民政府的批复，对本单位负有事故责任的人员进行处理。

负有事故责任的人员涉嫌犯罪的，依法追究刑事责任。

问题 6：对于调查中发现涉嫌刑事犯罪的案件，消防救援机构应如何向公安机关移送案件？

答：消防救援机构向公安机关移送案件，应当制作移送案件通知书，并根据调查情况附以下材料：

(1)火灾调查报告，载明火灾基本情况、人员伤亡和损失统计、火灾发生过程及起火部位、起火原因等情况；

(2)涉案物品清单，载明涉案物品的名称、数量、特征、存放地等事项，并附采取行政强制措施、现场笔录等表明涉案物品来源的相关材料；

(3)火灾事故认定书(涉嫌放火的除外)，以及与火灾事故认定有关的证据材料复印件；

(4)消防行政处罚决定书等相关文书资料；

(5)其他需要移送的案件材料。

问题7：根据《生产安全事故报告和调查处理条例》，负责事故调查的人民政府应当自收到事故调查报告之日起几日内做出批复？

答：重大事故、较大事故、一般事故，负责事故调查的人民政府应当自收到事故调查报告之日起15日内做出批复；特别重大事故，30日内做出批复，特殊情况下，批复时间可以适当延长，但延长的时间最长不超过30日。

问题8：根据《广东省较大以上火灾事故调查处理信息通报和整改措施落实评估工作办法》，对通报事故调查处理情况的时限是如何要求的？

答：根据《广东省较大以上火灾事故调查处理信息通报和整改措施落实评估工作办法》第三条，较大以上火灾事故调查结束后15个工作日内，负责事故调查的人民政府应及时向社会公众和有关部门通报事故调查处理情况，积极回应社会关切问题，接受社会监督。通报工作由负责事故调查的人民政府或其授权的部门实施。

问题9：根据《广东省较大以上火灾事故调查处理信息通报和整改措施落实评估工作办法》，对火灾事故暴露的问题组织落实整改的时限是如何要求的？

答：根据《广东省较大以上火灾事故调查处理信息通报和整改措施落实评估工作办法》第七条，较大以上火灾事故调查结案后，火灾发生地所在地级以上市、县级人民政府应对火灾事故暴露的问题组织落实整改，整改期限原则上不超过半年；整改确有难度的，报经上级人民政府同意后，可适当延长整改时间，但整改期限总体不超过一年。

第 4 章 综合评定和分析

4.1 考核流程

桌面推演同时考核团体协作能力和个人综合素质，每个团体人数可不等，人数以 9 人以下为宜。每队选出一名主讲人进行讲述，讲述完毕后，其他成员补充，评分项目分为两个：团体协作考核和个人推演考核。

团体项目考核完毕后，进行个人推演考核，由每名队员依次抽取题目作答，评分项目分为三个：语言表达能力、答题准确性、危机应对能力。

考核设评委若干，以 5~7 人为宜。

4.2 分数采集

分数采集可视情采用两种不同方式进行。一是提前设定好评委评分表，每位评委使用笔记本电脑、平板电脑进行评分，评委评分表如图 4-1 所示。此种方式的优点是界面直观，便于后续的分数统计；缺点是使用电脑稍显不便。

F2		✕ ✓ f_x	=SUM(C2:E2)		
	A	B	C	D	E	F
1	答题人	单位	答题准确性	综合协调能力 语言表达能力	具体措施针对性 危机应对能力	总分
2	团体1	团体1				0.00
3	刘一	团体1				
4	陈二	团体1				
5	张三	团体1				
6	李四	团体2				
7	王五	团体2				
8	赵六	团体2				
9	孙七	团体3				
10	周八	团体3				
11	吴九	团体3				
12	郑十	团体3				

评委1 | 评委2 | 评委3 | 评委4 | 评委5 | 评委6 | 得分汇总

图 4-1 评委评分表

二是采用手机微信小程序进行评分，如图 4-2 所示。

图 4-2　微信小程序界面

微信小程序"赛事配置"界面如图 4-3 所示。

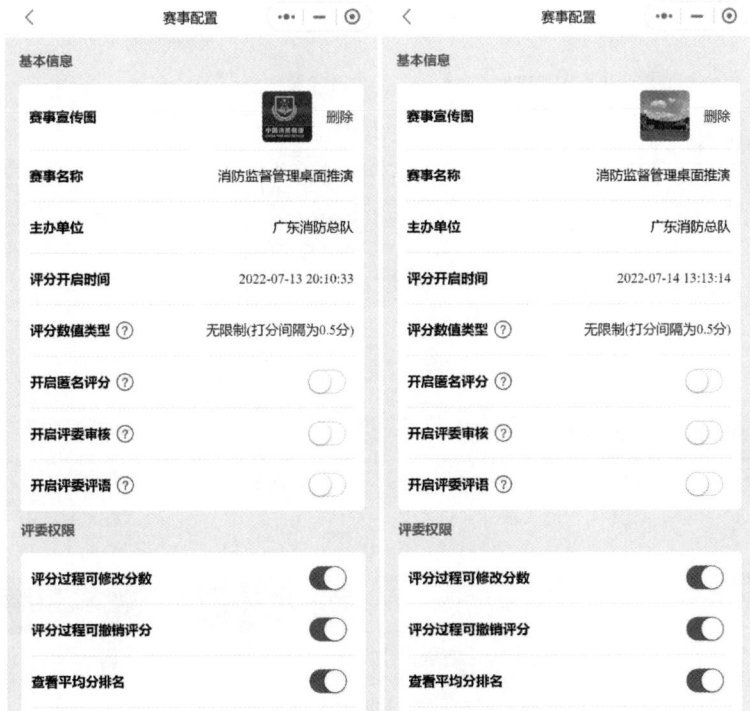

图 4-3　微信小程序"赛事配置"界面

使用模板批量录入选手信息，如图 4-4 所示。

选手名称（必填）	选手项目或描述（选填）
帅一帆	团体1
陆无双	团体1
张三娘	团体1
平阿四	团体2
龙五	团体2
吴六奇	团体2
燕七	团体3
朱重八	团体3
宫九	团体3
茅十八	团体3
萧十一郎	独立团
金陵十二钗	加强团
无十三	无敌团

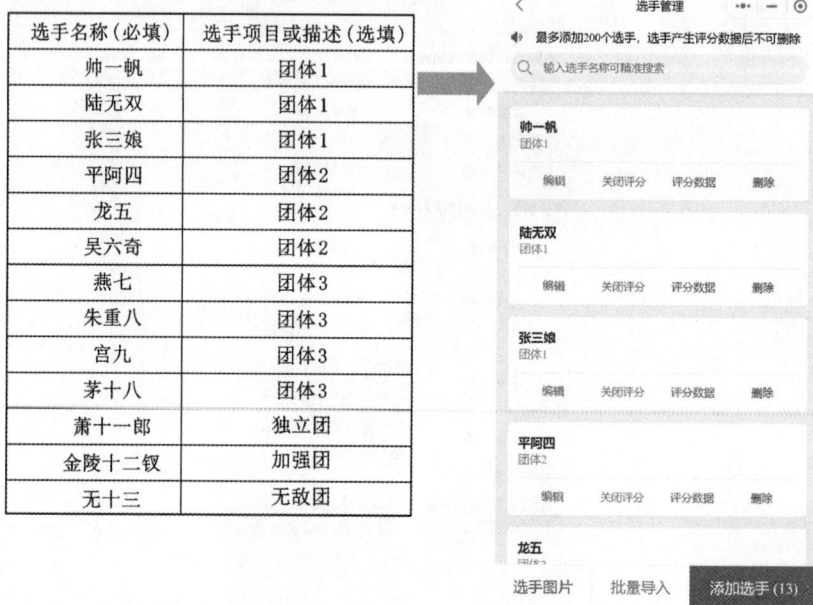

图 4-4　批量录入选手信息示意

设定评分规则，如图 4-5 所示。

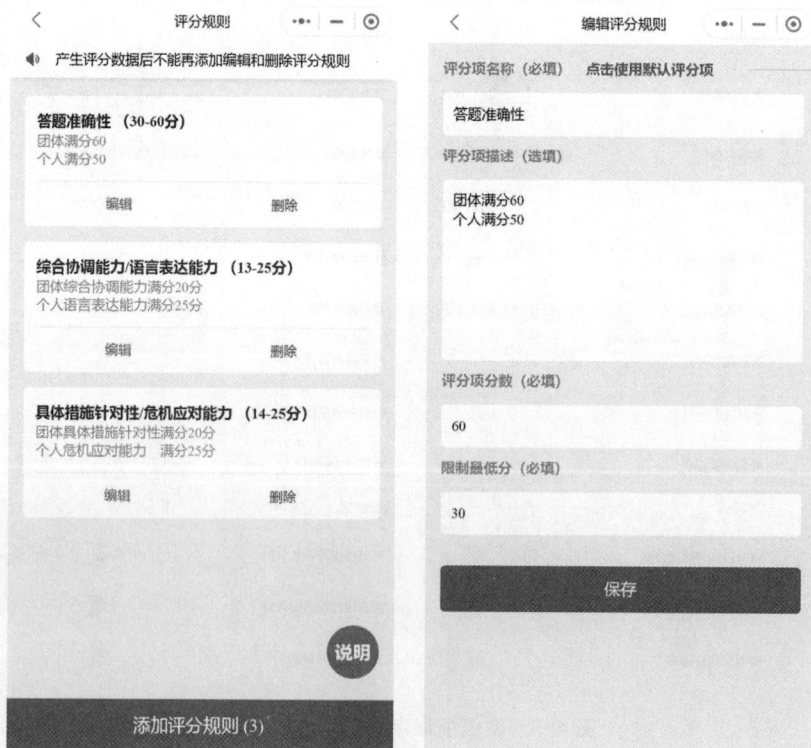

图 4-5　设定评分规则示意

生成二维码发送给评委，如图 4-6 所示。

图 4-6 评委邀请函示意

评委扫码后即可进入评分界面，如图 4-7 所示。

图 4-7 评分界面示意

评委可按预设分数限制值进行评分，如图4-8所示。

图4-8 评委评分示意

评委可随时留意已评分选手和未评分选手情况，如图4-9所示。

图4-9 已评分选手和未评分选手情况示意

评分情况也可以在后台实时跟踪或发送到大屏幕实时公布，如图 4-10 所示。

图 4-10 评分情况后台显示

采用小程序采集分数的好处显而易见，方便快捷且不易出错，可实时查看统计分数，但赛前也要录入各类信息，稍显烦琐，还需提前测试录入的信息对后续分数统计有无影响，提前预判可能会出现的情况，防止正式比赛时发生突发情况。

4.3 成绩处理

通过评委评分表采集的数据，可将各评委的评分表合并到同一工作簿，在分数汇总表中使用评分函数 TRIMMEAN 得到去除一个最高分和一个最低分后的评分项目平均分。该函数的语法为 TRIMMEAN(array, percent)。Array 为需要进行整理并求平均值的数组或数据区域。Percent 为计算时所要除去的数据点的比例，计算时向下舍入为最接近的 2 的倍数，其作用是先从数据集的头部和尾部(即最高值和最低值)除去一定百分比的数据点，然后再求平均值。因此本案中的单个项目得分公式为："=TRIMMEAN(评委1:评委6! D3, 2/5)"。Percent=0.4，无论评委是 6 个人还是 5 个人，都是除去 2 个数据点，即头部、尾部各除去 1 个，如图 4-11 所示。

C3		▼	:	×	✓	fx	=TRIMMEAN(评委1:评委6!C4.2/5)			

	A	B	C	D	E	F	G	H	I	J	K
1	答题人	单位	答题准确性	综合协调能力语言表达能力	具体措施针对性危机应对能力	桌面推演分	笔试得分	总分	排名	职务	级别
2	团体1	团体1	8.00	#NUM!	#NUM!	#NUM!	78.00	#NUM!	#NUM!	大队长	支队级副职
3	刘一	团体1	13.50	#NUM!	#NUM!	#NUM!	78.00	#NUM!	#NUM!	大队长	支队级副职
4	陈二	团体1	35.33	#NUM!	#NUM!	#NUM!	78.00	#NUM!	#NUM!		
5	张三	团体1	#NUM!	#NUM!	#NUM!	#NUM!	78.00	#NUM!	#NUM!	大队长	支队级副职
6	李四	团体2	#NUM!	#NUM!	#NUM!	#NUM!	78.00	#NUM!	#NUM!	大队长	大队级副职
7	王五	团体2	#NUM!	#NUM!	#NUM!	#NUM!	78.00	#NUM!	#NUM!	大队长	支队级副职
8	赵六	团体2	#NUM!	#NUM!	#NUM!	#NUM!	78.00	#NUM!	#NUM!	科长	大队级副职
9	孙七	团体3	#NUM!	#NUM!	#NUM!	#NUM!	78.00	#NUM!	#NUM!	大队长	支队级副职
10	周八	团体3	#NUM!	#NUM!	#NUM!	#NUM!	78.00	#NUM!	#NUM!	大队长	支队级副职
11	吴九	团体3	#NUM!	#NUM!	#NUM!	#NUM!	78.00	#NUM!	#NUM!	科长	大队级正职
12	郑十	团体3	#NUM!	#NUM!	#NUM!	#NUM!	78.00	#NUM!	#NUM!	大队长	大队级正职

◄ ► | 评委1 | 评委2 | 评委3 | 评委4 | 评委5 | 评委6 | 得分汇总 | ⊕

[表中推演总分的公式为：团体" =SUM(C2:E2)+AVERAGE(F3:F4)"、个人" =SUM(C3:E3)"。团体笔试分的公式为：
" =AVERAGE(G3:G4)"。总成绩的公式为：团体" =F2*0.3+G2*0.4"、个人" =F2*0.6+G2*0.4"]

图4-11　评委评分平均分处理

使用小程序采集的数据可以直接导出去除一个最高分和一个最低分后的评分项目平均分，如图4-12所示。

图4-12　评分结果导出界面

导出到电脑端后即可进行各评分项分数处理，如表4-1所示。

图4-1 评分项分数处理

排名	选手名称	选手单位	评分人数	分数
1	帅一帆	团体1	5人	22.33
2	陆无双	团体1	5人	22.33
3	张三娘	团体1	5人	22.17
4	平阿四	团体2	5人	22
5	龙五	团体2	5人	22
6	吴六奇	团体2	5人	22
7	燕七	团体3	5人	22
8	朱重八	团体3	5人	22
9	宫九	团体3	5人	21.83
10	茅十八	团体3	5人	21.83
11	萧十一郎	独立团	5人	21.67
12	金陵十二钗	加强团	5人	21.67
13	无十三	无敌团	5人	21.67
14				

注：评分项【综合协调能力/语言表达能力】平均分去除最高最低分排名。

将导出的表统一形式后，合并各单项分数到同一工作簿，其得分链接到预设好的分数汇总表，如表4-2所示。

图4-2 分数汇总表

选手名称	选手单位	答题准确性	综合协调能力语言表达能力	具体措施针对性危机应对能力	推演总分	笔试分	总分	排名	职务	级别	区域
团体1	团体1	49.5	22.33	23	188.21	78.00	87.66	#REF!	大队长	支队级副职	珠三角
刘一	团体1	49	22.33	22.75	94.08	78.00	87.65	#REF!	大队长	支队级副职	非珠三角
陈二	团体1	47.83	22.17	22.67	92.67	78.00	86.80	#REF!			非珠三角
张三	团体1	47.83	22	22.67	92.50	79.00	87.10	#REF!	大队长	支队级副职	非珠三角
李四	团体2	47.33	22	22.33	182.83	78.00	86.05	#REF!	大队长	支队级副职	非珠三角
王五	团体2	47	22	22.33	91.33	78.00	86.05	#REF!	大队长	支队级副职	珠三角
赵六	团体2	47	22	22	91.00	78.00	85.80	#REF!	科长	支队级正职	珠三角
孙七	团体3	46.33	22	22	180.78	78.00	85.80	#REF!	大队长	支队级副职	珠三角
周八	团体3	46.67	21.83	22	90.50	78.00	85.50	#REF!	大队长	支队级副职	非珠三角

续表4-2

选手名称	选手单位	答题准确性	综合协调能力语言表达能力	具体措施针对性危机应对能力	推演总分	笔试分	总分	排名	职务	级别	区域
吴九	团体3	46.67	21.83	22	90.50	78.00	85.50	#REF!	科长	支队级正职	非珠三角
郑十	团体3	46.67	21.67	22	90.34	78.00	85.40	#REF!	大队长	支队级正职	珠三角
萧十一郎	独立团										
金陵十二钗	加强团										

[表中推演总分的公式为：团体" =SUM(C2：E2)+AVERAGE(F3：F4)"、个人" =SUM(C3：E3)"。
团体笔试分的公式为：" =AVERAGE(G3：G4)"。
总成绩的公式为：团体" =F2 * 0.3+G2 * 0.4"、个人" =F2 * 0.6+G2 * 0.4"]

4.4 考核结果分析

分数计算完毕，分离团体和个人成绩后，分别进行排名，可分列团体总成绩、团体推演成绩、个人总成绩、个人推演成绩、个人理论成绩等工作表进行排名。可视情增加团体推演综合协作能力、团体推演具体措施针对性、个人推演语言表达能力、个人推演危机应对能力等小项排名，如图4-13所示。

团体推演成绩

单位	第一批	第二批	平均分	排名	区域
团体1	90.11	90.20	90.16	1	珠三角
团体2	90.39	88.19	89.29	2	珠三角
团体3	87.44	86.89	87.17	3	非珠三角
团体4	87.50	86.62	87.06	4	非珠三角
团体5	87.67	85.57	86.62	5	珠三角
团体6	87.94	85.12	86.53	6	珠三角
团体7	89.00	83.79	86.39	7	珠三角
团体8	83.61	87.71	85.66	8	珠三角
团体9	86.39	84.27	85.33	9	珠三角
团体10	83.38	86.90	85.14	10	珠三角
团体11	85.28	84.47	84.87	11	非珠三角
团体12	86.83	81.46	84.15	12	非珠三角
团体13	86.11	81.96	84.04	13	珠三角
团体14	82.85	83.71	83.26	14	珠三角
团体15	82.66	83.71	83.18	15	非珠三角
团体16	81.17	85.17	83.17	16	珠三角
团体17	81.92	83.73	82.82	17	非珠三角
团体18	83.75	81.25	82.50	18	非珠三角
团体19	81.30	83.11	82.21	19	珠三角
团体20	82.20	81.79	82.00	20	非珠三角
团体21	81.50	81.70	81.60	21	非珠三角

团体总成绩

单位	第一批	第二批	平均分	排名	区域
团体1	89.57	92.65	91.11	1	珠三角
团体2	87.67	92.52	90.09	2	珠三角
团体3	88.37	90.31	89.34	3	非珠三角
团体4	88.60	87.67	88.14	4	珠三角
团体5	87.00	87.90	87.45	5	珠三角
团体6	87.80	85.27	86.54	6	非珠三角
团体7	85.27	86.75	86.01	7	珠三角
团体8	82.80	87.77	85.28	8	非珠三角
团体9	85.19	85.13	85.16	9	非珠三角
团体10	82.63	82.95	82.79	10	非珠三角
团体11	82.50	82.16	82.33	11	珠三角
团体12	81.36	83.00	82.18	12	珠三角
团体13	83.67	80.63	82.15	13	珠三角
团体14	84.00	80.28	82.14	14	珠三角
团体15	79.15	84.84	81.99	15	非珠三角
团体16	79.23	84.74	81.98	16	珠三角
团体17	80.12	83.07	81.60	17	非珠三角
团体18	79.35	82.46	80.91	18	非珠三角
团体19	80.70	80.89	80.79	19	非珠三角
团体20	80.98	79.71	80.35	20	非珠三角
团体21	79.26	75.97	77.61	21	非珠三角

个人总成绩

姓名	区域	单位	职务	职级	分数	排名
刘一	珠三角	团体1	处（科）长	支队级副职	95.20	1
陈二	珠三角	团体1	大队长	支队级副职	93.80	2
张三	珠三角	团体1	大队长	支队级副职	93.30	3
李四	珠三角	团体2	大队长	大队级正职	89.64	4
王五	珠三角	团体2	处（科）长	大队级正职	88.88	5
赵六	非珠三角	团体2	处（科）长	大队级正职	83.42	73
孙七	非珠三角	团体3	大队长	支队级副职	78.81	138
周八	珠三角	团体3	大队长	支队级副职	78.80	139
吴九	珠三角	团体3	大队长	支队级副职	72.36	178
郑十	珠三角	团体3	大队长	支队级副职	66.66	181
萧十一郎	非珠三角	独立团	大队长	支队级副职	63.33	182
金陵十二钗	非珠三角	加强团	大队长	支队级副职	54.60	183

	A	B	C	D	E	F	G	H	I	J
1	支队	第一批	第二批	平均分	综合协作能力排名					
2	团体1	90.00	90.00	90.00	1					
3	团体2	90.00	90.00	90.00	1					
4	团体3	90.00	89.15	89.58	3					
5	团体4	90.00	89.15	89.58	3					
6	团体5	90.00	88.35	89.18	5					
7	团体6	88.33	88.35	88.34	6					
8	团体7	88.75	87.50	88.13	7					
9	团体8	86.66	89.25	87.96	8					
10	团体9	87.50	88.35	87.93	9					
11	团体10	90.00	85.00	87.50	10					
12	团体11	90.00	84.15	87.08	11					
13	团体12	90.00	84.15	87.08	11					
14	团体13	88.75	85.00	86.88	13					
15	团体14	85.00	88.35	86.68	14					
16	团体15	88.33	85.00	86.67	15					
17	团体16	86.67	86.65	86.66	16					
18	团体17	90.00	82.50	86.25	17					
19	团体18	85.00	85.85	85.43	18					
20	团体19	85.00	84.15	84.58	19					
21	团体20	83.75	83.35	83.55	20					
22	团体21	85.00	79.15	82.08	21					
23										

… 个人推演成绩总排名 | 个人理论成绩总排名 | 个人推演语言表达总排名 | 个人推演危机应对总排名 | 团体推演综合协作能力 | 团体推演具体措施科学性

[区域值如此前未设定，可设置公式自动匹配：=IF(OR(C13="广州支队"，C13="佛山支队"，C13="肇庆支队"，C13="珠海支队"，C13="中山支队"，C13="江门支队"，C13="深圳支队"，C13="东莞支队"，C13="惠州支队"），"珠三角"，"非珠三角"]

图4-13 各项考核成绩排名示意

表中分数段的颜色可通过设置条件格式实现，如图 4-14 所示。

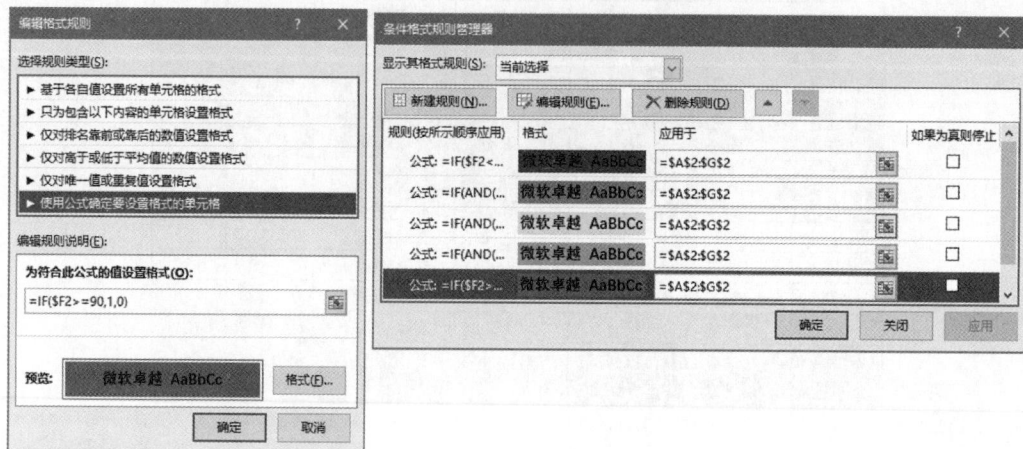

[分段分色显示公式分别为：=IF($F2>=90, 1, 0)、=IF(AND($F2<90, $F2>=80), 1, 0)、=IF(AND ($F2<80, $F2>=70), 1, 0))、=IF(AND($F2<70, $F2>=60), 1, 0)、=IF($F2<60, 1, 0)]

图 4-14　成绩表中不同分数段的颜色设置示意

通过分区域、分职级统计各分数段的数据可直观看出不同区域和级别之间的差异，如图 4-15 所示。

分段统计	总体	珠三角	非珠三角
优秀率	26.57%	29.46%	23.16%
良好率	35.27%	31.25%	40.00%
合格率	36.71%	39.29%	33.68%
不合格率	1.45%	0.00%	3.16%

分段统计	总体	支队级副职	大队级正职
优秀率	26.57%	29.32%	21.62%
良好率	35.27%	33.08%	39.19%
合格率	36.71%	39.29%	33.68%
不合格率	1.45%	1.50%	1.35%

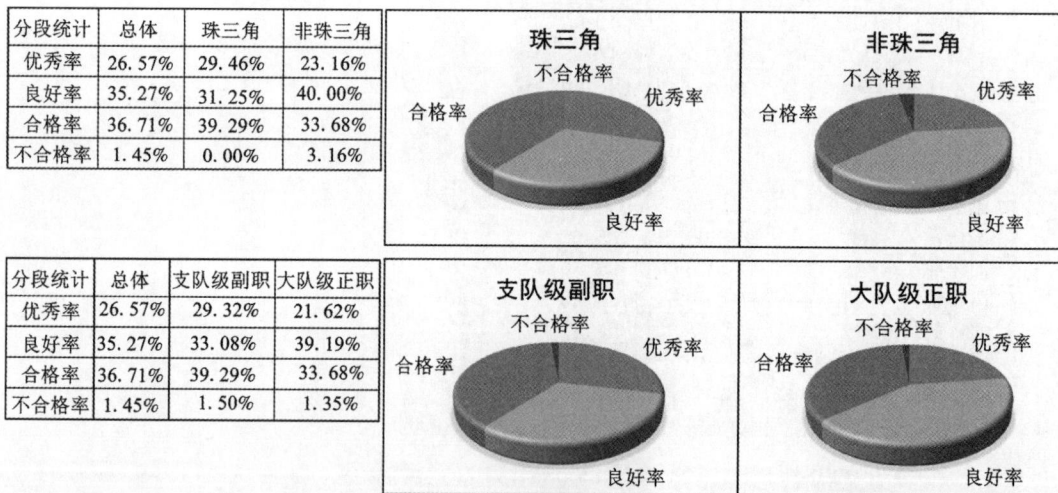

[分数段统计公式为：=COUNTIFS(F2：F211, ">=90", B2：B211, "珠三角")/COUNTIF($B $2：$B$211, "珠三角")。类推即可]

图 4-15　不同区域和职级之间的考核成绩差异分析示意

还可以进一步分析地市之间的差异, 如图4-16所示。

珠三角区分段率

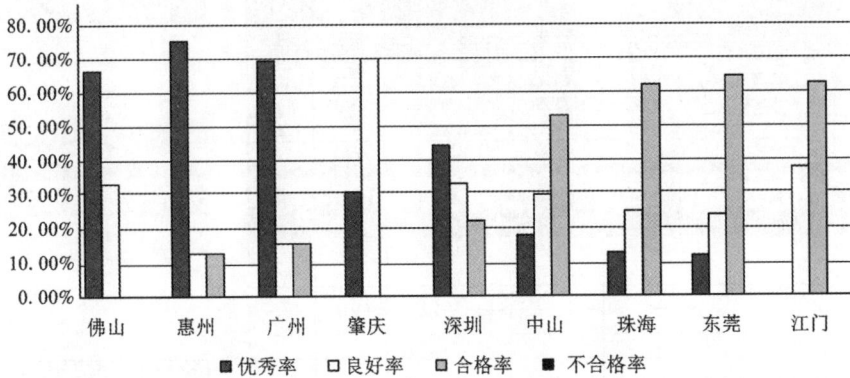

分段统计	珠三角	佛山	惠州	广州	肇庆	深圳	中山	珠海	东莞	江门
优秀率	29.46%	66.67%	75.00%	69.23%	30.00%	44.44%	17.65%	12.50%	11.76%	0%
良好率	31.25%	33.33%	12.50%	15.38%	70.00%	33.33%	29.41%	25.00%	23.53%	37.50%
合格率	39.29%	0%	12.50%	15.38%	0%	22.22%	52.94%	62.50%	64.71%	62.50%
不合格率	0%	0%	0%	0%	0%	0%	0%	0%	0%	0%

非珠三角区分段率

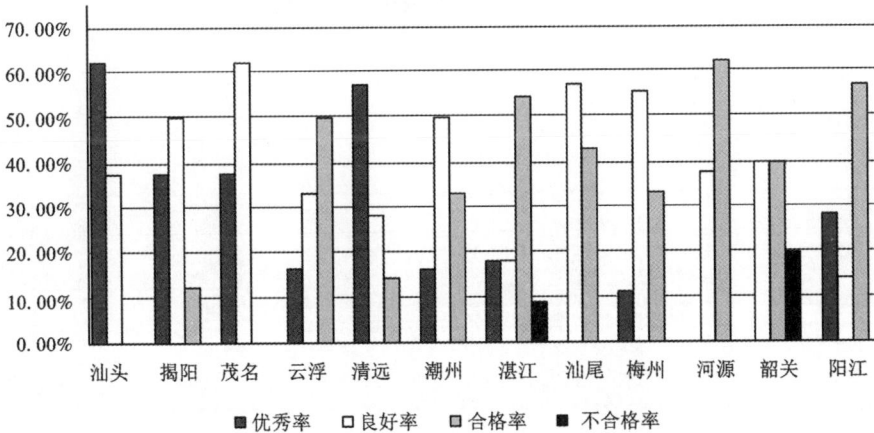

分段统计	非珠三角	汕头	揭阳	茂名	云浮	清远	潮州	湛江	汕尾	梅州	河源	韶关	阳江
优秀率	23.16%	62.50%	37.50%	37.50%	16.67%	57.14%	16.67%	18.18%	0%	11.11%	0%	0%	28.57%
良好率	40.00%	37.50%	50.00%	62.50%	33.33%	28.57%	50.00%	18.18%	57.14%	55.56%	37.50%	40.00%	14.29%
合格率	33.68%	0%	12.50%	0%	50.00%	14.29%	33.33%	54.55%	42.86%	33.33%	62.50%	40.00%	57.41%
不合格率	3.16%	0%	0%	0%	0%	0%	0%	0%	0%	0%	0%	20.00%	0%

图4-16 不同地市之间的考核成绩差异分析示意

最后, 可以参照上述方式将个人总成绩、个人推演成绩、个人理论成绩等区分职务、级别做进一步分析, 如图4-17所示。

	A	B	C	D	E	F	G	H	I	J	K	L
1	姓名	区域	单位	职务	职级	分数	排名		分段统计	总体	珠三角	非珠三角
2	刘一	珠三角	广州支队	大队长	支队级副职	95.20	1		优秀率	1.82%	3.33%	0.00%
3	陈二	珠三角	佛山支队	大队长	支队级副职	93.80	2		良好率	61.82%	64.44%	58.67%
4	张三	珠三角	中山支队	大队长	大队级正职	93.30	3		合格率	34.55%	32.22%	37.33%
5	李四	非珠三角	梅州支队	大队长	支队级副职	89.64	4					
6	王五	珠三角	广州支队	大队长	支队级副职	88.88	5					
7	赵六	珠三角	广州支队	大队长	大队级正职	83.41	63					
8	孙七	珠三角	广州支队	大队长	支队级副职	78.81	118					
9	周八	非珠三角	汕头支队	大队长	支队级副职	78.80	119		分段统计	总体	支队级副职	大队级正职
10	吴九	珠三角	惠州支队	大队长	大队级正职	72.36	139		优秀率	1.82%	1.89%	1.69%
11	郑十	珠三角	肇庆支队	大队长	支队级副职	66.66	161		良好率	61.82%	62.26%	61.02%
12	萧十一郎	珠三角	惠州支队	大队长	大队级正职	63.33	162		合格率	34.55%	33.96%	35.59%
13	金陵十二钗	非珠三角	梅州支队	大队长	支队级副职	54.60	163					
19									分段统计	珠三角	佛山	惠州
20									优秀率	3.33%	33.33%	0.00%
21									良好率	64.44%	66.67%	60.00%
22									合格率	32.22%	0.00%	40.00%
25									分段统计	非珠三角	汕头	揭阳
26									优秀率	0.00%	0.00%	0.00%
27									良好率	58.67%	75.00%	100.00%
28									合格率	37.33%	25.00%	0.00%

防火处（科）长总成绩　大队长总成绩　支队级副职总成绩　大队级正职总成绩

图 4-17　考核成绩进一步分析示意

第5章 理论考试题库及监督检查仪器

5.1 监督管理履职能力理论考试样题库

5.1.1 单选题

1. 录像厅、放映厅的疏散人数应按该场所的建筑面积( )人/m² 计算确定；其他歌舞娱乐场所放映游艺场所的疏散人数应按该场所的建筑面积( )人/m² 计算确定。
   A. 0.5，0.5　　　　B. 0.5，1.0　　　　C. 1.0，1.0　　　　D. 1.0，0.5
   答案：D

2. 位于袋形走道两侧的高层医院病房疏散门至外部出口的最大允许距离为( )。
   A. 12 m　　　　　B. 15 m　　　　　C. 18 m　　　　　D. 20 m
   答案：A

3. 设有自动喷水灭火系统，耐火等级为一、二级的多层医院，位于尽端的直接通向疏散走道的病房疏散门至最近的安全出口的最大允许距离为( )。
   A. 20 m　　　　　B. 25 m　　　　　C. 35 m　　　　　D. 43.75 m
   答案：B

4. 高层民用建筑内设置防火卷帘，且当卷帘两侧设置独立的闭式自动喷水系统保护时，该系统喷水延续时间不应小于( )。
   A. 2.00 h　　　　B. 3.00 h　　　　C. 1.50 h　　　　D. 1.00 h
   答案：B

5. 一、二级耐火等级多层敞开式外廊教学楼，位于两个楼梯间之间的直接通向疏散走道的教室，其疏散门至最近的楼梯间的最大允许距离为( )。
   A. 30 m　　　　　B. 35 m　　　　　C. 40 m　　　　　D. 45 m
   答案：C

6. 某电影院位于高层民用建筑五层，观众厅建筑面积不宜大于( )m²。
   A. 150　　　　　　B. 250　　　　　　C. 350　　　　　　D. 400
   答案：D

7. 某 L 形沿街建筑，其沿街部分的长度为 220 m，该建筑的消防车道为( )。

    A. 尽头式消防车道   B. 环形消防车道

    C. 穿越建筑的消防车道   D. 与环形消防车道相连的中间消防车道

    答案：C

8. 下列( )必须设两个安全出口。

    A. 面积为 90 m² 的甲类厂房，生产人数为 4 人

    B. 面积为 180 m²，人数为 40 人的托儿所

    C. 可停靠 40 辆车的停车场

    D. 面积为 120 m² 的地下设备间

    答案：B

9. 建筑高度为 210 m 的综合楼应至少设置( )层避难层。

    A. 1   B. 2   C. 3   D. 4

    答案：D

10. 建筑高度超过( )m 的住宅建筑应设消防电梯。

    A. 24   B. 32   C. 33   D. 54

    答案：C

11. 供消防救援人员进入的窗口的净高度和净宽度分别不应小于( )。

    A. 0.8 m，1.0 m   B. 1.0 m，1.0 m

    C. 0.8 m，1.2 m   D. 1.0 m，1.2 m

    答案：B

12. 商业服务网点每个分隔单元任一层建筑面积大于( )m² 时，应设置 2 个安全出口或疏散门。

    A. 100   B. 200   C. 125   D. 150

    答案：B

13. 未设置自动喷水灭火系统的地下室设备用房的防火分区最大允许建筑面积不应大于( )m²。

    A. 500   B. 1000   C. 1500   D. 2000

    答案：B

14. 住宅建筑设置剪刀楼梯间时，楼梯间的共用前室与消防电梯的前室合用时，合用前室的使用面积不应小于( )m²，且短边不应小于( )m。

    A. 14，2.4   B. 12，1.2   C. 12，2.4   D. 14，1.2

    答案：C

15. 根据《建筑设计防火规范(2018 年版)》(GB 50016—2014)，对于建筑屋面为坡屋面的建筑高度核算，应为( )。

    A. 建筑室外设计地面到其檐口与屋脊的平均高度

    B. 建筑室外设计地面到其檐口的高度

    C. 建筑室外设计地面到其屋脊的高度

    D. 建筑室外设计地面到女儿墙的高度

    答案：A

16. 某商业大楼建筑高度 34 m，有地上 6 层、地下 1 层，每层建筑面积 1800 m²，设置有中央空调系统，2 座疏散楼梯、2 部电梯、1 部自动扶梯，室内外消防设施符合有关消防技术规范。该大楼属于(　　)。
    A. 多层建筑　　　　B. 商住楼　　　　C. 一类高层建筑　　D. 二类高层建筑
    答案：C

17. 柴油发电机房布置在民用建筑内时，不应布置在(　　)。
    A. 地上二层　　　　B. 首层　　　　C. 地下一层　　　　D. 地下二层
    答案：A

18. 民用建筑室外楼梯作为疏散楼梯时，其净宽度不应小于(　　)。
    A. 0.7 m　　　　B. 0.8 m　　　　C. 0.9 m　　　　D. 1.1 m
    答案：C

19. 一座使用功能为商场的 3 层地上建筑，应设(　　)或室外疏散楼梯。
    A. 开敞楼梯间　　　　　　　　　B. 敞开楼梯间
    C. 封闭楼梯间　　　　　　　　　D. 防烟楼梯间
    答案：C

20. 单层、多层公共建筑中位于 2 个安全出口之间的房间，且建筑面积不超过(　　)，疏散门净宽不小于(　　)，可设 1 个门。
    A. 100 m²，0.9 m　　　　　　　B. 100 m²，1.4 m
    C. 120 m²，0.9 m　　　　　　　D. 120 m²，1.4 m
    答案：C

21. 剧院、电影院、礼堂等人员密集的公共场所容纳人数不超过 2000 人时，每个安全出口的平均疏散人数不应超过(　　)人。
    A. 50　　　　B. 100　　　　C. 150　　　　D. 250
    答案：D

22. 人员密集的公共场所、观众厅的入场门、太平门不应设置门槛，其宽度不应小于(　　)m。
    A. 1.1　　　　B. 1.2　　　　C. 1.3　　　　D. 1.4
    答案：D

23. 设有自动喷水灭火系统的建筑物，当梁、通风管道、排管、桥架等障碍物的宽度大于(　　)m 时，其下方应增设喷头。
    A. 0.5　　　　B. 0.8　　　　C. 1.0　　　　D. 1.2
    答案：D

24. 室外消火栓间距不应超过(　　)m。
    A. 60　　　　B. 100　　　　C. 120　　　　D. 150
    答案：C

25. 室内消火栓的间距应由计算确定，其中高层民用建筑不应大于(　　)m，裙房不应大于(　　)m。
    A. 20，30　　　　B. 30，50　　　　C. 20，50　　　　D. 30，30
    答案：B

26. 发生火灾时,湿式喷水灭火系统中的湿式报警阀由(　　)控制启动。

    A. 火灾探测器　　　B. 水流指示器　　　C. 闭式喷头　　　D. 压力开关

    答案:C

27. Ⅰ、Ⅱ、Ⅲ类地上汽车库,停车数超过(　　)辆的地下、半地下汽车库,机械式汽车库,Ⅰ类修车库等应设自动喷水灭火系统。

    A. 10　　　　　　　B. 8　　　　　　　C. 5　　　　　　　D. 4

    答案:A

28. 公称动作温度为79 ℃的玻璃球洒水喷头,其工作液色标为(　　)色。

    A. 红　　　　　　　B. 蓝　　　　　　　C. 绿　　　　　　　D. 黄

    答案:D

29. 《建筑设计防火规范(2018 年版)》(GB 50016—2014)规定,设置在地上一、二、三层的地上歌舞娱乐放映游艺场所,任一层建筑面积超过(　　)m² 时应设置自动喷水灭火系统。

    A. 100　　　　　　B. 150　　　　　　C. 200　　　　　　D. 300

    答案:D

30. 《建筑设计防火规范(2018 年版)》(GB 50016—2014)规定,建筑面积大于(　　)m² 的地下商店应设自动喷水灭火系统。

    A. 100　　　　　　B. 200　　　　　　C. 400　　　　　　D. 500

    答案:D

31. 自动喷水灭火系统配水管道的工作压力不应大于(　　)MPa。

    A. 0.80　　　　　　B. 1.20　　　　　　C. 1.40　　　　　　D. 1.50

    答案:B

32. 超过 1500 个座位的剧院和超过 2000 个座位的会堂舞台的葡萄架下部,应设(　　)喷水灭火系统。

    A. 水喷雾　　　　　B. 雨淋　　　　　　C. 水幕　　　　　　D. 干式

    答案:B

33. 设在高层民用建筑内的消防水泵房的门应为(　　)。

    A. 普通门　　　　　B. 甲级防火门　　　C. 乙级防火门　　　D. 丙级防火门

    答案:B

34. 设置临时高压给水系统的单层、多层民用建筑,屋顶的消防水箱应设置在(　　)。

    A. 保证最不利点消火栓静水压力不低于 0.07 MPa 处

    B. 保证最不利点消火栓水枪充实水柱达 10 m 处

    C. 建筑物的最高处

    D. 便于检修处

    答案:C

35. 自动喷水灭火系统玻璃球洒水喷头公称动作温度为 68 ℃时,工作液色标为(　　)色。

    A. 橙　　　　　　　B. 红　　　　　　　C. 黄　　　　　　　D. 绿

    答案:B

36. 供消防车取水的消防水池,保护半径不应大于(　　)m。

A. 150　　　　　　B. 120　　　　　　C. 60　　　　　　D. 40

答案：A

37. 居中设置在宽度小于 3 m 的内走道顶棚上的感温探测器，其安装间距不应超过(　　)m。

A. 5　　　　　　B. 7.5　　　　　　C. 10　　　　　　D. 15

答案：C

38. 在地下建筑内设置公共娱乐场所只允许设在(　　)。

A. 地下一层　　　　　　　　　　　　B. 地下一、二层

C. 地下一、二、三层　　　　　　　　D. 地下一、二、三、四层

答案：A

39. 疏散走道的指示标志宜设在疏散走道及其转角处距地面(　　)m 以下的墙面上，走道疏散指示灯的间距不应大于(　　)m。

A. 1.5, 20　　　　B. 1.2, 20　　　　C. 1.0, 20　　　　D. 1.0, 10

E. 1.0, 25

答案：C

40. 防烟楼梯间前室的面积，对于公共建筑不应小于(　　)m^2，对于居住建筑不应小于(　　)m^2。

A. 4.5, 6　　　　B. 6, 4.5　　　　C. 6, 6　　　　D. 6, 10

答案：B

41. 高层民用建筑内的商业营业厅、展览厅等，当设有火灾自动报警系统和自动灭火系统，且采用不燃烧或难燃烧的材料装修时，地上部分防火分区的最大允许建筑面积为(　　)m^2，地下部分防火分区的最大允许建筑面积为(　　)m^2。

A. 4000, 2000　　　　　　　　　　B. 2000, 4000

C. 2000, 2000　　　　　　　　　　D. 4000, 4000

答案：A

42. 尽头式消防车道应设回车道或回车场，高层民用建筑设回车场不宜小于(　　)，大型消防车通过，则不宜小于(　　)。

A. 12 m×12 m, 12 m×15 m　　　　　B. 15 m×15 m, 18 m×18 m

C. 12 m×18 m, 15 m×15 m　　　　　D. 12 m×12 m, 18 m×18 m

答案：B

43. 防火分区内设有自动灭火系统时，除规范另有规定者外，其防火分区最大允许建筑面积可在相关规定基础上增加(　　)倍。

A. 1　　　　　　B. 2　　　　　　C. 3　　　　　　D. 4

答案：A

44. 耐火等级为一、二级的多层民用建筑，其防火分区每层最大允许建筑面积为(　　)m^2。

A. 1000　　　　　　B. 2000　　　　　　C. 2500　　　　　　D. 3000

答案：C

45. 歌舞娱乐放映游艺场所的疏散出口不应少于两个，当其建筑面积不大于(　　)m^2 时可设置一个疏散出口。

A. 50   B. 60   C. 75   D. 80

答案：A

46. 高层建筑地下室、半地下室每个防火分区的安全出口不应少于两个，但房间面积不超过( )m² 且经常停留人数不超过( )人的房间，可设一个门。

A. 60, 5   B. 75, 20   C. 50, 15   D. 60, 10

答案：C

47. 高层医院病房疏散楼梯的最小净宽不应小于( )m。

A. 1.3   B. 1.2   C. 1.1   D. 1.0

答案：A

48. 甲、乙类厂房与民用建筑之间的防火间距不应小于( )m

A. 25   B. 30   C. 40   D. 50

答案：A

49. 甲类物品库房与重要的公共建筑的防火间距不应小于( )m。

A. 25   B. 30   C. 50   D. 80

答案：C

50. 下列证据中，( )可以作为对赵某挪用消防器材行为实施行政处罚的直接证据。

A. 办案人员张某一人询问违法嫌疑人赵某时制作的询问笔录

B. 饭店监控设备拍摄的违法嫌疑人赵某挪用灭火器的录像

C. 饭店大堂经理对购买的灭火器数量和型号的陈述

D. 购买灭火器的凭证

答案：B

51. 甲市乙区消防救援大队与丙市丁区消防救援大队发生管辖争议，后经指定由丁区消防救援大队管辖。该项指定应当由下列哪一机关作出？( )

A. 甲市消防救援支队

B. 乙市消防救援支队

C. 甲市消防救援支队或乙市消防救援支队

D. 甲市消防救援支队和乙市消防救援支队的共同上一级机关

答案：D

52. 某娱乐场所因锁闭安全出口被消防救援机构处罚，在一年内该娱乐场所又锁闭同一安全出口。消防救援机构对这一行为( )。

A. 不能再处罚   B. 不能再给予罚款处罚

C. 应当给予拘留处罚   D. 应当从重处罚。

答案：D

53. 对工程监理单位与建设单位串通，弄虚作假，降低消防施工质量的违法行为，依据《中华人民共和国消防法》的规定，该违法行为行政处罚的对象是( )。

A. 建设单位   B. 施工单位

C. 工程监理单位   D. 工程监理单位和建设单位

答案：D

54. 消防救援机构在监督检查时发现，王某擅自停用其经营的"在水一方"休闲中心消防设施，予以受案调查，在调查中还发现王某无工商执照经营。下列说法正确的是(　　)。

A.将该案移送市场监管部门查处擅自停用消防设施和无照经营行为

B.对王某擅自停用消防设施的行为作出处罚的同时，通知市场监管部门查处无照经营行为

C.消防救援机构与市场监管部门共同查处擅自停用消防设施的行为

D.对王某的两个违法行为，消防救援机构和市场监管部门都能给予处罚

答案：B

55.根据《中华人民共和国消防法》规定，地方消防救援机构有权依法对(　　)领域的消防产品违法行为进行查处。

A.生产　　　　　　　　B.销售　　　　　　　　C.使用　　　　　　　　D.运输

答案：C

56.消防救援机构需要强制传唤消防安全违法行为人的，按照(　　)有关规定执行。

A.消防法　　　　　　　　　　　　　B.治安管理处罚法

C.消防监督检查规定　　　　　　　　D.公安机关办理行政案件程序规定

答案：B

57.《中华人民共和国消防法》规定，故意破坏或伪造火灾现场，尚不构成犯罪的，处(　　)。

A.警告、罚款或者拘留

B.警告或者500元以下罚款；情节严重的，处10日以上15日以下拘留

C.10日以上15日以下拘留，可以并处500元以下罚款；情节较轻的，处警告或500元以下罚款

D.10日以上15日以下拘留，并处5000元以下罚款；情节较轻的，处5日以上10日以下拘留，并处500元以下罚款

答案：C

58.某单位办公大楼自动喷水灭火系统被停用，某消防救援大队检查发现后依法进行处理，下列正确的是(　　)。

A.责令限期改正，逾期不改的依法处罚

B.责令单位改正，对单位处以罚款

C.责令单位改正，对单位和直接负责的主管人员和其他直接责任人处以罚款

D.责令改正，对当日值班的消防控制中心的值班操作人员处以罚款

答案：B

59.对违法行为涉嫌构成犯罪的，由行政案件转为刑事案件办理错误的说法是(　　)。

A.无须撤销行政案件

B.应当撤销行政案件

C.应当对行政案件予以结案

D.已作出的行政处理决定应当附刑事卷宗

答案：B

60.对违反《中华人民共和国消防法》规定行为给予行政拘留处罚的，由(　　)依照治安管理处罚法的规定决定。

A.县级以上公安机关　　　　　　　　B.消防救援机构

C.公安机关治安管理机构 D.公安派出所
答案：A

61.消防救援机构及其办案人员当场收缴罚款的，应当出具(　　)财政部门统一制发的罚款收据。
A.乡镇级以上 B.县级以上
C.地市级以上 D.省级
答案：D

62.当事人确有经济困难，经当事人申请和作出决定的消防救援机构批准，可以(　　)罚款。
A.免缴 B.减少处罚数额
C.免缴或减少处罚数额 D.暂缓或者分期缴纳
答案：D

63.按照《公安机关办理行政案件程序规定》，在消防行政处罚过程中，不需要事先经过消防救援机构负责人批准的是(　　)。
A.扣押物品 B.先行登记保存
C.适用一般程序作出处罚决定 D.使用传唤证
答案：A

64.依据《中华人民共和国行政处罚法》，对消防救援机构办案人员当场作出处罚决定的说法，表述错误的是(　　)。
A.应当告知听证权利
B.应当填写预定格式、编号的行政处罚决定书
C.当场处罚决定书由执法人员签名或盖章
D.行政处罚决定书当场交付当事人
答案：A

65.消防救援机构办案人员当场作出的行政处罚决定，必须(　　)。
A.报所属消防救援机构备案 B.报所属消防救援机构批准
C.报上级消防救援机构备案 D.报所属消防救援机构复核
答案：A

66.消防救援机构应当自收到办案人员当场收缴的罚款之日起(　　)内，将罚款缴付指定的银行。
A.24小时 B.2日 C.3日 D.5日
答案：B

67.消防救援机构办案人员当场作出的行政处罚决定，应当于作出决定后的(　　)内报所属消防救援机构备案。
A.24小时 B.2日 C.3日 D.5日
答案：A

68.消防救援机构及其办案人员在作出行政处罚决定之前，不依法向当事人告知(　　)，行政处罚决定不能成立。
A.给予行政处罚的事实、理由和依据 B.给予行政处罚的事实、情节和权利

C.给予行政处罚的理由、权利和依据　　　D.给予行政处罚的事实、理由和程序

答案：A

69.对下列违法行为，消防救援机构应予行政处罚的是(　　　)。

A.王某(10岁)玩火造成一草堆起火

B.李某(12岁)用家里的电话多次拨打119

C.歌舞厅服务员张某(17岁)发生火灾后未引导在场群众疏散，造成人员伤亡，尚不构成犯罪

D.孙某(13岁)在加油站抽烟

答案：C

70.李某将自己新建的一幢酒店租赁给张某经营使用，因该建筑未经消防安检合格投入使用，消防救援机构拟给予责令停止营业的处罚。被告知听证权利后，李某向消防救援机构提出听证申请。在听证活动中，张某可以作为(　　　)参加听证。

A.听证申请人　　　B.第三人　　　C.代理人　　　D.受害人

答案：B

71.违法嫌疑人放弃听证或者撤回听证要求后，处罚决定作出前又提出听证要求的，(　　　)。

A.不允许听证

B.任何时候都应当允许听证

C.只要在听证申请有效期限内，应当允许

D.只要违法嫌疑人陈述、申辩合理的，应当允许

答案：C

72.违法嫌疑人不能按期参加消防行政处罚听证的，可以申请延期，是否准许，由(　　　)决定。

A.法制部门负责人　　　　　　　B.办案人员

C.听证主持人　　　　　　　　　D.消防救援机构负责人

答案：C

73.消防救援机构受理听证后，应当在举行听证的(　　　)前将举行听证通知书送达听证申请人，并将举行听证的时间、地点通知其他听证参加人。

A.2日　　　B.3日　　　C.5日　　　D.7日

答案：D

74.消防救援机构为了查明案情，需要对行政案件中专门技术性问题进行鉴定的，初次鉴定费用一般由(　　　)承担。

A.违法嫌疑人　　　　　　　　B.受害人

C.鉴定人或者鉴定机构　　　　D.消防救援机构

答案：D

75.(　　　)不能作为行政诉讼的证据。

A.消防救援机构在行政处罚案件现场所作的调查笔录

B.行政处罚听证记录

C.行政诉讼过程中消防救援机构自行向证人取证所作的笔录

D. 人民法院要求消防救援机构补充的鉴定结论

答案：C

76. 下列有关证据扣押的说法，正确的是(　　)。

A. 与案件无关的物品和文件，不得扣押

B. 扣押的物品和文件，经查明与案件无关的，应当妥善保管

C. 对扣押物品需要进行鉴定的，鉴定期间计入扣押期间

D. 对于扣押的物品，不得挪用或者损毁，但可以调换

答案：A

77. 消防救援机构在办理行政案件过程中，对先行登记保存的证据，应当在(　　)内作出处理决定。逾期不作出处理决定的，视为自动解除。

A. 3 日　　　　　　B. 5 日　　　　　　C. 7 日　　　　　　D. 15 日

答案：C

78. 下列对消防救援机构办理行政案件中抽样取证的规定，说法错误的是(　　)。

A. 办案人员收集证据时，可以采取抽样取证的方法

B. 抽样取证时，应当有被抽样物品的持有人或者见证人在场，并开具抽样取证证据清单

C. 抽样取证清单由办案人员和被抽样物品的持有人各执一份

D. 经检验，对不属于证据的，消防救援机构应当及时销毁或返还样品

答案：D

79. 下列对询问笔录的表述错误的是(　　)。

A. 询问笔录应当交被询问人核对，对没有阅读能力的，应向其宣读

B. 询问笔录有误或者遗漏的，应当允许被询问人更正或者补充

C. 被询问人确认笔录无误后，应当在询问笔录上逐页签名并捺指印

D. 办案人员可以只在计算机中记录

答案：D

80. 消防救援机构对案情复杂，违法行为依法可能适用行政拘留处罚的，对违法嫌疑人询问查证的时间不得超过(　　)小时。

A. 8　　　　　　　　B. 12　　　　　　　C. 24　　　　　　　D. 36

答案：C

81. 消防救援机构对被传唤的违法嫌疑人询问查证的时间一般不得超过(　　)小时。

A. 8　　　　　　　　B. 12　　　　　　　C. 24　　　　　　　D. 48

答案：A

82. 消防救援机构办理消防行政处罚案件时，询问同案的违法嫌疑人或者其他证人应当(　　)进行。

A. 分别　　　　　　B. 同时　　　　　　C. 联合　　　　　　D. 配合

答案：A

83. 消防救援机构送达行政处罚决定书时不能采用(　　)的方式。

A. 当场交付　　　　B. 直接送达　　　　C. 留置送达　　　　D. 电话通知

答案：D

84. 消防救援机构采取留置送达方式送达法律文书时，应在(　　)上注明受送达人拒绝的事由、送达日期，由送达人、见证人签名或捺指印，即视为送达。

    A. 送达回执　　　　　　　　　　　　B. 附卷的法律文书
    C. 文书的存根联　　　　　　　　　　D. 送达的法律文书
    答案：A

85. 不属于"双随机、一公开"监管年度检查计划明确事项的是(　　)
    A. 抽查范围　　　　B. 抽查事项　　　　C. 抽查细则　　　　D. 抽查人员
    答案：D

86. 中共中央《关于深化消防执法改革的意见》明确指出，取消消防技术服务机构(　　)许可。
    A. 评估　　　　　B. 证照　　　　　C. 资质　　　　　D. 检测
    答案：C

87. (　　)是指将消防安全违法违规行为纳入信用体系监管内容。
    A. 科技监管　　　B. 信用监管　　　C. 互联网监管　　　D. 日常监管
    答案：B

88. 《关于深化消防执法改革的若干措施》提出，推行公众聚集场所(　　)管理。
    A. 承诺备案制　　B. 主体负责制　　C. 告知承诺制　　D. 信息备案制
    答案：C

89. 不属于应当采取刻录光盘、使用移动储存介质等方式，长期保存音像资料的是(　　)。
    A. 当事人对执法人员现场执法活动有异议或者投诉、上访的
    B. 当事人逃避、拒绝、阻碍执法人员依法执行公务，或者谩骂、侮辱、殴打执法人员的
    C. 检查和督促整改重大火灾隐患的
    D. 开展营业前消防安全检查的
    答案：D

90. 现场执法视音频资料的保存期限原则上应当不少于(　　)。
    A. 6个月　　　　B. 1年　　　　C. 2年　　　　D. 3年
    答案：A

91. 音像记录制作完成后，应当在(　　)内将信息储存至消防监督管理系统或者专用存储器。
    A. 1个工作日　　B. 2个工作日　　C. 3个工作日　　D. 当天
    答案：B

92. 使用执法记录仪时，(　　)事先告知当事人。
    A. 可以　　　　　B. 应当　　　　　C. 不得　　　　　D. 宜
    答案：B

93. (　　)是通过照相机、录音机、摄像机、执法记录仪、视频监控等设备，实时对消防执法过程进行记录的方式。
    A. 音像记录　　　B. 视频记录　　　C. 图像记录　　　D. 执法记录
    答案：A

94. 消防救援机构作出行政许可、行政处罚决定的，应当自决定作出之日起(　　)个工作

日内向社会公开。

A. 3   B. 5   C. 7   D. 10

答案：C

95. 消防救援机构向社会公开执法决定信息，应当自该信息形成或者变更之日起(   )个工作日之内进行。

A. 10   B. 3   C. 5   D. 20

答案：D

96. 向社会公开的消防救援机构法律文书，应当对文书中载明的自然人姓名作隐名处理，保留姓氏，名字以"(   )"代替。

A. *   B. ×   C. 某   D. .

答案：C

97. 消防救援机构在监督检查事后应主动向社会公开的信息不包括(   )。

A. 执法机关   B. 执法对象   C. 执法类别   D. 执法人员

答案：D

98. 从事消防安全评估服务的消防技术服务机构，工作场所面积不少于(   )m^2。

A. 100   B. 150   C. 200   D. 300

答案：A

99. 公众聚集场所在营业期间的防火巡查应当至少(   )一次。

A. 每日   B. 每半小时   C. 每 1 小时   D. 每 2 小时

答案：D

100. 根据公安机关的内部分工，烟花爆竹由(   )管理。

A. 消防救援机构   B. 公安治安部门   C. 公安刑侦部门   D. 公安技术部门

答案：B

101. 在对依法投入使用的人员密集场所和生产、储存易燃易爆化学物品的场所(建筑物)的监督检查中，发现其建筑消防设施严重损坏，已不具备防灭火功能的，应当(   )。

A. 责令限期改正   B. 临时查封   C. 停止施工   D. 责令立即改正

答案：B

102. 消防救援机构对非安全出口、疏散通道堵塞的消防违法行为的举报、投诉，应当在(   )内进行核查。

A. 12 小时   B. 24 小时   C. 3 个工作日   D. 4 个工作日

答案：C

103. 消防救援机构接到对安全出口上锁、疏散通道堵塞的举报、投诉，应当在(   )内进行核查。

A. 12 小时   B. 24 小时   C. 3 个工作日   D. 4 个工作日

答案：B

104. 消防监督检查人员在对消防安全重点单位进行监督检查时，首先应当填写(   )。

A. 消防安全检查意见书   B. 消防监督检查意见书

C. 消防监督检查记录表   D. 消防安全检查记录表

答案：C

105. 除(　　)外，下列公众聚集场所在使用或者营业前应申报消防安全检查。
A. 影剧院　　　　　B. 宾馆、饭店　　　　C. 商场　　　　　D. 办公场所
答案：D

106. 抽查的单位数量，根据消防监督检查人员的数量和监督检查的工作量化标准由(　　)制定。
A. 部消防局
B. 地级市以上消防救援机构
C. 副省级市以上消防救援机构
D. 省、直辖市消防救援机构
答案：D

107. 下列(　　)不是由其主管单位监督管理。
A. 矿井地上建筑
B. 军事设施
C. 核电厂
D. 海上石油天然气设施
答案：A

108. (　　)应当组织开展经常性的消防宣传教育，提高公民的消防安全意识。
A. 各级消防救援机构
B. 各级应急部门
C. 各级人民政府村镇街道
D. 各级人民政府
答案：D

109. (　　)不属于消防安全重点单位。
A. 民用机场　　　B. 档案馆　　　　　C. 南部战区营区　　　D. 重要的科研单位
答案：C

110. 下列过程中可用于生产、储存易燃易爆化学品的是(　　)。
A. 多层民用建筑　　B. 厂房、仓库　　　C. 民用地下建筑　　　D. 高层民用建筑
答案：B

111. 消防救援机构在实施责令停产停业、停止施工或者停止使用，对经济和社会生活影响较大的，应经(　　)报请当地人民政府决定。
A. 上级消防救援机构
B. 同级公安机关
C. 应急部门
D. 上级主管机关
答案：C

112. 消防救援大队准备对辖区内消防安全重点单位进行监督检查，消防监督检查的性质是(　　)。
A. 行政机关的执法行为
B. 公安机关的执法行为
C. 消防救援机构的执法行为
D. 政府部门的执法行为
答案：A

113. 防排烟设施中排烟防火阀动作温度为(　　)。
A. 70 ℃　　　　　B. 280 ℃　　　　　C. 180 ℃　　　　　D. 300 ℃
答案：B

114. 某化工仓库分别储存有电石、黄磷及少量煤油、苯、硫黄等物质，按储存物品的火灾危险性分类，该化工厂仓库属于哪类？(　　)
A. 甲类仓库　　　B. 乙类仓库　　　　C. 丙类仓库　　　　D. 丁类仓库

答案：A

115. 对公众聚集场所未经消防安全检查或者检查不符合消防安全要求，擅自投入使用、营业的(　　)。

　　A. 责令停产停业　　　　　　　　　　B. 责令停产停业并处罚款

　　C. 责令停止使用　　　　　　　　　　D. 责令停止使用并处罚款

答案：D

116. 火灾危险性不属于甲类的是(　　)。

　　A. 黄磷　　　　　　B. 液氯　　　　　　C. 电石　　　　　　D. 苯

答案：B

117. 建设单位要求建筑设计单位或者建筑施工企业降低消防技术标准设计、施工的，应责令其改正或者停止施工，并处(　　)罚款。

　　A. 五千元以下　　　　　　　　　　B. 五千元以上五万元以下

　　C. 一万元以上十万元以下　　　　　D. 一万元以上五万元以下

答案：C

118. 建筑内的消火栓应满足(　　)要求。

　　A. 其门不应被装饰物遮掩

　　B. 其门四周的装修材料颜色应与门的颜色统一

　　C. 可以移动消火栓箱的位置

　　D. 可以用消火栓来打扫卫生

答案：A

119. 下列(　　)的应急照明，应能保证正常照明的照度。

　　A. 消防控制室　　　　　　　　　　B. 疏散走道

　　C. 疏散楼梯　　　　　　　　　　　D. 水泵房(非消防水泵房)

答案：A

120. 符合听证条件，当事人要求听证的，应当在行政机关告知听证权利后(　　)内提出。

　　A. 1 日　　　　　　B. 2 日　　　　　　C. 3 日　　　　　　D. 5 日

答案：C

121. 上级消防救援机构对下级消防救援机构的消防监督检查工作不负有(　　)职责。

　　A. 监督　　　　　B. 组织实施　　　　　C. 检查　　　　　D. 指导

答案：B

122. 湿式系统开启末端试水装置的试水阀，(　　)不应动作。

　　A. 报警阀　　　　　B. 水流指示器　　　　C. 压力开关　　　　D. 闭式喷头

答案：D

123. 公共娱乐场所在营业期间(　　)施工。

　　A. 可以动火　　　　　　　　　　　B. 禁止动火

　　C. 有专人监护时可以动火　　　　　D. 经动火部门批准可以动火

答案：B

124. 消防救援机构在消防监督检查时，发现建筑内安全出口、楼梯、疏散通道被单位用实体墙封堵，已不具备安全疏散条件，不及时消除可能严重威胁公共安全的，应当责令改正、依法处罚并(　　)。

A. 对产权单位负责人处行政拘留　　　　B. 责令停止营业

C. 采取临时查封措施　　　　　　　　　D. 责令停产停业

答案：C

125. 下列行为中应当依法责令停产停业并处罚款的是(　　)。

A. 占用、堵塞安全出口的

B. 消火栓、灭火器材被挪作他用的

C. 公众聚集场所未经消防安全检查合格擅自使用的

D. 占用、堵塞消防车通道的

答案：C

126. 责令改正期限届满后，消防救援机构复查责令限期改正的消防安全违法行为时，应当填写(　　)。

A. 消防监督检查记录(其他形式消防监督检查适用)

B. 复查意见书

C. 责令改正通知书

D. 责令限期改正通知书

答案：A

127. 一、二级耐火等级的建筑物内的观众厅、展览厅、多功能厅、餐厅、营业厅等，其室内任何一点至最近安全出口的直线距离不宜大于(　　)。

A. 15 m　　　　　B. 20 m　　　　　C. 30 m　　　　　D. 50 m

答案：C

128. 某5层旅馆建筑高度21 m，设有中央空调系统、两座疏散楼梯；无楼层服务员，无火灾自动报警系统，室内外灭火设施符合相关规定；采用胶合板、布质壁纸、木地板进行装修。该旅馆客房、公共活动用房及走道的顶棚应采用(　　)装修材料。

A. A级　　　　B. 不低于B1级　　　　C. 不低于B2级　　　　D. 可用B3级

答案：A

129. 某服装加工厂房建筑高度28 m，有地上7层，占地面积1500 m²；其一、二层为服装原料及成品仓库，三至七层为服装加工车间；设疏散楼梯两座、电梯1部，室内外消防设施符合有关消防技术规范的规定。该大楼楼梯间的门应为(　　)。

A. 普通门　　　　B. 乙级防火门　　　　C. 丙级防火门　　　　D. 双向弹簧门

答案：B

130. 某5层旅馆建筑高度21 m，设有中央空调系统、两座疏散楼梯；无楼层服务员，无火灾自动报警系统，室内外灭火设施符合相关规定；采用胶合板、布质壁纸、木地板进行装修。该旅馆使用布质壁纸装修墙面时，布质壁纸单位重量小于300 g/m²，且直接贴在(　　)基材上，可视为B1级。

A. 胶合板　　　　B. 纸面石膏板　　　　C. 水泥墙面　　　　D. 难燃胶合板

答案：C

131. 建筑高度超过100 m的高层民用建筑，其电缆中、管道中应在每层楼板处用(　　)作防火分隔。

A. 非燃材料　　　　　　　　　B. 难燃材料

C. 相当楼板耐火等级的非燃材料　　D. 相当楼板耐火等级的难燃材料

答案：C

132. 车库按停放汽车的数量、防火分类分为(　　)类。

A. 一　　　　　　B. 二　　　　　　C. 三　　　　　　D. 四

答案：D

133. 排烟防火阀安装在(　　)系统的管道上，动用温度为(　　)℃。

A. 通风，70　　B. 空调，70　　C. 通风空调，70　　D. 排烟，280

答案：D

134. 防火阀安装在(　　)管道上，动作温度宜为(　　)。

A. 排烟系统，280 ℃　　　　　　B. 通风空调系统，70 ℃

C. 排烟系统，70 ℃　　　　　　D. 通风空调系统，280 ℃

答案：B

135. 防烟楼梯间及前室的门应为(　　)。

A. 甲级防火门　　　　　　　　　B. 乙级防火门

C. 丙级防火门　　　　　　　　　D. 耐火极限不低于 3.00 h 的防火卷帘

答案：B

136. 设有临时高压消防给水系统的商场，其室内消火栓给水系统应在每个消火栓处设置(　　)。

A. 警示标志　　　　　　　　　B. 启动消防水泵的按钮

C. 应急事故照明　　　　　　　D. 报警按钮

答案：B

137. 某消防救援支队按相关法规对辖区内的消防安全重点单位实施监督检查。假设现在正对一综合市场进行检查，请回答下列问题：如果经检查发现该市场未履行法律规定的消防安全职责，消防安全责任人不明确、消防安全制度不健全、防火检查不落实的，消防救援机构应当(　　)。

A. 责令限期改正　　　　　　　B. 责令停产停业

C. 给予该市场主要负责人行政处分　　D. 给予行政处罚

答案：A

138. 用作防火分隔的防火卷帘，火灾探测器动作后，卷帘应下降(　　)。

A. 至距地(楼)面 1 m 处　　　　B. 至距地(楼)面 1.8 m 处

C. 一半　　　　　　　　　　D. 到底

答案：D

139. 消防控制室对室内消火栓系统的控制、显示功能不包括(　　)。

A. 显示消火栓系统的压力　　　B. 控制消防泵的启、停

C. 显示消防泵的工作、故障状态　　D. 显示启泵按钮的位置

答案：D

140. 全淹没系统对防护区耐压强度的最低要求是其围护构件应能承受(　　)压强差。

A. 1.2 MPa　　B. 2.5 MPa　　C. 2 MPa　　D. 1.2 kPa

答案：D

141. 组织分配系统是指用一套灭火剂贮存装置，通过(　　)等控制组件来保护多个防护
区的气体灭火系统。
A. 单向阀　　　　　B. 选择阀　　　　　C. 瓶头阀　　　　　D. 电磁阀
答案：B

142. 当室外为(　　)时，可不设屋顶水箱。
A. 临时高压给水系统　　　　　　　B. 常高压给水系统
C. 低压给水系统　　　　　　　　　D. 中压给水系统
答案：B

143. 一栋18层的旅馆，设有两个无外窗防烟楼梯间，且每层设有一条长40 m、宽1.4 m的
无自然采光和通风的内走道。该建筑内走道顶棚装饰材料应采用(　　)级装修材料，
内走道其他部位应采用不低于(　　)级的装修材料。
A. A，B1　　　　B. B1，B2　　　　C. A，B2　　　　D. B2，C
答案：A

144. 高层民用建筑内的商业厅、展览厅等划分防火分区时有(　　)特殊规定。
A. 当设有火灾自动报警系统和自动灭火系统，且采用不燃或难燃材料装修时，地上部
分防火分区的最大允许建筑面积为2000 m²
B. 当设有火灾自动报警系统和自动灭火系统，或采用不燃或难燃材料装修时，地上部
分防火分区的最大允许建筑面积为2500 m²
C. 当设有火灾自动报警系统和自动灭火系统，且采用不燃或难燃材料装修时，地上部
分防火分区的最大允许建筑面积为4000 m²
D. 当设有火灾自动报警系统和自动灭火系统，且采用不燃或难燃材料装修时，地上部
分防火分区的最大允许建筑面积为5000 m²
答案：C

145. 已满十四岁不满十八岁的人违法，应当(　　)处罚。
A. 从轻　　　　B. 减轻　　　　C. 从轻或者减轻　　D. 不予处罚
答案：C

146. 以电磁波形式传递热量的现象，称为(　　)。
A. 热传播　　　B. 热对流　　　C. 热传导　　　　D. 热辐射
答案：D

147. 采用相对密度(与空气密度的比值)大于等于(　　)的可燃气体作燃料的锅炉，不得
布置在地下室或半地下室。
A. 0.65　　　　B. 0.7　　　　C. 0.75　　　　D. 0.8
答案：C

148. 防火墙内(　　)设置排气道。
A. 不宜　　　　B. 可以　　　　C. 不应　　　　D. 严禁
答案：C

149. 单位的消防安全责任人是(　　)。
A. 单位自定的　　B. 单位选举的　　C. 单位领导安排的　D. 法定的

答案：D

150. 一个防护区内设置5台预制七氟丙烷灭火器装置，启动时其动作响应时差不得大于( )s。

   A. 1   B. 3   C. 5   D. 2

   答案：D

151. 关于"询问未成年的违法嫌疑人"的说法不正确的是( )。

   A. 应当告知被询问人对询问有如实回答的义务以及对与本案无关的问题有拒绝回答的权利

   B. 应当通知其父母或其他监护人到场

   C. 必要时可以要求其自行书写陈述材料

   D. 无正当理由采取强制传唤

   答案：D

152. 《中华人民共和国国家赔偿法》要求，赔偿要求人对赔偿的方式、数额有异议的，可以自赔偿义务机关作出赔偿决定之日起( )内，向人民法院提起诉讼。

   A. 1个月   B. 3个月   C. 6个月   D. 1年

   答案：B

153. 被申请人不按照行政复议法规定提出书面答复，提交当初作出具体行政行为的证据、依据和其他有关材料的，视为( )。

   A. 该具体行政行为没有证据、依据，决定撤销该具体行政行为

   B. 该具体行政行为缺乏证据、依据，责令重新作出具体行政行为

   C. 该具体行政行为无效

   D. 该具体行政行为错误

   答案：A

154. 供消防车取水的消防水池应设置取水口(井)，且吸水高度不超过( )m。

   A. 4   B. 5   C. 6   D. 7

   答案：C

155. 未设有自动灭火系统的三级耐火等级的多层民用建筑，最多允许( )，防火分区最大允许建筑面积为( )。

   A. 5层，2500 m²   B. 5层，1200 m²

   C. 3层，1200 m²   D. 2层，600 m²

   答案：B

156. 两座多层民用建筑的相邻外墙为不燃性墙体，且无外露的可燃性屋檐，每面外墙上无防火保护的门、窗、洞口不正对开设且该门、窗、洞口的面积之和不大于外墙面积的( )时，其防火间距可减少25%。

   A. 2%   B. 3%   C. 4%   D. 5%

   答案：D

157. 设有自动灭火系统的二级耐火等级的单层甲类厂房，每个防火分区最大允许建筑面积为( )。

   A. 3000 m²   B. 6000 m²   C. 1500 m²   D. 4000 m²

答案：B

158. 消防救援机构受理听证后，应当在举行听证的(　　)前将举行听证通知书送达听证申请人，并将举行听证的时间、地点通知其他听证参加人。

A. 2 日　　　　　　B. 3 日　　　　　　C. 5 日　　　　　　D. 7 日

答案：D

159. 二级加油站油罐总容积为(　　)m³。

A. 150<V≤210　　B. 90<V≤150　　C. V≤90　　　　　D. V≤60

答案：B

160. (　　)负责督促建设单位在新建、改建、扩建建设工程时按照有关规定设置消防车通道和消防车登高操作场地。

A. 本级政府办公室　　　　　　　B. 应急管理部门

C. 消防救援机构　　　　　　　　D. 住房和城乡建设主管部门

答案：D

161. 行政拘留处罚合并执行的，最长不超过(　　)。

A. 10 日　　　　　　B. 20 日　　　　　C. 30 日　　　　　D. 70 日

答案：B

162. 实行承包、租赁或者委托经营、管理时，产权单位应当提供(　　)，当事人在订立的合同中依照有关规定明确各方的消防安全责任。

A. 产权证　　　　　　　　　　　B. 灭火器

C. 符合消防安全的建筑物　　　　D. 义务消防队

答案：C

163. 消防救援机构送达处罚决定书时，被处罚人李某拒绝签收，消防监督人员当即请居委会两名工作人员到场见证。见证人在送达书上签字作证。此种送达方式为(　　)。

A. 直接送达　　　　B. 留置送达　　　　C. 委托送达　　　　D. 公告送达

答案：B

164. 溯及力是消防法规(　　)所发生的事件或行为是否适用该法规的问题。

A. 生效日　　　B. 生效以前　　　C. 生效以后　　　D. 公布日

答案：B

165. 下列物质不属于一级可燃气体的是(　　)。

A. 氮气　　　　　　B. 甲烷　　　　　C. 乙炔　　　　　D. 环氧乙烷

答案：A

166. 甲、乙、丙类厂房中的送、排风管道宜(　　)设置。

A. 分层　　　　　　B. 每 2 层　　　　C. 每 4 层　　　　D. 每 5 层

答案：A

167. (　　)，这是我国宪法明确规定的社会主义法治的基本原则。

A. 实行依法治国　　　　　　　　B. 法律面前人人平等

C. 树立和维护法律权威　　　　　D. 严格依法办事

答案：B

168. 《中华人民共和国立法法》规定，行政法规之间对同一事项的新的一般规定与旧的特别规定不一致，不能确定如何适用时，由(　　)裁决。

A. 全国人民代表大会常务委员会　　　　B. 全国人民代表大会

C. 国务院　　　　D. 省、自治区、直辖市的人民代表大会

答案：C

169. 行政管理相对人认为行政机关没有依法发给(　　)的，可以提起行政诉讼。

A. 赔偿金　　　　B. 奖金　　　　C. 抚恤金　　　　D. 慰问金

答案：C

170. 不属于行政强制措施的是(　　)。

A. 警告　　　　B. 查封场所、设施或者财物

C. 扣押财物　　　　D. 冻结存款、汇款

答案：A

171. 防火墙设置在转角附近时，内转角两侧的门、窗、洞口之间最近边缘的水平距离不应小于(　　)。

A. 3 m　　　　B. 4 m　　　　C. 2 m　　　　D. 5 m

答案：B

172. 公民、法人或者其他组织认为消防救援机构的具体行政行为所依据的(　　)不合法，在对具体行政行为申请行政复议时，可以一并向行政复议机关提出对该规定的审查申请。

A. 省级消防救援机构的规定　　　　B. 应急部规章

C. 省级政府规章　　　　D. 省级人大决定

答案：A

173. 可燃气体探测器的性能检查要求：可燃气体探测器在被监视区域内的可燃气体(　　)达到报警设定值时，应能发出报警信号。

A. 质量　　　　B. 重量　　　　C. 浓度　　　　D. 体积

答案：C

174. 消防救援机构办案人员当场作出下列哪种行政处罚决定，可以当场收缴罚款？(　　)

A. 50 元以下罚款　　　　B. 30 元以下罚款

C. 20 元以下罚款　　　　D. 200 元以下罚款

答案：C

175. 法律、法规授权的具有(　　)职能的组织，在法定授权范围内以自己的名义实施行政许可。

A. 行政管理　　　　B. 行政收费　　　　C. 行政审批　　　　D. 管理公共事务

答案：D

176. 一般情况下，设有自动喷水灭火系统的普通地下汽车库防火分区最大允许建筑面积为(　　)m²。

A. 3000　　　　B. 4000　　　　C. 2000　　　　D. 3500

答案：B

177. 堵塞疏散通道、封闭安全出口的行为经责令改正拒不改正的，应(　　)。

A. 处分　　　　　　　B. 拘留　　　　　　C. 罚款　　　　　　D. 强制执行

答案：D

178. 人民法院不单独审查（　　）。

A. 具体行政行为　　　B. 执法行为　　　　C. 行政行为　　　　D. 合法权益

答案：D

179.《建筑设计防火规范（2018年版）》（GB 50016—2014）规定，（　　）应设水幕系统。

A. 火柴厂的氯酸钾压碾厂房

B. 飞机发动机试车台的试车部位

C. 省级邮政楼的邮袋库

D. 需要防护冷却的防火卷帘或防火幕的上部

答案：D

180. 行政诉讼保护公民、法人或者其他组织的（　　）。

A. 所有利益　　　　　B. 经济地位　　　　C. 政治权利　　　　D. 合法权益

答案：D

181. 应急管理部门及消防救援机构应当加强消防法律、法规的宣传，并（　　）有关单位做好消防宣传教育工作。

A. 督促、指导、协助　　　　　　　　　B. 督促、指导、帮助

C. 指导、协助、检查　　　　　　　　　D. 督促、指挥、协助

答案：A

182. 厂区围墙与厂内建筑之间的间距不宜小于（　　）m，且围墙两侧的建筑之间还应满足相应的防火间距要求。

A. 1　　　　　　　　　B. 3　　　　　　　　C. 5　　　　　　　　D. 10

答案：C

183. 民用建筑防火墙的耐火极限不应低于（　　）h。

A. 1　　　　　　　　　B. 2　　　　　　　　C. 3　　　　　　　　D. 4

答案：C

184. 下列关于法律效力的说法正确的是（　　）。

A. 法律不经公布，就不具有效力

B. 一切法律的效力级别高低和范围大小是由刑法、民法、行政法等基本法律所规定的

C. 如果以前没有相关规定，法律应当溯及既往

D. 法律生效后，应该使一国之内的所有公民知晓。对不懂法者应当从轻或免除处罚

答案：A

185. 当事人不执行消防救援机构作出的停产停业决定的，作出决定的公安机关消防机构应当自履行期限届满之日起3个工作日内（　　）。

A. 增加罚款

B. 催告当事人履行义务

C. 报本级人民政府实施停产停业

D. 对有关场所、部位、设施或设备予以查封。

答案：B

186. 甲、乙类物品库房(　　)设在建筑物的地下室、半地下室内。

    A. 可以　　　　　　　B. 严禁　　　　　　　C. 不应　　　　　　　D. 不宜

    答案：C

187. 行政诉讼中法定诉讼代理人的法律地位(　　)当事人。

    A. 相当于　　　　　　B. 高于　　　　　　　C. 低于　　　　　　　D. 有别于

    答案：A

188. 《中华人民共和国立法法》规定，立法应当遵循(　　)的基本原则。

    A. 宪法　　　　　　　　　　　　　　　　B. 中华人民共和国行政处罚法

    C. 中华人民共和国消防法　　　　　　　　D. 中华人民共和国行政复议法

    答案：A

189. 公民、法人或者其他组织申请行政复议时，不可以一并提出对(　　)的审查申请。

    A. 国务院部门的规定

    B. 县级以上地方各级人民政府及其工作部门的规定

    C. 乡镇人民政府的规定

    D. 地方政府规章

    答案：D

190. 扑灭 ABC 类火灾应选择(　　)灭火器。

    A. 泡沫灭火器　　　　　　　　　　　　B. 磷酸铵盐干粉灭火器

    C. 二氧化碳灭火器　　　　　　　　　　D. 水型灭火器

    答案：B

191. 一、二级耐火等级的单层木工厂房内最远工作地点到外部出口的最大距离为(　　)。

    A. 40 m　　　　　　　B. 60 m　　　　　　　C. 70 m　　　　　　　D. 80 m

    答案：D

192. 避难走道楼板及防火隔墙的最低耐火极限应分别为(　　)。

    A. 1.00 h、2.00 h　　　　　　　　　　B. 1.50 h、3.00 h

    C. 1.50 h、2.00 h　　　　　　　　　　D. 1.00 h、3.00 h

    答案：B

193. 下列行为中应当依法责令停产停业并处罚款的是(　　)。

    A. 占用、堵塞安全出口的

    B. 消火栓、灭火器材被挪作他用的

    C. 公众聚集场所未经消防安全检查擅自投入使用、营业的

    D. 占用、堵塞消防车通道的

    答案：C

194. (　　)可以决定一个行政机关行使有关行政机关的行政处罚权。

    A. 国务院或者国务院授权的省、自治区、直辖市人民政府

    B. 省级以上人民政府

    C. 县级以上人民政府

    D. 法律、法规、规章

    答案：A

195.民用建筑中房间内任一点到该房间直接通向疏散走道的疏散门的距离,不应大于
( )。

A. 15 m

B. 20 m

C. 30 m

D. 规定的袋形走道两侧或尽端的疏散门至安全出口的最大距离

答案:D

196.典型感烟火灾探测器的现场检验器具是( )。

A. 热风机 B. 加烟器 C. 蜡烛 D. 滤光片

答案:B

197.专(兼)职消防队、志愿消防队负责人的消防安全培训由( )具体负责实施。

A. 消防救援机构 B. 教育部门 C. 人力资源部门 D. 社会保障部门

答案:A

198.耐火等级为一、二级的丁、戊类多层厂房,其每个防火分区的最大允许建筑面积为
( )。

A. 不限 B. 4000 m² C. 6000 m² D. 8000 m²

答案:A

199.汽车库、修车库的耐火等级分为( )级。

A. 一 B. 二 C. 三 D. 四

答案:C

200.厂房内设置甲、乙类物品的中间仓库时,其储量不宜超过( )的需要量。

A. 8 h B. 16 h C. 24 h D. 48 h

答案:C

201.( )是指有可能发生造成重大人员伤亡、重大财产损失的火灾、爆炸等灾害事故的
场所设施。

A. 消防重大危险源 B. 危险化学品生产、储存场所

C. 人员密集场所 D. 大型化工企业

答案:A

202.行政许可需要行政机关内设的多个机构办理的,该行政机关应当确定一个机构
( )行政许可申请,统一送达行政许可决定。

A. 联合办理 B. 集中办理 C. 统一受理 D. 分别受理

答案:C

203.违反规定使用明火作业或者在具有火灾、爆炸危险的场所吸烟、使用明火的,
( )。

A. 处警告或者五百元以下罚款;情节严重的,处五日以下拘留

B. 处警告或者五千元以下罚款;情节严重的,处十五日以下拘留

C. 处五百元以下罚款;情节严重的,处五日以下拘留

D. 责令该场所停止施工、停止生产或停止营业

答案:A

204. 行政诉讼是指公民、法人或者其他组织认为行政机关和行政机关工作人员的（　　）侵犯其合法权益，依法向人民法院提起诉讼。

    A. 具体行政行为　　　B. 抽象行政行为　　　C. 行政行为　　　D. 宣传教育行为

    答案：C

205. 乙类库房如采用三级耐火等级建筑，只允许（　　）层。

    A. 单　　　　　　　B. 2　　　　　　　C. 3　　　　　　　D. 6

    答案：A

206.《中华人民共和国国家赔偿法》规定，赔偿义务机关决定不予赔偿的，应当自作出决定之日起（　　）内书面通知赔偿请求人，并说明不予赔偿的理由。

    A. 3 日　　　　　　B. 5 日　　　　　　C. 10 日　　　　　　D. 15 日

    答案：C

207. 行政复议机关自受理申请之日起作出行政复议决定的最长期限是（　　）。

    A. 15 日　　　　　　B. 30 日　　　　　　C. 60 日　　　　　　D. 90 日

    答案：D

208. 剧场等建筑的舞台与观众厅之间的隔墙应采用耐火极限不低于（　　）小时的防火隔墙。

    A. 1.5　　　　　　B. 1　　　　　　　C. 2　　　　　　　D. 3

    答案：D

209. 下面（　　）不属于询问方法。

    A. 自由陈述法　　　B. 提问法　　　　C. 暗示法　　　　D. 联想刺激法

    答案：C

210. 下列不属于有毒或刺激性气体的是（　　）。

    A. 氯化氢　　　　　B. 光气　　　　　C. 氰化氢　　　　D. 二氧化碳

    答案：D

211. 某超市设置了 10 个安全出口，为了防盗封闭了 8 个安全出口，根据《中华人民共和国消防法》要求，消防救援机构在责令其改正的同时，应当处（　　）。

    A. 五千元以上五万元以下罚款　　　　　B. 责任人五日以下拘留

    C. 一千元以上五千元以下罚款　　　　　D. 警告

    答案：A

212. 下列说法错误的是（　　）。

    A. 当事人有权进行陈述和申辩

    B. 当事人提出书面陈述、申辩材料的，应将该书面材料附上并在告知笔录上注明

    C. 当事人提出陈述和申辩的，消防救援机构可酌情记录

    D. 消防救援机构不得因当事人申辩而加重处罚

    答案：C

213. 为保障公民、法人和其他组织享有依法取得国家赔偿的权利，促进国家机关依法行使职权，根据（　　），制定《中华人民共和国国家赔偿法》。

    A.《中华人民共和国宪法》　　　　　　B.《中华人民共和国行政处罚法》

    C.《中华人民共和国消防法》　　　　　D.《中华人民共和国行政复议法》

答案：A

214.( )应按照城乡消防规划的要求，将城乡消防基础设施建设、改造计划纳入城乡建设、改造计划，履行公共消防基础设施的建设、维护职责。
A. 城乡建设主管部门　　　　　　　　B. 消防救援机构
C. 人民政府　　　　　　　　　　　　D. 规划部门
答案：A

215. 对于一般可燃固体，将其冷却到其( )以下，燃烧反应就会终止。
A. 燃点　　　　B. 闪点　　　　C. 熔点　　　　D. 自燃点
答案：A

216. 依据《中华人民共和国行政处罚法》，消防救援机构对当事人进行处罚不使用罚款、没收财物单据或使用非法定部门执法的罚款、没收财物单据的( )。
A. 当事人无权拒绝处罚，但有权予以检举
B. 当事人有权拒绝处罚，并有权予以检举
C. 当事人无权拒绝处罚，也有权予以检举
D. 当事人有权拒绝处罚，但无权予以检举
答案：B

217. 受行政机关依法委托的组织在委托范围内实施行政处罚，应以( )的名义实施。
A. 受委托组织　　B. 委托行政机关　　C. 委托书规定　　D. 主管行政机关
答案：B

218. 消防救援大队对某工厂拟作出罚款50000元的处罚，依法向该单位告知其享有听证的权利。该单位要求举行听证会，听证会可由( )主持。
A. 办案人员李某　　　　　　　　　　B. 办案人员丁某
C. 办案人员李某或丁某　　　　　　　D. 大队未参加本案办理的参谋王某
答案：D

219. 防烟分区可以利用从顶棚下凸出不小于( )m的梁划分。
A. 0.5　　　　B. 0.4　　　　C. 0.7　　　　D. 0.3
答案：A

220. 灭火器A类火灾配置场所为轻危险级时，每具灭火器最小配置灭火级别为( )。
A. 5 A　　　　B. 3 A　　　　C. 2 A　　　　D. 1 A
答案：D

221. 对火灾发展迅速，有强烈的火焰辐射和少量的烟、热的场所，应选择( )探测器。
A. 感烟　　　　B. 感温　　　　C. 火焰　　　　D. 可燃气体
答案：C

222.《消防监督检查规定》是( )。
A. 行政法规　　B. 国务院部门规章　　C. 法律　　　　D. 法规
答案：B

223. 消防救援机构监督人员赵某在对县城内一加油站进行检查时发现，该站加油工钱某加油时，手上夹着点燃的香烟。赵某责令钱某立即改正并对钱某处150元罚款。钱某缴纳罚款的方式为( )。

A. 当场缴纳　　　　　　　　　　　　B. 到公安机关缴纳

C. 到消防救援机构缴纳　　　　　　　D. 到指定银行缴纳

答案：D

224. 二级耐火等级的民用建筑防火墙的耐火极限不低于(　　)。

A. 2.00 h　　　　B. 3.00 h　　　　C. 2.50 h　　　　D. 4.00 h

答案：B

225.《中华人民共和国行政强制法》规定，查封、扣押应当由(　　)实施，其他任何行政机关或者组织不得实施。

A. 公安机关　　　　　　　　　　　B. 消防救援机构

C. 财政部门　　　　　　　　　　　D. 法律、法规规定的行政机关

答案：D

226. 甲类仓库与重要的公共建筑之间的防火间距不应小于(　　)m。

A. 20　　　　　　B. 25　　　　　　C. 30　　　　　　D. 50

答案：D

227. 民用建筑的下列场所或部位设置排烟设施的表述错误的是(　　)。

A. 中庭

B. 建筑内长度大于 20 m 的疏散走道

C. 公共建筑内建筑面积大于 50 m² 且经常有人停留的地上房间

D. 公共建筑内建筑面积大于 300 m² 且可燃物较多的地上房间

答案：C

228. 单位应当(　　)逐级消防安全责任制和岗位消防安全责任制。

A. 落实　　　　　　B. 明确　　　　　　C. 确定　　　　　　D. 指定

答案：A

229. 听证申请人不能按期参加听证的，可以申请延期，是否准许，由(　　)决定。

A. 当事人的代理人　　B. 翻译人员　　C. 本案办案人员　　D. 听证主持人

答案：D

230.《中华人民共和国治安管理处罚法》规定，办理治安案件应当坚持(　　)与(　　)相结合的原则。

A. 教育，处罚　　　B. 管理，处罚　　　C. 教育，强制　　　D. 管理，强制

答案：A

231.《中华人民共和国立法法》规定，(　　)的效力高于行政法规。

A. 法律　　　　　　B. 地方性法规　　　C. 规章　　　　　　D. 单行条例

答案：A

232. 消防车道上空有障碍物时，其净高不应小于(　　)。

A. 3.5 m　　　　　B. 4 m　　　　　　C. 4.5 m　　　　　D. 5 m

答案：B

233. 带裙房的高层建筑防烟楼梯间及其前室、消防电梯间前室或合用前室，当裙房以上部分利用可开启外窗进行自然通风、裙房部分不具备自然通风条件时，其前室或合用前室应设置(　　)。

A. 局部机械排烟设施 　　　　　　　B. 机械加压送风系统

C. 向疏散方向开启的甲级防火门 　　D. 向疏散方向开启的丙级防火门

答案：B

234.（　　）不得与居住场所设置在同一建筑物内，并应当与居住场所保持安全距离。

A. 人员密集场所

B. 公众聚集场所

C. 公共娱乐场所

D. 生产、储存、经营易燃易爆危险品的场所

答案：D

235. 发生火灾时，湿式喷水灭火系统的湿式报警阀由（　　）开启。

A. 火灾探测器 　　B. 水流指示器 　　C. 闭式喷头 　　D. 压力开关

答案：C

236. 裙房和其他民用建筑使用瓶装液化石油气作燃料时，当总储量为（　　）m³ 时，瓶装液化石油气间应独立建造，且与所服务建筑的防火间距不应小于 10 m。

A. 1.0~2.0 　　B. 1.0~4.0 　　C. 0.5~2.0 　　D. 2.0~4.0

答案：D

237. 行政复议决定（　　）具体行政行为，由作出具体行政行为的行政机关依法强制执行，或者申请人民法院强制执行。

A. 维持 　　　　B. 变更 　　　　C. 撤销 　　　　D. 维持或变更

答案：A

238. 当事人受他人胁迫有违法行为的，（　　）行政处罚。

A. 给予 　　　　B. 从轻或者减轻 　　C. 不予 　　　　D. 加重

答案：B

239. 发生火灾可能性较大以及发生火灾可能造成重大人员伤亡或者财产损失的单位可能是（　　）。

A. 消防重大危险源 　　　　　　　B. 危险化学品生产、储存场所

C. 消防安全重点单位 　　　　　　D. 大型化工企业

答案：C

240.（　　）属于消防安全领域一般失信行为。

A. 社会单位（场所）存在火灾隐患或者消防安全违法行为经消防救援机构通知后，逾期仍不整改的

B. 公众聚集场所在投入使用、营业前未经消防安全检查合格的

C. 公众聚集场所在投入使用、营业前未按规定作出消防安全承诺以及虚假承诺，且存在重大火灾隐患的

D. 单位（场所）或个人擅自拆封或者使用被消防救援机构临时查封场所、部位的

答案：A

241. 消防救援机构在消防监督检查中发现火灾隐患的，应当通知有关单位或者个人（　　）消除隐患。

A. 限期 　　　　B. 立即或者限期 　　C. 停产停业 　　D. 立即采取措施

答案：D

242. 人员密集的公共场所中观众厅的入场门、太平门的门外(　　)范围内不应设置踏步。
　　A.1 m　　　　　　B.1.4 m　　　　　　C.1.5 m　　　　　　D.2 m
答案：B

243. 建筑高度不超过 32 m 的二类高层公共建筑当其楼梯间自然通风不能满足要求时，应设(　　)。
　　A. 开敞楼梯间
　　B. 敞开楼梯间
　　C. 封闭楼梯间
　　D. 机械加压送风系统或采用防烟楼梯间
答案：D

244. 甲级防火门的耐火极限为(　　)小时。
　　A.0.5　　　　　　B.1　　　　　　C.1.5　　　　　　D.2
答案：C

245. 防烟楼梯间及其前室的门均应为(　　)。
　　A. 防火卷帘门　　B. 丙级防火门　　C. 乙级防火门　　D. 甲级防火门
答案：C

246. 行政机关将罚款、没收的违法所得或者财物截留、私分或者变相私分的，由(　　)或者有关部门予以追缴。
　　A. 区政府　　　　B. 公安部门　　　C. 消防救援机构　　D. 财政部门
答案：D

247. 根据《中华人民共和国行政诉讼法》规定，对证人所作的询问笔录应属于(　　)。
　　A. 书证　　　　　B. 物证　　　　　C. 视听资料　　　　D. 证人证言
答案：D

248. 室内消火栓竖管的管径应根据竖管最低流量经计算确定，但不应小于(　　)mm。
　　A.80　　　　　　B.90　　　　　　C.100　　　　　　D.150
答案：C

249. 手提式和推车式 1211 灭火器、干粉灭火器、二氧化碳灭火器距出厂年月已达到 5 年，以后每隔(　　)年必须进行水压试验检查。
　　A.4　　　　　　　B.3　　　　　　C.2　　　　　　D.5
答案：C

250. 建筑高度大于 10 m，采用自然通风方式的楼梯间，每(　　)层内设置总面积不小于(　　)m² 的可开启外窗或开口。
　　A.3，2　　　　　B.5，3　　　　　C.5，2　　　　　D.3，3
答案：C

251. 建筑中的封闭楼梯间、防烟楼梯间、消防电梯间前室及合用前室的门应设置(　　)。
　　A. 防火卷帘　　　B. 丙级防火门　　C. 乙级防火门　　D. 甲级防火门
答案：C

252. 下列对行政复议机关处理行政复议申请，表述不正确的是(　　)。

A. 应当在 5 日内审查

B. 对符合行政复议法规定，但不属于本机关受理的行政复议申请，应当决定不予受理并结案

C. 对不符合行政复议法规定的行政复议申请，决定不予受理

D. 对符合行政复议法规定，且属于本机关受理的行政复议申请，应当将有关复议申请材料发送被申请人

答案：B

253. 高层民用建筑安全出口应分散布置，两个安全出口之间的距离不应小于(　　)m。

A. 2　　　　　　　B. 4　　　　　　　C. 5　　　　　　　D. 10

答案：C

254. (　　)是人民群众监督的重要形式和渠道，是维护人民群众根本利益和保证权力正当行使的重要途径。

A. 党的监督　　　　　　　　　B. 国家权力机关的监督

C. 民主党派的监督　　　　　　D. 舆论监督

答案：D

255. 在 3 层及 3 层以上设有公共娱乐场所的多层民用建筑，其建筑耐火等级不应低于(　　)。

A. 一级　　　　　　B. 二级　　　　　　C. 三级　　　　　　D. 四级

答案：B

256. 下列对当事人知道具体行政行为的时间的表述正确的是(　　)。

A. 通过邮寄方式送达的，以寄出时间为知道时间

B. 通过公告形式告知当事人的，以当事人看到公告的时间为知道时间

C. 受送达人拒绝签收的，以拒绝的时间为知道时间

D. 受送达人拒绝签收的，以送达人、见证人签署送达回执的时间为知道时间

答案：D

257. (　　)管道不应穿过通风机房和通风管道敷设。

A. 可燃气体　　B. 不燃气体　　C. 助燃气体　　D. 空气

答案：A

258. 单位的消防安全责任人，对本单位的消防安全工作(　　)。

A. 负领导责任　　B. 全面负责　　C. 分管负责　　D. 分级负责

答案：B

259. 自动喷水灭火设置场所的火灾危险等级划分为(　　)。

A. 轻危险级、中危险级、严重危险级

B. 轻危险级、中危险级

C. 次危险级、中危险级、严重危险级

D. 轻危险级、中危险级、严重危险级、仓库危险级

答案：D

260. 甲类厂房之间的防火间距不应小于(　　)m。

A. 16　　　　　　B. 14　　　　　　C. 12　　　　　　D. 10

答案：C

261. 关于法律效力的表述，下列说法正确的是(　　)。

A. 法律一经公布，即产生法律效力

B. 一切法律的效力级别高低和范围大小都是由刑法、民法等基本法律所规定的

C. 法律原则上没有溯及力

D. 为了保证法律的权威性，可以选择在特定范围内公布法律

答案：C

262. 一类高层建筑的电信楼设有自动灭火系统，该电信楼的防火分区最大允许建筑面积为(　　)。

A. 1500 m² 　　　　B. 3000 m² 　　　　C. 1000 m² 　　　　D. 2000 m²

答案：B

263. 下列不属于压缩和液化气体的危险特性的有(　　)。

A. 扩散性 　　　B. 可缩性和膨胀性 　C. 放射性 　　　　D. 易燃易爆性

答案：C

264. 申请行政许可的材料存在可以当场更正的错误的，行政机关应当(　　)。

A. 允许申请人当场更正 　　　　　　B. 即时作出不予受理的决定

C. 当场退还申请人补正 　　　　　　D. 直接作出受理的决定

答案：A

265. 当常(负)压燃气锅炉距安全出口的距离大于(　　)米时，可设置在屋顶上。

A. 5 　　　　　　B. 6 　　　　　　C. 8 　　　　　　D. 10

答案：B

266. 公众聚集场所未经消防安全检查擅自投入使用、营业，已构成重大火灾隐患的情形属于(　　)违法。

A. 较轻 　　　　　B. 一般 　　　　　C. 严重 　　　　　D. 特别严重

答案：C

267. 高层建筑的裙房与其他一、二级多层民用建筑之间的防火间距不应小于(　　)米。

A. 6 　　　　　　B. 7 　　　　　　C. 9 　　　　　　D. 11

答案：A

268. 三级耐火等级的民用建筑物，最多允许层数是(　　)层。

A. 3 　　　　　　B. 5 　　　　　　C. 6 　　　　　　D. 8

答案：B

269. 催告书首选送达方式应当是(　　)。

A. 直接送达 　　　B. 邮寄送达 　　　C. 公告送达 　　　D. 委托送达

答案：A

270. 撤销行政许可(　　)，不予撤销。

A. 可能对公共利益造成重大损害的 　　B. 可能对公共利益造成损害的

C. 可能对公私利益造成重大损害的 　　D. 可能对公私利益造成损害的

答案：A

271. (　　)应当加强消防法律、法规的宣传，并督促、指导、协助有关单位做好消防宣传

教育工作。

A. 公安机关
B. 公安机关消防机构
C. 人民政府
D. 公安机关及其消防机构

答案：D

272. 某消防技术服务机构超越资质许可范围开展消防安全评估业务，消防救援机构依法责令其改正，并处两万元罚款，该机构到期未缴纳罚款，消防救援机构可以采取（　　）措施。

A. 限制法人人身自由
B. 吊销其资质
C. 申请人民法院强制执行
D. 强制执行

答案：C

273. 建筑高度大于100 m的高层民用建筑，竖向管道应（　　）进行防火分隔。

A. 每层　　　　B. 每两层　　　　C. 每三层　　　　D. 每四层

答案：A

274. 歌舞娱乐游艺放映场所当除面积满足一定条件外，其经常停留人数不超过（　　）的厅、室可设置一个疏散门。

A. 10人　　　　B. 15人　　　　C. 20人　　　　D. 30人

答案：B

275. 一般情况下，未设置自动灭火系统的丙类二级耐火等级单层厂房，每个防火分区的最大允许建筑面积为（　　）。

A. 6000 m²　　　B. 8000 m²　　　C. 4000 m²　　　D. 12000 m²

答案：B

276. 行政复议机关应当自当事人提出申请之日起（　　）日内作出行政复议决定，法律另有规定的除外。

A. 10　　　　　B. 30　　　　　C. 60　　　　　D. 90

答案：C

277. 总建筑面积大于100000 m²的公共建筑内的消防应急照明和灯光疏散指示标志的备用电源的连续供电时间不应少于（　　）h。

A. 0.5　　　　　B. 1　　　　　C. 1.5　　　　　D. 2

答案：B

278. 城镇街区内的道路应考虑消防车的通行，其道路中心线间距不宜超过（　　）米。

A. 60　　　　　B. 150　　　　　C. 160　　　　　D. 220

答案：C

279. Ⅰ、Ⅱ、Ⅲ类地上汽车库，停车数超过（　　）辆的地下汽车库，Ⅰ类修车库等应设自动喷水灭火系统。

A. 10　　　　　B. 8　　　　　C. 5　　　　　D. 4

答案：A

280. 消防安全严重失信行为最短公示期为（　　）个月，最长公示期为3年。

A. 3　　　　　B. 6　　　　　C. 12　　　　　D. 24

答案：B

281. 建筑高度超过(　　)米的二类高层公共建筑应设消防电梯。
　　A. 24　　　　　　B. 32　　　　　　C. 28　　　　　　D. 30
　　答案：B

282. 独立建造的二级耐火等级单层硝酸铵库房，其防火分区的最大允许建筑面积为(　　)m²。
　　A. 1000　　　　　B. 800　　　　　C. 500　　　　　D. 250
　　答案：C

283. 行政赔偿是指行政机关及其行政执法人员因(　　)行使行政职权而侵犯公民、法人或者其他组织的合法权益造成损害时，由国家对受害人进行赔偿的一种行政活动。
　　A. 依法　　　　　B. 合法　　　　　C. 违法　　　　　D. 不合理
　　答案：C

284. 消防救援机构作出罚款决定，被处罚人应当自收到行政处罚决定书之日起(　　)日内，到代收银行网点缴纳罚款。
　　A. 3　　　　　　B. 10　　　　　　C. 15　　　　　　D. 20
　　答案：C

285. 公民、法人或者其他组织对消防救援机构的(　　)不服，不可以申请行政复议。
　　A. 行政处罚　　　B. 行政强制措施　　C. 行政处分　　　D. 行政许可
　　答案：C

286. 被申请人不履行法定职责的，行政复议机关应作出决定责令其在(　　)内履行。
　　A. 适当时间　　　B. 法律规定的期限　　C. 一定期限　　　D. 职责范围
　　答案：C

287. 按照爆炸的变化传播速度，(　　)不属于化学爆炸。
　　A. 爆燃　　　　　B. 爆炸　　　　　C. 爆震　　　　　D. 爆闪
　　答案：D

288. 当防火分区内火灾确认后，应能在(　　)内联动开启常闭加压送风口和加压送风机。
　　A. 10 s　　　　　B. 15 s　　　　　C. 30 s　　　　　D. 60 s
　　答案：B

289. 高层住宅疏散楼梯最小净宽为(　　)米。
　　A. 1　　　　　　B. 1.1　　　　　C. 1.2　　　　　D. 1.3
　　答案：B

290. 防护区应有能在30 s内使该区人员疏散完毕的走道与出口，在疏散走道与出口处，应设(　　)。
　　A. 火灾事故广播和感烟探测器　　　　B. 疏散指示标志和感温探测器
　　C. 火灾事故照明和疏散指示标志　　　D. 感烟和感温探测器
　　答案：C

291. 在行政诉讼中(　　)不得自行向原告和证人收取证据。
　　A. 被告　　　　　B. 人民法院　　　C. 公安机关　　　D. 执法人员
　　答案：A

292. 当事人要求听证的，应当在行政机关告知后(　　)内提出。

A. 1 日　　　　　　B. 3 日　　　　　　C. 7 日　　　　　　D. 30 日

答案：B

293. 行政辖区内的消防安全重点单位由(　　)确定。

A. 本辖区人民政府　　　　　　　　　B. 本辖区人民政府公安机关

C. 本辖区消防救援机构　　　　　　　D. 本辖区单位根据标准自行

答案：C

294. 根据液体的火灾危险性大小可将易燃液体分为(　　)类。

A. 1　　　　　　　B. 2　　　　　　　C. 3　　　　　　　D. 4

答案：C

295. 随着燃烧的进行，可燃物减少，或因通风不良，有限空间内氧气被消耗，燃烧不再产生火焰，已燃烧的可燃物呈阴燃状态，室内温度降至 500 ℃左右，这一阶段是火灾(　　)。

A. 初起阶段　　　B. 发展阶段　　　C. 下降阶段　　　D. 熄灭阶段

答案：C

296. 火灾自动报警系统中，下列(　　)不属于触发器件。

A. 典型火灾探测器　　　　　　　　　B. 线型火灾探测器

C. 手动火灾报警按钮　　　　　　　　D. 应急广播

答案：D

297. 扣押、查封期限为(　　)。

A. 10 日　　　　　　B. 20 日　　　　　　C. 30 日　　　　　　D. 14 日

答案：C

298. 按照《建筑灭火器配置设计规范》的要求，每个灭火器设置点的灭火器不宜多于(　　)具。

A. 3　　　　　　　B. 4　　　　　　　C. 5　　　　　　　D. 6

答案：C

299. 《建筑设计防火规范(2018 年版)》(GB 50016—2014)规定，下列(　　)建筑可以不设置消防电梯。

A. 建筑高度为 54 m 的住宅

B. 一类高层公共建筑

C. 24 m 的公共建筑

D. 埋深 15 m、总建筑面积 3500 m^2 的地下建筑

答案：C

300. (　　)应按照城乡消防规划的要求，将城乡消防基础设施建设、改造计划纳入城乡建设、改造计划，履行公共消防基础设施的建设、维护职责。

A. 住房和城乡建设主管部门　　　　　B. 消防救援机构

C. 人民政府　　　　　　　　　　　　D. 规划部门

答案：A

301. 下列哪种情形，行政机关不可以依法变更或者撤回已经生效的行政许可(　　)。

A. 行政许可所依据的法律、法规、规章修改或者废止

B. 为了公共利益的需要

C. 为了利害关系人的需要

D. 准予行政许可所依据的客观情况发生重大变化的

答案：C

302. 下列火灾场所最小需配灭火级别不应增加30%的是（　　）。

　　A. 歌舞厅影剧院　　　　　　　　　B. 古建筑物中的寺庙

　　C. 设在地下一层的网吧　　　　　　D. 宾馆饭店

　　答案：D

303. 公民、法人或者其他组织对消防救援机构作出的具体行政行为不服，可以自知道具体行政行为之日起（　　）内申请行政复议。

　　A. 15日　　　　　　B. 30日　　　　　　C. 45日　　　　　　D. 60日

　　答案：D

304. （　　）属于公众聚集场所。

　　A. 博物馆　　　　B. 宾馆、饭店　　　　C. 幼儿园　　　　D. 公共展览馆

　　答案：B

305. 火焰中由二次空气供氧所形成的火焰峰面称为（　　）。

　　A. 火焰　　　　B. 焰心　　　　C. 内焰　　　　D. 外焰

　　答案：D

306. 高层公共建筑消防电梯间与防烟楼梯间合用前室的使用面积不应小于（　　）m²。

　　A. 4.5　　　　B. 6　　　　C. 7.5　　　　D. 10

　　答案：D

307. 行政机关公开政府信息，应当坚持以公开为（　　）、不公开为（　　）。

　　A. 常态，例外　　B. 常态，个别　　C. 日常，例外　　D. 日常，个别

　　答案：A

308. 听证笔录应当交（　　）阅读或者向其宣读。

　　A. 听证申请人　　B. 听证主持人　　C. 本案办案人员　　D. 证人

　　答案：A

309. 根据闪点可评定液体火灾危险性的大小。闪点越低的液体其火灾危险性就越（　　）。

　　A. 大　　　　B. 小　　　　C. 高　　　　D. 低

　　答案：A

310. 按照《消防监督检查规定》，对实施强制执行过程应（　　）。

　　A. 填写检查记录　　B. 制作现场笔录　　C. 请见证人见证　　D. 请公民监督

　　答案：B

311. 消防救援机构送达行政案件法律文书，经采取其他送达方式仍无法送达的，才可以采用（　　）的方式。

　　A. 直接送达　　B. 委托送达　　C. 邮寄送达　　D. 公告送达

　　答案：D

312. 未设自动灭火系统的砖混结构单层棉织品库房的最大允许占地面积为（　　）。

　　A. 6000 m²　　　　B. 3000 m²　　　　C. 4800 m²　　　　D. 8000 m²

答案：A

313. 可燃气体和液体蒸气与(　　)的混合物，遇着火源能够发生爆炸的最低浓度叫作爆炸浓度下限；遇火源能发生爆炸的最高浓度叫爆炸浓度上限。

A. 可燃物　　　　B. 空气　　　　C. 水　　　　D. 灭火剂

答案：B

314. 室外消火栓的设置位置距路边不应超过(　　)。

A. 2 m　　　　B. 4 m　　　　C. 5 m　　　　D. 8 m

答案：A

315. 消防救援机构在消防监督检查中发现城乡消防安全布局、公共消防设施不符合消防安全要求，或者发现本地区存在影响公共安全的重大火灾隐患的，应当由应急管理部门书面报告(　　)。

A. 当地人民政府　　　　　　　　B. 本级人民政府

C. 上级消防救援机构　　　　　　D. 上级人民政府

答案：B

316. 行政诉讼的受理机关是(　　)。

A. 执法机关　　　　B. 公安机关　　　　C. 人民法院　　　　D. 检察机关

答案：C

317. 申请行政许可的材料不齐全或者不符合法定形式的，应当当场或者在(　　)内一次告知申请人需要补正的全部内容。

A. 2 日　　　　B. 3 日　　　　C. 5 日　　　　D. 10 日

答案：C

318. 县级以上地方人民政府有关部门应当根据本系统的特点，有针对性地开展(　　)，及时督促整改火灾隐患。

A. 消防宣传教育　　B. 消防行政监察　　C. 消防监督检查　　D. 消防安全检查

答案：D

319. 地方(　　)应当将包括消防安全布局、消防站、消防供水、消防通信、消防车通道、消防装备等内容的消防规划纳入城乡总体规划，并负责组织有关部门实施。

A. 各级人民政府　　B. 建设部门　　　　C. 消防部门　　　　D. 规划部门

答案：A

320. 室内消火栓栓口的出水压力大于(　　)MPa 时，栓口处应设减压措施。

A. 0.5　　　　B. 0.7　　　　C. 1　　　　D. 1.2

答案：B

321. 行政复议机关履行行政复议职责，坚持(　　)，保障法律、法规的正确实施。

A. 有法可依　　　　B. 违法必究　　　　C. 依法裁决　　　　D. 有错必纠

答案：D

322. 不服行政机关对民事纠纷作出的调解或者其他处理，依法申请仲裁或者向(　　)提起诉讼。

A. 人民法院　　　　B. 人民检察院　　　　C. 公安机关　　　　D. 消防救援机构

答案：A

323.公共娱乐场所观众厅的太平门应采用(　　)。

A.推闩式外开门　　B.转门　　C.侧拉门　　D.卷帘门

答案：A

324.消防救援机构办案人员的回避，由(　　)决定。

A.案件当事人　　　　　　B.上一级消防救援机构负责人

C.本级消防救援机构负责人　　D.办案人员本人

答案：C

325.《仓库防火安全管理规则》规定，甲、乙类桶装液体，(　　)。

A.不宜露天存放　　B.不得露天存放　　C.不宜混合存放　　D.不得混合存放

答案：A

326.机关、团体、企业、事业等单位应当组织进行有针对性的(　　)。

A.消防演练　　B.消防演习　　C.救援演练　　D.消防宣传

答案：A

327.申请人隐瞒有关情况或者提供虚假材料申请行政许可的，行政机关不予受理或不予行政许可，并给予(　　)。

A.罚款　　B.拘留　　C.警告　　D.罚金

答案：C

328.作为疏散楼梯的室外楼梯除疏散门外，楼梯周围(　　)m内的墙面上不应设置门、窗、洞口。

A.1.5　　B.2　　C.2.5　　D.3

答案：B

329.消防救援机构在办理行政案件中，对先行登记保存的证据，应当在(　　)内作出处理决定。逾期不作出处理决定的，视为自动解除。

A.3日　　B.5日　　C.7日　　D.15日

答案：C

330.高层医院双面布房走道净宽不应小于(　　)m。

A.1.3　　B.1.4　　C.1.5　　D.1.6

答案：C

331.行政机关被撤销后，合并到另一机关，(　　)是被告。

A.合并后的机关　　B.原行政机关　　C.上级机关　　D.领导机关

答案：A

332.(　　)是指法规施行之日。

A.公布日　　B.有效日　　C.生效日　　D.时效日

答案：C

333.行政复议机关一般应当自受理申请之日起(　　)内作出行政复议决定。

A.15日　　B.30日　　C.60日　　D.90日

答案：C

334.人员密集的公共场所的室外疏散通道，其净宽度不应小于(　　)m，并应直接通向敞开地带。

A. 1. 2 　　　　B. 1. 5 　　　　C. 2 　　　　D. 3

答案：D

335. 消防救援机构在监督检查时发现王某擅自停用其经营的"在水一方"休闲中心内的消防设施，予以受案调查。在调查中还发现王某无工商执照经营。下列说法正确的是（　　）。

A. 对王某擅自停用消防设施的行为作出处罚的同时，通知工商部门查处

B. 将该案移送工商部门查处

C. 消防救援机构与工商部门共同查处

D. 对王某的违法行为，消防救援机构和工商部门不能都给予处罚

答案：A

336. 高层民用建筑裙房的耐火等级不应低于（　　）级。

A. 一 　　　　B. 二 　　　　C. 三 　　　　D. 四

答案：B

337. 行政机关对行政许可申请进行审查时，发现行政许可事项直接关系他人重大利益的，应当（　　）。

A. 向社会公告 　　　　　　　　B. 告知该利害关系人

C. 告知申请人 　　　　　　　　D. 公告

答案：B

338. 行政机关对已经生效的行政许可（　　）。

A. 不能改变 　　　　　　　　B. 不得擅自改变

C. 可以随意改变 　　　　　　　　D. 依法赔偿后可以改变

答案：B

339.《建筑设计防火规范(2018 年版)》(GB 50016—2014)规定建筑面积大于（　　）m^2 的地下商店应设自动喷水灭火系统。

A. 100 　　　　B. 200 　　　　C. 400 　　　　D. 500

答案：D

340. 执法人员当场作出的行政处罚决定，（　　）报所属行政机关备案。

A. 必须 　　　　B. 应该 　　　　C. 可以 　　　　D. 不再

答案：A

341. 当事人对行政处罚决定不服提起行政诉讼的，行政处罚（　　）。

A. 停止执行 　　　　　　　　B. 不影响继续执行

C. 一概不停止执行 　　　　　　　　D. 不停止执行，法律另有规定的除外

答案：D

342. 市管辖的县级人民政府所在地镇的总体规划，报（　　）审批。

A. 市人民政府 　　　B. 县人民政府 　　　C. 省人民政府 　　　D. 国务院

答案：A

343. 某商业营业厅仅设置在多层钢筋混凝土框架建筑的首层，设有自动喷水灭火系统、排烟设施和火灾自动报警系统，且采用不燃材料装修，其每个防火分区的最大允许建筑面积不应大于（　　）。

A. 2500 m²   B. 5000 m²   C. 10000 m²   D. 20000 m²

答案：C

344. 高层居住建筑消防电梯与防烟楼梯间合用前室，其合用前室面积不应小于(　　)m²。

    A. 4.5   B. 6   C. 10   D. 15

答案：B

345. 行政管理相对人对行政机关作出的查封、扣押等(　　)和行政强制执行不服的，可以提起行政诉讼。

    A. 行政处罚   B. 行政强制措施   C. 行政强制行为   D. 行政指导

答案：B

346. 行政拘留属于(　　)。

    A. 行政强制措施   B. 行政处罚   C. 刑事强制措施   D. 刑事处罚

答案：B

347. 行政诉讼程序中的举证责任是向(　　)提供证据的责任。

    A. 公安机关   B. 检察院   C. 人民法院   D. 原告

答案：C

348. 依据行政诉讼法的规定，行政诉讼参加人包括(　　)。

    A. 原告、被告   B. 原告、被告、第三人和诉讼代理人

    C. 第三人和诉讼代理人   D. 原告、被告、第三人

答案：B

349. 《中华人民共和国行政强制法》规定，情况紧急，需要当场实施行政强制措施的，行政执法人员应当在(　　)小时内向行政机关负责人报告，并补办批准手续。

    A. 12   B. 24   C. 36   D. 48

答案：B

350. 设定行政许可，应当规定行政许可的实施机关、(　　)、程序、期限。

    A. 内容   B. 办理方法   C. 条件   D. 监督机关

答案：C

351. 王某因占用防火间距被甲市乙区消防救援支队受案调查。在调查中王某发现负责该案的办案人员刘某与自己是邻居，两家曾发生过纠纷，遂申请刘某回避。对于刘某的回避应当由(　　)决定。

    A. 甲市公安局负责人   B. 甲市消防救援总队负责人

    C. 乙区消防救援支队负责人   D. 乙区公安分局负责人

答案：C

352. 高层民用建筑内设置防火卷帘，且当卷帘两侧设置独立的闭式自动喷水系统保护时，该系统喷水延续时间不应小于(　　)。

    A. 2 h   B. 3 h   C. 1.5 h   D. 1 h

答案：B

353. 建筑高度超过(　　)m的住宅建筑应设防烟楼梯间。

    A. 24   B. 28   C. 33   D. 30

答案：C

354. 高层教学楼位于两个安全出口的房间疏散门至最近的楼梯间的最大距离为( )m。
    A. 20 B. 24 C. 30 D. 40
    答案：C

355. 《中华人民共和国国家赔偿法》规定，赔偿义务机关应当自收到申请之日起( )内，作出是否赔偿的决定。
    A. 1个月 B. 2个月 C. 3个月 D. 6个月
    答案：B

356. ( )不属于特别重大火灾。
    A. 死亡10人以上 B. 死亡30人以上 C. 重伤100人以上 D. 重伤50人以上
    答案：A

357. 消防救援机构发现下列违法行为，应当责令停产停业的是( )。
    A. 生产、储存、经营易燃易爆危险品的场所与居住场所设置在同一建筑物内
    B. 锁闭安全出口的数量超过50%的娱乐场所
    C. 擅自拆除、停用消防设施、器材的
    D. 使用防火性能不符合国家标准或者行业标准的建筑构件和建筑材料的
    答案：A

358. 行政赔偿是指行政机关及其行政执法人员因违法行使行政职权而( )时，由国家对受害人进行赔偿的一种行政活动。
    A. 侵犯公民、法人或者其他组织的合法权益
    B. 侵犯公民、法人或者其他组织的权益
    C. 侵犯公民、法人或者其他组织的合法权益造成损害
    D. 侵犯相对人的合法权益
    答案：C

359. 消防救援机构调查取证时，需复印由有关部门保管的书证原件时，不要求( )。
    A. 注明出处 B. 有保管部门核对无异的意见
    C. 有保管部门盖章 D. 有当事人签名
    答案：D

360. 某一电影院容纳人数为1200人，至少应设置( )个安全出口。
    A. 3 B. 4 C. 5 D. 6
    答案：C

361. 以下不可以设定行政强制措施的是( )。
    A. 法律 B. 行政法规 C. 地方性法规 D. 规章
    答案：D

362. 爆炸物品在外界的作用下，能以极快的速度发生剧烈的化学反应，产生的大量气体和热量在短时间内无法逸散开去，致使压力和( )迅速上升而引起爆炸。
    A. 浓度 B. 燃点 C. 温度 D. 闪点
    答案：C

363. 火场上钢构件大幅度变形或塌落，说明那里经历过500 ℃以上的高温，且作用时间在( )分钟以上。

A. 15　　　　　　B. 30　　　　　　C. 45　　　　　　D. 60
答案：A

364. 听证应当在消防救援机构收到听证申请之日起(　　)内举行。
A. 1 日　　　　　　B. 2 日　　　　　　C. 3 日　　　　　　D. 10 日
答案：D

365. 火灾调查中的"一案三查"指的是(　　)。
A. 查原因、查责任、查损失　　　　　B. 查原因、查灾害成因、查责任
C. 查原因、查教训、查责任　　　　　D. 查原因、查教训、查损失
答案：C

366. 行政诉讼的原告是(　　)。
A. 犯罪嫌疑人　　B. 行政管理相对人　　C. 违法嫌疑人　　D. 执法人员
答案：B

367. 对行政复议决定不服的，可以向国务院申请裁决，(　　)依法作出最终裁决。
A. 国务院　　　　B. 人民法院　　　　C. 人民检察院　　　D. 消防救援机构
答案：A

368. 厂房的任一防火分区内，当火灾危险性较大的生产部分占本防火分区建筑面积的比例小于(　　)，且发生火灾事故时不足以蔓延到其他部位或火灾危险性较大的生产部分采取了有效的防火措施时，其火灾危险性可按较小的部分确定。
A. 5%　　　　　　B. 15%　　　　　　C. 20%　　　　　　D. 25%
答案：A

369. 消防救援机构取得的下列证据材料中，(　　)可以作为定案依据。
A. 经查证属实的违法嫌疑人的陈述
B. 以胁迫手段取得的证据材料
C. 经当事人技术处理而无法辨明真伪的证据材料
D. 以偷拍、偷录、窃听手段获取的证据材料
答案：A

370. 行政机关作出解除冻结决定的，应当及时通知当事人和(　　)。
A. 上一级行政机关　　B. 纪检机关　　C. 检察机关　　D. 金融机构
答案：D

371. 下列哪种建筑可以不采用防烟楼梯间？(　　)
A. 高层医疗建筑　　　　　　　　　B. 建筑高度为 30 m 的住宅
C. 建筑高度为 33 m 的 5 层商场　　D. 建筑高度为 51 m 的办公楼
答案：B

372. (　　)可以采用发布决定的方式设定行政许可。
A. 国务院　　　　B. 公安部　　　　C. 省人大常委　　　D. 地方政府
答案：A

373. 粉尘爆炸属于(　　)。
A. 物理爆炸　　　B. 化学爆炸　　　C. 气体爆炸　　　D. 以上均不正确
答案：B

374. 消防救援机构应当依法对城乡消防规划的实施情况进行(　　)。
     A. 监督检查　　　　B. 业务指导　　　　C. 具体操作　　　　D. 引导实施
     答案：A

375. 应当进行延伸调查的火灾，各级消防救援机构行政负责人是第一责任人，在火灾发生后(　　)日内，组织火调、法制、监督、科技、灭火、通信、装备、纪检人员启动延伸调查。
     A. 5　　　　　　　B. 7　　　　　　　C. 10　　　　　　D. 15
     答案：A

376. 高层办公建筑位于走道尽端的房间，当其建筑面积不超过(　　)且由房间内任一点至疏散门的直线距离不大于 15 m，可以设置一个门，门的净宽不应小于(　　)。
     A. 50 m², 0.90 m　　B. 75 m², 1.40 m　　C. 120 m², 1.40 m　　D. 200 m², 1.40 m
     答案：D

377. 灭火器的灭火级别应由数字和字母组成，数字应表示(　　)，字母(A 或 B)应表示灭火级别的单位及适用扑救火灾的种类。
     A. 灭火级别的大小　B. 用火多少　　　　C. 火灾危险性大小　D. 可燃物多少
     答案：A

378. 可燃气体火灾配置场所灭火器的配置基准应按(　　)类配置场所的规定执行。
     A. A　　　　　　　B. B　　　　　　　C. C　　　　　　　D. D
     答案：B

379. 公共娱乐场所设在 3 层及 3 层以上的多层民用建筑内时，该建筑的耐火等级不应低于(　　)。
     A. 一级　　　　　　B. 二级　　　　　　C. 三级　　　　　　D. 四级
     答案：B

380. 剧院舞台下面的灯光操作室和可燃物储藏室，应用耐火极限不低于(　　)小时的不燃体墙与其他部位隔开。
     A. 1　　　　　　　B. 1.5　　　　　　C. 2　　　　　　　D. 3.5
     答案：C

381. 影剧院等建筑的舞台口上部与观众厅闷顶之间的隔墙上的门应采用(　　)。
     A. 甲级防火门　　　B. 乙级防火门　　　C. 丙级防火门　　　D. 非防火门
     答案：B

382. 电影放映室应用耐火极限不低于(　　)的不燃体隔墙与其他部分隔开。
     A. 0.50 h　　　　　B. 1.00 h　　　　　C. 1.50 h　　　　　D. 3.50 h
     答案：C

383. 公共娱乐场所在(　　)内应当设置声音或者视像警报，以保证火灾初期时引导人员安全疏散。
     A. 茶座　　　　　　　　　　　　　B. 桑拿浴室
     C. 餐馆　　　　　　　　　　　　　D. 卡拉 OK 厅及其包房
     答案：D

384. 公共娱乐场所营业时，容纳人数不得超过(　　)。

A. 额定人数的一倍　　　　　　　　B. 经营者确定的人数

C. 额定人数的50%　　　　　　　　D. 额定人数

答案：D

385. 下列公共娱乐场所禁止吸烟和明火照明的是(　　　)。

A. 演出、放映场所的观众厅内　　　　B. 酒吧

C. 录像厅外的售票处　　　　　　　　D. 卡拉OK厅

答案：A

386. 公共娱乐场所内严禁带入和存放(　　　)。

A. 香烟　　　　B. 可燃物品　　　　C. 含酒精饮料　　　　D. 易燃易爆物品

答案：D

387. 公共娱乐场所观众厅太平门可以采用(　　　)。

A. 卷帘门　　　　B. 转门　　　　C. 侧拉门　　　　D. 外开平推门

答案：D

388. 下面应设雨淋喷水灭火设备的部位是(　　　)。

A. 建筑面积300 m²的演播室　　　　B. 建筑面积400 m²的摄影棚

C. 有1800个座位的剧院舞台葡萄架下部　　D. 有1800个座位的会堂舞台葡萄架下部

答案：C

389. 不得在(　　　)内改建公共娱乐场所。

A. 闲置车间　　　　B. 闲置仓库　　　　C. 市场　　　　D. 居民住宅楼

答案：D

390. 设置在地下建筑内的公共娱乐场所，通往地面的安全出口不应少于(　　　)个。

A. 1　　　　B. 2　　　　C. 3　　　　D. 4

答案：B

391. 商住楼的公共娱乐场所与居民住宅的安全出口应当(　　　)。

A. 合用　　　　B. 设置1个出口　　　　C. 分开设置　　　　D. 封闭

答案：C

392. 在地下建筑内设置公共娱乐场所无须设置(　　　)。

A. 火灾自动报警系统　　　　B. 自动喷水灭火系统

C. 机械防烟排烟设施　　　　D. 气体灭火系统

答案：D

393. 公共娱乐场的疏散出口数目一般不应少于(　　　)个。

A. 1　　　　B. 2　　　　C. 3　　　　D. 4

答案：B

394. 在地下建筑内设置公共娱乐场所只允许设在(　　　)。

A. 地下一层　　　　B. 地下一、二层

C. 地下一、二、三层　　　　D. 地下一、二、三、四层

答案：A

395. 消防救援机构发现火灾隐患，(　　　)通知有关单位或个人采取措施，消除消防隐患。

A. 可以　　　　B. 应当定期　　　　C. 应当及时　　　　D. 可以及时

答案：C

396.当事人对消防救援机构依据《消防监督检查规定》作出的具体行政行为不服时，
（　　）。
A.只能申请行政复议
B.可以提起行政诉讼
C.先申请行政复议，对复议决定不服或复议机关逾期不予答复的，才能提起行政诉讼
D.不能提起行政复议
答案：B

397.（　　）应设置独立的机械加压送风防烟设施。
A.高层建筑的地下水泵房　　　　　B.消防电梯井
C.消防控制室　　　　　　　　　　D.封闭避难层（间）
答案：B

398.消防救援机构实施警告、罚款、责令停止施工、停止使用、停产停业以及没收产品和
违法所得等处罚时，应当依据有关法规和法定程序，作出处罚决定并制作（　　）。
A.责令改正通知书　　　　　　　　B.行政处罚决定书或当场处罚决定书
C.消防安全检查意见书　　　　　　D.消防监督检查记录
答案：B

399.消防救援机构自受理由单位提出恢复施工、使用、生产、营业或者举办的书面申请之
日起，应在（　　）内进行检查。
A.2个工作日　　　B.3个工作日　　　C.4个工作日　　　D.10个工作日
答案：B

400.消防救援机构应当自整改期限届满次日起（　　）内对整改情况进行复查。
A.2个工作日　　　B.3个工作日　　　C.4个工作日　　　D.10个工作日
答案：B

401.宾馆、饭店内疏散指示标志的间距不应大于（　　）米。
A.15　　　　　　　B.20　　　　　　　C.25　　　　　　　D.30
答案：B

402.大型商场中央空调系统的送、回风管穿过机房的隔墙和楼板处，均应按规定设置
（　　）。
A.防火阀　　　　　B.排烟防火阀　　　C.防回流措施　　　D.防火隔板
答案：A

403.一类高层宾馆应按有关消防技术规范规定将楼梯间设为（　　）。
A.敞开楼梯间　　　B.封闭楼梯间　　　C.防烟楼梯间　　　D.防烟或封闭楼梯间
答案：C

404.疏散走道及其转角处的安全指示标志宜设置在（　　）。
A.走道地面上　　　　　　　　　　B.走道顶部
C.距地面1m以下墙面上　　　　　D.距地面1m以上墙面上
答案：C

405.商场严禁经营销售（　　）。

A. 化妆品   B. 可燃商品

C. 酒精、油漆等易燃商品   D. 菜油

答案：C

406. ( )类桶装液体不宜露天存放。

    A. 甲、乙   B. 甲   C. 甲、乙、丙   D. 甲、丙

    答案：A

407. 进入甲、乙类物品库房的电瓶车、铲车必须是( )型的。

    A. 防静电   B. 防爆   C. 防尘   D. 防震动

    答案：B

408. 进入库区的所有机动车辆, 必须( )。

    A. 有防止火花溅出的安全措施   B. 安装防火罩

    C. 司机交出火柴等物品   D. 关闭发动机

    答案：B

409. 库房内照明灯具下方不准堆放物品, 其垂直下方储存物品水平间距不得小于( )m。

    A. 1   B. 0.3   C. 0.5   D. 2

    答案：C

410. 汽车、拖拉机不准进入( )类物品库房。

    A. 甲、乙   B. 甲   C. 甲、乙、丙   D. 甲、丙

    答案：C

411. 储存丙类固体物品的库房, 不准使用碘钨灯和超过( )瓦的白炽灯等高温照明灯具。

    A. 30   B. 50   C. 60   D. 100

    答案：C

412. 进入甲、乙类物品库区的人员, 必须登记, 并交出( )。

    A. 火柴、打火机   B. 打火机、香烟   C. 应急灯   D. 火柴、香烟

    答案：A

413. 库区以及周围( )内, 严禁燃放烟花爆竹。

    A. 30 m   B. 50 m   C. 100 m   D. 200 m

    答案：B

414. 库区的消防车道和仓库的( )等处严禁堆放物品。

    A. 安全出口   B. 安全出口、疏散楼梯

    C. 疏散楼梯   D. 货物周围

    答案：B

415. 库房内( )设置移动式照明灯具。

    A. 不准   B. 采取安全措施可以

    C. 可以   D. 保卫科同意可以

    答案：A

416. 仓库防火安全责任人应领导专职、义务消防组织和专职、兼职消防人员, 制定

( )组织扑救灭火。

  A.防火制度   B.操作规程   C.管理制度   D.灭火应急方案

答案：D

417.危险品库房内敷设的配电线路，( )。

  A.可以不穿管敷设   B.应穿一般塑料管保护

  C.必须穿金属管或难燃塑料管保护   D.没有要求

答案：C

418.从事消防设施维护保养检测服务的消防技术服务机构，工作场所面积不少于( )m²。

  A.100   B.150   C.200   D.300

答案：C

419.对建筑火灾横向发展影响较大的方面不包括( )。

  A.烟囱效应   B.火风压   C.孔洞蔓延   D.水平蔓延

答案：A

420.消防救援部门在大型活动安全保卫中担负的任务是( )。

  A.防火/灭火及抢险救援   B.维护秩序

  C.维护交通   D.医疗救护

答案：A

421.各级公安机关消防机构应建立"双随机、一公开"消防监督检查执法机制，对属于人员密集场所的重点单位每( )至少全面监督检查1次。

  A.月   B.季度   C.半年   D.年

答案：D

422.重点单位主责监督员和协管监督员实施重点单位非执法性质业务指导每( )不得少于1次，可单人实施。

  A.月   B.季度   C.半年   D.年

答案：B

423.甲、乙类物品库房( )设在建筑物的地下室、半地下室内。

  A.可以   B.严禁   C.不应   D.不宜

答案：B

424.消防救援机构对重大火灾隐患组织专家论证时，专家人数不应少于( )人。

  A.3   B.5   C.7   D.9

答案：C

425.四级耐火等级的单层、多层民用建筑之间的防火间距不应小于( )m。

  A.7   B.8   C.10   D.12

答案：D

426.消防电梯的行驶速度，应按从首层到顶层的运行时间不宜大于( )s计算确定。

  A.30   B.45   C.50   D.60

答案：D

427.医疗建筑内位于两个安全出口之间的房间，建筑面积不大于( )m²时，可以设置

1 个疏散门。

    A. 75   B. 80   C. 100   D. 120

    答案：A

428. 经营、存放和使用甲、乙类火灾危险性物品的商店、作坊和储藏间，（   ）附设在民用建筑内。

    A. 严禁   B. 不宜   C. 不应   D. 总量小于 1 t 可以

    答案：A

429. 一、二级耐火等级高层冷库、冷藏间的最大允许占地面积为（   ），防火分区最大允许建筑面积为（   ）。

    A. 5000 m^2，2500 m^2 B. 4000 m^2，2000 m^2

    C. 7000 m^2，3500 m^2 D. 1200 m^2，400 m^2

    答案：A

430. 消防救援部门要严格履行职责，每（   ）对消防安全形势进行分析研判和综合评估，及时报告当地政府，采取针对性措施解决突出问题。

    A. 季度   B. 半年   C. 年   D. 两年

    答案：B

431. 根据《国务院办公厅关于印发消防工作考核办法的通知》（国办发〔2013〕16 号），（   ）为本地区消防工作第一责任人。

    A. 地方政府主要负责人   B. 地方政府分管负责人

    C. 应急部门主要负责人   D. 消防救援机构主要负责人

    答案：A

432. 负责公共消防设施（   ）的单位，应当保持消防供水、消防通信、消防车通道等公共消防设施的完好有效。

    A. 施工保养   B. 维护管理   C. 设计施工   D. 日常管理

    答案：B

433. 消防救援机构在消防监督检查中发现城乡消防安全布局、公共消防设施不符合消防安全要求，或者发现本地区存在影响公共安全的重大火灾隐患的，应当由（   ）书面报告本级人民政府。

    A. 公安部门   B. 应急管理部门

    C. 当地消防救援机构   D. 上一级消防救援机构

    答案：B

434. 消防救援机构在消防监督检查中发现火灾隐患的，应当通知有关单位或者个人立即采取措施消除隐患；不及时消除隐患可能严重威胁（   ）的，消防救援机构应当依照规定对危险部位或者场所采取（   ）措施。

    A. 安全，查封   B. 公共安全，临时查封

    C. 社会安全，查封   D. 社会安全，临时查封

    答案：B

435. 丙类厂房每层建筑面积不大于（   ）m^2，其同一时间作业人数不超过（   ）人，可设置 1 个安全出口。

A. 250, 20　　　　　B. 300, 25　　　　　C. 150, 10　　　　　D. 400, 30

答案：A

436. 关于厂房和仓库的防爆，下列说法错误的是(　　　)。

A. 有爆炸危险的厂房或厂房内有爆炸危险的部位应设置泄压设施

B. 有爆炸危险的甲、乙、丙类厂房的总控制室应独立设置

C. 使用和生产甲、乙、丙类液体的厂房，其管、沟不应与相邻厂房的管、沟相通，下水
道应设置隔油设施

D. 甲、乙、丙类液体仓库应设置防止液体流散的设施

答案：B

437. 下列建筑物的消防用电应按一级负荷供电的是(　　　)。

A. 建筑高度大于 50 m 的丙类仓库

B. 室外消防用水量大于 30 L/s 的厂房(仓库)

C. 粮食的仓库及粮食筒仓

D. 二类高层民用建筑

答案：A

438. 楼梯间、前室或合用前室、避难走道内疏散照明的地面最低水平照度不应低于
(　　　)lx。

A. 10　　　　　B. 5　　　　　C. 1　　　　　D. 0.5

答案：B

439. 下列建筑中可沿一个长边设置消防车道的是(　　　)。

A. 超过 3000 个座位的体育馆

B. 超过 2000 个座位的会堂

C. 高层住宅建筑和山坡地或河道边临空建造的高层民用建筑

D. 占地面积大于 3000 m² 的甲类厂房

答案：C

440. 下列建筑或楼层中不需要设置消防电梯的是(　　　)。

A. 建筑高度 54 m 的办公楼

B. 建筑高度 38 m 的商业楼

C. 设置消防电梯的建筑的地下室或半地下室

D. 地上部分未设置消防电梯的建筑中，其深埋 11 m 且总建筑面积为 2500 m² 的地
下室

答案：D

441. 下列建筑中属于一类高层公共建筑的是(　　　)。

A. 建筑高度 98 m 的住宅(首、二层设置商业服务网点)

B. 建筑高度 37 m 且 24 m 以上每层建筑面积为 1500 m² 的办公楼

C. 建筑高度 28 m 的医疗建筑

D. 藏书 50 万册的高层图书馆

答案：C

442. 室内最大净空高度不超过 9 m、火灾危险等级为 Ⅰ 级、储物高度为 4 m 的多排货架储

物仓库, 设置自动喷水灭火系统的持续喷水时间应按火灾延续时间不小于( )。

A. 3 h B. 2 h C. 1. 5 h D. 1 h

答案: C

443. 净高大于( )cm 且有可燃物的闷顶或吊顶内, 应设置火灾自动报警系统。

A. 50 B. 70 C. 80 D. 260

答案: C

444. 净高大于( )cm 且有可燃物较多的技术夹层, 应设置火灾自动报警系统。

A. 50 B. 70 C. 80 D. 260

答案: D

445. 重点工程的施工现场符合消防安全重点单位界定标准的, 由( )负责申报备案。

A. 设计单位 B. 监理单位 C. 建设单位 D. 施工单位

答案: D

446. 设置人员密集场所的高层建筑的封闭楼梯间、防烟楼梯间门的损坏率超过( )的, 可以判定为重大火灾隐患。

A. 10% B. 20% C. 30% D. 50%

答案: B

447. 消防安全重点单位的消防安全职责之一是建立( ), 确定消防安全重点部位, 设置防火标志, 实行严格管理。

A. 安全制度   B. 消防档案

C. 消防工作奖惩记录 D. 志愿消防队

答案: B

448. 除( )汽车库外, Ⅰ类汽车库、修车库, Ⅱ类地下、半地下汽车库、修车库等应设置火灾自动报警系统。

A. 敞开式 B. 复式 C. 独立式 D. 封闭式

答案: A

449. 办公室、休息室等不应设置在甲、乙类厂房内, 当必须与本厂房贴邻建造时, 其耐火等级不应低于( )级, 并应采用耐火极限不低于( )h 的防爆墙隔开且应设置独立的安全出口。

A. 一, 4. 00 B. 二, 3. 00 C. 三, 2. 50 D. 四, 2. 00

答案: B

450. 除规范另有规定外, 高层乙类厂房与甲类厂房的防火间距不应低于( )m。

A. 12 B. 10 C. 13 D. 11

答案: C

451. 下列关于机械加压送风的设置要求的说法正确的是( )。

A. 机械加压送风机的进风口宜直通室外

B. 采用机械加压送风的场所可以设置百叶窗

C. 机械加压送风口的风速不宜大于 10 m/s

D. 未设置在管道井内的加压送风管, 其耐火极限不应低于 1. 00 h

答案: A

452. 疏散走道在防火分区处应设置常开( )级防火门。

A. 甲 　　　　B. 乙 　　　　C. 丙 　　　　D. 丁

答案：A

453. 发生火灾时，湿式喷水灭火系统是由( )探测火灾。

A. 火灾探测器 　　B. 水流指示器 　　C. 闭式喷头 　　D. 压力开关

答案：C

454. 某商场发生火灾，造成10人死亡、50人重伤，直接经济财产损失1000万元，则该事故属于( )火灾。

A. 特别重大 　　B. 重大 　　C. 较大 　　D. 一般

答案：B

455. 设置两个及两个以上消防控制室的保护对象，或已设置两个及两个以上集中报警系统的保护对象，应采用( )。

A. 区域报警系统 　　　　　　　　B. 集中报警系统

C. 局部报警系统 　　　　　　　　D. 控制中心报警系统

答案：D

456. 由于厨房环境温度较高，其洒水喷头应符合其工作环境温度要求，应选用公称动作温度为( )℃的喷头，颜色为( )。

A. 70，红色 　　B. 93，绿色 　　C. 100，蓝色 　　D. 150，橙色

答案：B

457. 排烟窗应设在排烟区域的顶部或外墙，且室内或走道的任一点至相邻最近的排一点至相邻最近的排烟窗的水平距离不应大于( )m。

A. 10 　　　　B. 20 　　　　C. 30 　　　　D. 50

答案：C

458. 建筑构件的耐火性能是以( )的耐火极限为基础，再根据其他构件在建筑物中的重要性和耐火性能可能的目标值调整后确定的。

A. 梁 　　　　B. 承重墙 　　　　C. 楼板 　　　　D. 隔墙

答案：C

459. 消防车道一般按单行线考虑，为便于消防车顺利通过，消防车道的净宽度和净空高度均不应小于( )m，消防车道的坡度不宜大于( )%。

A. 3，3 　　　　B. 4，4 　　　　C. 4，8 　　　　D. 8，1

答案：C

460. 某商业综合楼共设有3个消防控制室，并将设置在办公区的消防控制室作为主消防控制室，其他作为分消防控制室。下列关于各分消防控制室内的消防设备之间的关系的说法，正确的是( )。

A. 不可以互相传输、显示状态信息，不应互相控制

B. 不可以互相传输、显示状态信息，但应互相控制

C. 可以互相传输并显示状态信息，也应互相控制

D. 可以互相传输并显示状态信息，但不应互相控制

答案：D

461. 普通玻璃大约在( )时开始软化。
    A. 470~540 ℃   B. 705 ℃   C. 750~890 ℃   D. 1300 ℃
    答案：A

462. 行政复议决定书邮寄送达的，以( )为送达日期。
    A. 挂号回执上注明的收件日期
    B. 复议机关作出复议决定的日期
    C. 邮局寄出复议决定书邮件的邮戳日期
    D. 邮局接收复议决定书邮件的邮戳日期
    答案：A

463. 消防救援机构发现下级消防救援机构发布的规范性文件与法律、法规、规章或上级规定相抵触的，应当提出纠正的意见，报( )批准后，发出书面执法监督意见。
    A. 本级消防救援机构负责人   B. 本级应急部门负责人
    C. 上级应急机关负责人   D. 起草单位
    答案：A

464. 属于消防行政案件书证的是( )。
    A. 询问笔录   B. 证人证言
    C. 鉴定报告   D. 复查不合格意见书
    答案：D

465. 生产、储存、经营易燃易爆危险品的场所与居住场所设置在同一建筑物内，或者未与居住场所保持安全距离的，责令停产停业，并处( )罚款。
    A. 五千元以下   B. 五千元以上五万元以下
    C. 五万元以上十万元以下   D. 三万元以上三十万元以下
    答案：B

466. 爆炸性粉尘环境中出现的粉尘按引燃温度分为( )组。
    A. 3   B. 5   C. 6   D. 7
    答案：A

467. 建设、设计、施工、工程监理等单位依法对建设工程的( )负责。
    A. 设计和施工   B. 消防设计质量
    C. 消防设计、施工质量   D. 施工质量
    答案：C

468. 各级人民政府应当将包括消防安全布局、消防站、消防供水、消防通信、消防车通道、消防装备等内容的消防规划纳入( )，并根据城乡发展的需要及时依法调整。
    A. 城市总体规划   B. 政府工作计划
    C. 城乡规划   D. 政府规划
    答案：C

469. 对于申请恢复施工、使用、生产、经营的检查，下列说法错误的是( )。
    A. 当事人可以口头申请，口头申请情况可以采用现场录音予以记录
    B. 当事人应当书面申请，书面申请材料应当加盖申请单位(场所)公章
    C. 当事人应当书面申请，申请单位(场所)无公章的，应当由主要负责人签字

D. 消防救援机构自受理申请之日起3个工作日内对单位(场所)整改情况进行现场检查

答案：A

470. 实施监督抽查的程序是( )。

A. 制订抽查计划—确定检查单位—发布抽查公告—实施监督检查—汇总分析消防监督抽查情况—公告与公布

B. 制订抽查计划—确定检查单位—发布抽查公告—实施监督检查—公告与公布—汇总分析消防监督抽查情况

C. 制订抽查计划—发布抽查公告—确定检查单位—实施监督检查—汇总分析消防监督抽查情况—公告与公布

D. 制订抽查计划—发布抽查公告—确定检查单位—实施监督检查—公告与公布—汇总分析消防监督抽查情况

答案：C

471. 公安机关其他部门应当自接受消防救援机构移送的涉嫌犯罪案件之日起( )日内，进行审查并作出决定。依法决定立案的，应当书面通知移送案件的消防救援机构；依法不予立案的，应当说明理由，并书面通知移送案件的消防救援机构，退回案卷材料。

A. 3   B. 5   C. 7   D. 10

答案：D

472. 一次火灾死亡10人以上的，重伤20人以上或者死亡、重伤20人以上的，受灾50户以上的，由( )负责调查。

A. 省、自治区人民政府应急部门   B. 省、自治区人民政府消防救援机构
C. 市人民政府消防救援机构   D. 县人民政府消防救援机构

答案：B

473. 经催告，当事人逾期仍不履行义务且无正当理由的，消防救援机构负责人应当组织集体研究强制执行方案，确定执行的( )。强制执行决定书应当自决定之日起3个工作日内制作、送达当事人。

A. 人员和时间   B. 措施和时间   C. 方式和时间   D. 依据和时间

答案：C

474. 紧靠防火墙两侧的门、窗之间最近边缘的水平距离不应小于2.00 m；当水平距离小于2.00 m时，应设置( )。

A. 甲级防火门/窗   B. 防盗门/窗
C. 丙级防火门/窗   D. 乙级防火门/窗

答案：A

475. 大量氨气泄漏后，要对现场进行警戒，初始隔离距离为( )m。

A. 300   B. 800   C. 1000   D. 95

答案：A

476. 当气体灭火系统设置自动启动方式时，应在接到( )个独立的火灾信号后才能启动。

A. 1   B. 2   C. 3   D. 4

答案：B

477. 消防行政强制措施由(　　)依照法律法规的规定，在法定职权范围内实施。
A. 消防救援机构　　B. 公安机关　　C. 检察院　　D. 人民法院
答案：A

478. 消防监督检查人员应根据消防机构行政负责人的审批意见，自检查之日起(　　)个工作日内制作并送达《公众聚集场所投入使用、营业前消防安全检查合格证》。
A. 2　　B. 3　　C. 4　　D. 5
答案：B

479. 判定重大火灾隐患，应进行集体讨论或专家技术论证形成结论性意见，作为判定重大火灾隐患的依据。判定为重大火灾隐患的结论性意见应有(　　)以上专家同意。
A. 1/2　　B. 1/3　　C. 2/3　　D. 3/4
答案：C

480. 能与可燃物发生(　　)反应的物质称为助燃剂。
A. 化合　　B. 氧化　　C. 还原　　D. 分解
答案：B

481. 燃烧是一种(　　)反应。
A. 吸热　　B. 放热　　C. 恒温　　D. 降温
答案：B

482. 我国目前实施(　　)的消防工作方针。
A. 预防为主，防消结合　　B. 预防为主，消防结合
C. 以防为主，以消为辅　　D. 安全第一，预防为主
答案：A

483. 属于B类火灾的是(　　)火灾。
A. 木材　　B. 镁铝　　C. 石蜡　　D. 甲烷
答案：C

484. 居(村)委会和物业服务企业(　　)至少组织居民开展1次灭火应急疏散演练。
A. 每月　　B. 每季度　　C. 每半年　　D. 每年
答案：D

485. 各派出所要(　　)制订消防监督检查工作计划，对辖区旅馆、休闲娱乐等重点行业单位和居(村)委会、居民社区物业服务企业，要确保(　　)至少检查1次；对其他单位也应有一定的抽查比例。
A. 每月，每年　　B. 每季度，每年
C. 每年，每季度　　D. 每年，每年
答案：A

486. 可燃物按其物理状态分为(　　)。
A. 气体、液体和金属　　B. 液体、固体和金属
C. 气体、液体和固体　　D. 气体、固体和金属
答案：C

487. 在燃烧反应过程中，如果生成的产物不能再发生燃烧，那么这种燃烧叫(　　)。

A. 闪燃　　　　　　B. 着火　　　　　　C. 完全燃烧　　　　D. 不完全燃烧

答案：C

488. 使灭火剂参与到燃烧反应历程中去，使燃烧过程中产生的游离基消失，以促使燃烧反应终止的灭火方法属于（　　）灭火法。

A. 隔离　　　　　　B. 窒息　　　　　　C. 冷却　　　　　　D. 抑制

答案：D

489. 泡沫灭火剂灭火的主要作用是（　　）。

A. 隔离　　　　　　B. 窒息　　　　　　C. 冷却　　　　　　D. 抑制

答案：B

490. 生石灰遇水放热可以看作是一种着火源，它属于（　　）。

A. 明火　　　　　　B. 化学热能　　　　C. 光能　　　　　　D. 核能

答案：B

491. 凡是能与空气中的氧或其他氧化剂发生化学反应的物质称为（　　）。

A. 助燃物　　　　　B. 可燃物　　　　　C. 着火源　　　　　D. 易燃物

答案：B

492. 可燃物与氧或氧化剂作用发生的放热反应称为（　　）。

A. 燃烧　　　　　　B. 闪燃　　　　　　C. 着火　　　　　　D. 爆炸

答案：A

493. D 类火灾是指（　　）火灾。

A. 液体　　　　　　B. 固体物质　　　　C. 金属　　　　　　D. 气体

答案：C

494. 在时间或空间上失去控制的燃烧所造成的灾害称为（　　）。

A. 燃烧　　　　　　B. 爆炸　　　　　　C. 着火　　　　　　D. 火灾

答案：D

495. 发生火灾时，雨淋系统中的雨淋阀由（　　）发出信号开启。

A. 闭式喷头　　　　B. 开式喷头　　　　C. 水流指示器　　　D. 火灾报警控制器

答案：D

496.《建筑设计防火规范（2018 年版）》（GB 50016—2014）规定，设置在地上一、二、三层的歌舞娱乐放映游艺场所建筑面积超过（　　）m^2 时应设置自动喷水灭火系统。

A. 100　　　　　　B. 150　　　　　　C. 200　　　　　　D. 300

答案：D

497.《建筑设计防火规范（2018 年版）》（GB 50016—2014）规定，建筑面积大于（　　）m^2 的地下商店应设自动喷水灭火系统。

A. 100　　　　　　B. 200　　　　　　C. 400　　　　　　D. 500

答案：D

498. C 类火灾时均适用的灭火器是（　　）。

A. 水型灭火器　　　　　　　　　B. 泡沫灭火器

C. 磷酸铵盐干粉灭火器　　　　　D. 二氧化碳灭火器

答案：B

499. 灭火器配置场所的危险等级应分为(　　)。
A. 严重危险级、中危险级
B. 中危险级、轻危险级
C. 严重危险级、中危险级、轻危险级
D. 严重危险级、中危险级、次危险级
答案：C

500. 《消防给水及消火栓系统技术规范》(GB 50974—2014)规定室内消火栓消防给水管道每根消防竖管的直径应按通过的流量经计算确定，但不应小于(　　)mm。
A. 80　　　　　B. 90　　　　　C. 100　　　　　D. 150
答案：C

501. 消防控制室应设置火灾警报装置与应急广播的控制装置，首层发生火灾，其控制程序应先接通(　　)。
A. 本层、地下各层
B. 本层、二层
C. 本层、二层及地下各层
D. 所有层
答案：C

502. 火灾探测器周围(　　)m 内不应有遮挡物。
A. 2　　　　　B. 3　　　　　C. 0.5　　　　　D. 1
答案：C

503. 在设有空调系统的房间内，火灾探测器至空调送风口边的水平距离不应小于(　　)m。
A. 3　　　　　B. 2.5　　　　　C. 2　　　　　D. 1.5
答案：D

504. 自动喷水灭火系统设置场所的火灾危险等级划分为(　　)。
A. 轻危险级、中危险级、严重危险级
B. 轻危险级、中危险级
C. 次危险级、中危险级、严重危险级
D. 轻危险级、中危险级、严重危险级、仓库危险级
答案：D

505. 每个水泵接合器的流量宜为(　　)。
A. 5~10 L/s　　B. 10~15 L/s　　C. 15~20 L/s　　D. 20 L/s
答案：B

506. 自动喷水灭火系统中报警阀旁的放水试验阀应(　　)进行一次供水试验。
A. 每年　　　　B. 每季度　　　　C. 每月　　　　D. 每周
答案：B

507. 水喷雾灭火系统扑救电气火灾，其喷头应选用(　　)。
A. 防腐型水雾喷头
B. 一般喷头
C. 一般喷头加防尘罩
D. 离心雾化型水雾喷头
答案：D

508. 民用建筑和工业厂房自动喷水灭火系统的持续喷水时间应按火灾延续时间不小于(　　)确定。
A. 3 h　　　　　B. 2 h　　　　　C. 1 h　　　　　D. 10 min

答案：C

509. 湿式自动喷水灭火系统启动消防泵的方式首选应为( )。

    A. 自动启动   B. 消防控制室远程启动

    C. 水泵房手动启动   D. 任选

    答案：A

510. 供消防车取水的消防水池，其水深应保证消防车的消防水泵吸水高度不超过
    ( )m。

    A. 7   B. 6   C. 5   D. 4

    答案：B

511. 湿式喷水灭火系统中一个湿式报警阀组控制的喷头数不宜超过( )个。

    A. 800   B. 700   C. 600   D. 500

    答案：A

512. 根据房间高度选择感温火灾探测器的灵敏度，当房间高度在7 m时，应选择( )感
    温火灾探测器。

    A. 一级   B. 二级   C. 三级   D. 四级

    答案：A

513. 高层民用建筑的消火栓箱处启动按钮的主要作用是( )。

    A. 控制消防水泵的启、停

    B. 间接启动消防水泵

    C. 直接启动消防水泵，同时将信号反馈到消防控制中心

    D. 火灾报警

    答案：C

514. 火灾自动报警系统的主电源应采用( )。

    A. 消防电源   B. 动力电源   C. 照明电源   D. 直流电源

    答案：A

515. 从一个防火分区内的任何位置到最邻近的一个手动火灾报警按钮的距离，不应大于
    ( )m。

    A. 20   B. 25   C. 30   D. 40

    答案：C

516. 消防控制、通信和警报线路采用暗敷设时，宜采用金属管或经阻燃处理的硬质塑料管
    保护，并应敷设在不燃烧体的结构层内，且保护层厚度不宜( )。

    A. 大于50 mm   B. 小于50 mm且大于30 mm

    C. 大于30 mm   D. 小于30 mm

    答案：D

517. 在建筑内设置消防水泵房时，应采用耐火极限不低于( )h的隔墙和( )h的楼
    板与其他部位隔开，并应设甲级防火门。

    A. 3，2   B. 3，3   C. 2，1.5   D. 2，2.5

    答案：C

518. 柴油发电机房内设置储油间时，其总储存量不应超过( )m³。

A.0.5　　　　　　　B.1　　　　　　　C.2　　　　　　　D.3

答案：B

519. 下列哪项消防安全职责不属于各级人民政府应当履行的职责？（　　）

A. 指导、支持和帮助居民委员会开展群众性消防安全工作

B. 组织消防安全宣传教育

C. 组织扑救火灾

D. 定期组织消防安全检查，及时解决消防工作中的重大问题

答案：A

520. 下列哪种场所可不设置机械加压送风防烟设施？（　　）

A. 不具备自然排烟条件的防烟楼梯间

B. 不具备自然排烟条件的消防电梯间前室或合用前室

C. 设置自然排烟设施的防烟楼梯间，其不具备自然排烟条件的前室

D. 设置机械加压送风设施的防烟楼梯间，其不具备自然排烟条件的前室

答案：D

521. 某旅馆（主体建筑为高层民用建筑）在客房内设置边墙型标准喷头，采用单排布置，其最大保护跨度是（　　）。

A.3 m　　　　　　B.3.4 m　　　　　　C.3.6 m　　　　　　D.4 m

答案：A

522. 在火灾发展迅速，有强烈的火焰辐射和少量烟、热的场所，在设置火灾探测器时，应如何选择火灾探测器的类型？（　　）

A. 应选择感烟探测器

B. 可选择感温探测器、感烟探测器、火灾探测器或其组合

C. 应选择火焰探测器

D. 应选择可燃气体探测器

答案：C

523. 某修车库（不维修甲、乙类物品运输车辆）设有 10 个修车位，该修车库的耐火等级不应低于（　　）。

A. 一级　　　　　　B. 二级　　　　　　C. 三级　　　　　　D. 四级

答案：B

524. 某多层民用建筑室内消火栓共有 30 个，且其室外消防用水量大于 15 L/s，其室内消防给水管道的设置形式及室内消防竖管的直径应不小于（　　）。

A. 连成环状，$DN80$　　　　　　B. 支状，$DN100$

C. 连成环状，$DN100$　　　　　　D. 支状，$DN80$

答案：C

525. 某住宅小区地下车库建筑面积 12000 m²，共有 253 个停车位，请问该地下车库属于几类汽车库？应设置几个汽车疏散出口？（　　）

A. Ⅰ类汽车库，1 个　　　　　　B. Ⅱ类汽车库，不少于 2 个

C. Ⅰ类汽车库，不少于 2 个　　　　　　D. Ⅱ类汽车库，1 个

答案：C

526. 建筑高度大于 100 m 的民用建筑内消防应急照明和灯光疏散指示标志的连续供电时间不应小于(　　)。

A. 20 min　　　　　B. 30 min　　　　　C. 1 h　　　　　D. 1.5 h

答案：D

527. 单独建造的消防控制室，其耐火等级不应低于(　　)。

A. 一级　　　　　B. 二级　　　　　C. 三级　　　　　D. 四级

答案：B

528. 下列哪个单位应当建立单位专职消防队？(　　)

A. 在消防救援队保护范围内的电子企业　　B. 五星级酒店

C. 加油站　　　　　　　　　　　　　　　D. 民用机场

答案：D

529. 下列不属于《中华人民共和国消防法》设定的行政处罚种类的是(　　)。

A. 吊销营业执照　　B. 没收非法财物　　C. 临时查封　　D. 责令停止使用

答案：A

530. 公安派出所对其日常监督检查范围内的单位应当每年至少检查(　　)。

A. 1 次　　　　　B. 2 次　　　　　C. 3 次　　　　　D. 4 次

答案：B

531. 临时查封期限届满后，当事人仍未消除火灾隐患，消防救援机构可以(　　)。

A. 延长查封期限　　　　　　　　　B. 再次依法予以查封

C. 责令停产停业　　　　　　　　　D. 吊销营业执照

答案：B

532. 对依法应当责令限期整改的，应当自检查之日起(　　)个工作日内制作、送达责令限期整改通知书。

A. 1　　　　　B. 2　　　　　C. 3　　　　　D. 4

答案：C

533. 人员密集场所的消防安全重点单位每年至少监督检查(　　)次。

A. 1　　　　　B. 2　　　　　C. 3　　　　　D. 4

答案：A

534. 公安派出所日常消防监督检查的范围由(　　)、派出所工作主管部门共同研究拟定。

A. 省级公安机关　　B. 省人民政府　　C. 市人民政府　　D. 市消防救援机构

答案：A

535. 当 A 类火灾配置场所是轻危险级时，每具灭火器最小配置灭火级别为(　　)。

A. 5A　　　　　B. 3A　　　　　C. 2A　　　　　D. 1A

答案：D

536. 举办大型群众性活动，承办人应当依法向(　　)申请安全许可。

A. 消防救援机构　　B. 公安机关　　C. 辖区人民政府　　D. 安监部门

答案：B

537. 消防救援机构确定本辖区消防安全重点单位后，由应急管理部门报(　　)备案。

A. 上级消防救援机构　　　　　　　B. 本级人民政府

C. 上级应急部门　　　　　　　　　　　　D. 上级人民政府

答案：B

538. 行政复议申请人可以在知道具体行政行为之日起(　　)内提出行政复议。

A. 7 日　　　　　B. 15 日　　　　　C. 30 日　　　　　D. 60 日

答案：D

539. 室外消防给水管网应布置成环状，当室外消防用水量(　　)时，可布置成枝状。

A. 小于 15 L/s　　　　　　　　　　B. 小于等于 15 L/s

C. 小于 20 L/s　　　　　　　　　　D. 小于等于 20 L/s

答案：B

540. 地下、半地下建筑的耐火等级应为(　　)。

A. 一级　　　　　B. 二级　　　　　C. 三级　　　　　D. 四级

答案：A

541. 有爆炸危险的甲、乙类厂房的总控制室设置宜(　　)。

A. 贴邻　　　　　B. 独立　　　　　C. 在厂房内　　　　　D. 没有要求

答案：B

542. 有粉尘爆炸危险的筒仓，其(　　)应设置必要的泄压设施。

A. 墙体　　　　　B. 楼板　　　　　C. 顶部盖板　　　　　D. 地面

答案：C

543. 临时查封应当自检查之日起(　　)内制作和送达临时查封决定。

A. 24 小时　　　　　B. 3 个工作日　　　　　C. 5 个工作日　　　　　D. 7 个工作日

答案：B

544. 一类高层民用建筑内的商场营业厅，其吊顶应采用(　　)。

A. 可燃材料　　　　　B. 难燃材料　　　　　C. 易燃材料　　　　　D. 不燃材料

答案：D

545. 封闭火灾现场，消防救援机构应当在火灾现场对封闭的(　　)和要求等予以公告。

A. 范围、时间　　　B. 时间、人员　　　C. 人员、地点　　　D. 地点、范围

答案：A

546. 临时查封期限不得超过(　　)。

A. 20 日　　　　　B. 30 日　　　　　C. 15 日　　　　　D. 10 日

答案：B

547. 消防救援机构实施消防监督检查时，检察人员不得少于两人，并(　　)。

A. 按规定着装　　　　　　　　　　B. 出示执法身份证件

C. 按规定填写检查记录　　　　　　D. 如实记录检查情况

答案：B

548. 消防救援机构根据本地区火灾规律、特点等消防安全需要组织(　　)。

A. 培训教育　　　　　B. 预案制作　　　　　C. 防灾演练　　　　　D. 监督抽查

答案：D

549. (　　)不是划分防烟分区的措施。

A. 挡烟垂壁　　　　　　　　　　　　B. 隔墙

C. 隔断   D. 从顶棚下突出不小于 0.5 m 的梁

答案：C

550. (　　)领导全国消防工作。

A. 国务院   B. 国务院办公厅

C. 应急管理部   D. 应急管理部消防救援局

答案：A

551. 民政部门应履行的职责不包括(　　)。

A. 完善社区内火灾隐患监督和举报机制

B. 将消防安全教育培训工作纳入减灾规划并组织实施，结合救灾、扶贫济困和社会优抚安置、慈善等工作开展消防安全教育

C. 指导社区居民委员会、村民委员会和各类福利机构开展消防安全教育培训工作

D. 负责消防安全专业培训机构的登记，并实施监督管理

答案：A

552. 教育行政部门应履行的职责不包括(　　)。

A. 指导和监督学校将消防安全知识纳入教学内容

B. 将消防安全知识纳入学校管理人员和教师在职培训内容

C. 依法在职责范围内对消防安全专业培训机构进行审批和监督管理

D. 定期组织学校汇同消防救援机构进行消防教育、演练

答案：D

553. 社区居民委员会、村民委员会应当确定(　　)专(兼)职消防安全员，具体负责消防安全宣传教育工作。

A. 两名   B. 至少两名   C. 一名   D. 至少一名

答案：D

554. 在具有火灾危险的场所使用明火，情节严重的，(　　)。

A. 处五日以上十五日以下拘留   B. 处五日以下拘留

C. 处十五日以下拘留   D. 处五日以上十日以下拘留

答案：B

555. 个人拆除消防器材应(　　)。

A. 警告并处五百元以下罚款   B. 处五百元以下罚款

C. 处警告   D. 处警告或者五百元以下罚款

答案：D

556. (　　)应当充分发挥火灾扑救和应急救援专业力量骨干作用。

A. 消防救援队   B. 专职消防队

C. 志愿消防队   D. 消防救援队、专职消防队

答案：D

557. 人员密集场所室内装修、装饰，应当按照消防技术标准的要求使用(　　)材料。

A. 不燃、难燃   B. 不燃、阻燃

C. 难燃、阻燃   D. 阻燃

答案：A

558. 单位专职消防队、志愿消防队参加扑救外单位火灾所损耗的燃料、灭火剂和器材、装备等，由( )给予补偿。

    A. 火灾发生单位　　　　　　　　　　B. 火灾发生地人民政府

    C. 火灾发生地消防部门　　　　　　　D. 本单位

    答案：B

559. 各类集贸市场应当建立( )消防队。

    A. 专职　　　　B. 志愿　　　　C. 应急　　　　D. 均建立

    答案：B

560. 集贸市场内经营者使用的电气线路和用电设备，必须统一由主办单位委托( )。

    A. 电力部门安装　　　　　　　　　　B. 产权单位安装

    C. 具有资格的施工单位安装　　　　　D. 懂专业知识的人安装

    答案：C

561. 集贸市场内的电源开关、插座等，应安装在封闭式的配电箱内，且配电箱应当采用( )制作。

    A. 不燃或难燃材料　B. 木质材料　　C. 难燃材料　　D. 不燃材料

    答案：D

562. 未确定本单位消防安全管理人的单位，实施和组织规定的消防安全管理工作由( )负责。

    A. 各级消防安全责任人　　　　　　　B. 各岗位消防安全责任人

    C. 单位消防安全责任人　　　　　　　D. 专、兼职消防管理人员

    答案：C

563. 法人单位的法定代表人或者非法人单位的主要负责人是单位的( )，对单位的消防安全工作全面负责。

    A. 消防安全责任人　　　　　　　　　B. 消防安全管理人

    C. 消防安全检查人　　　　　　　　　D. 专、兼职消防管理人员

    答案：A

564. 储备可燃的重要物资的大型仓库、基地和火灾危险性较大、距当地消防救援队较远的其他大型仓库，应按有关规定建立( )。

    A. 消防救援队　　B. 专职消防队　　C. 群众消防队　　D. 政府消防队

    答案：B

565. 消防安全重点单位应当确定除( )以外的人员。

    A. 消防安全责任人　　　　　　　　　B. 消防安全管理人

    C. 专、兼职的消防管理人员　　　　　D. 安全生产主任

    答案：D

566. 除另有规定外，建筑工程施工现场的消防安全由( )负责。

    A. 建设单位　　B. 设计单位　　C. 施工单位　　D. 监理单位

    答案：C

567. 居民住宅区的物业管理单位应当在管理范围内履行除( )外的消防安全职责。

    A. 制定消防安全制度，落实消防安全责任，开展消防安全宣传教育

B. 开展防火检查，消除火灾隐患

C. 保障疏散通道、安全出口、消防车通道畅通

D. 根据消防法规的规定建立义务消防队

答案：D

568. 下面属于单位的消防安全责任人应当履行的消防安全职责的有(　　)。

A. 组织防火检查，督促落实火灾隐患整改

B. 拟订年度消防工作计划，组织实施日常消防安全管理工作

C. 组织制定消防安全制度和保障消防安全的操作规程并检查督促其落实

D. 拟订消防安全工作的资金投入和组织保障方案

答案：A

569. 消防车通道、涉及公共消防安全的疏散设施和其他建筑消防设施应当由(　　)统一管理。

A. 产权单位或者委托管理的单位　　　　　B. 消防救援机构

C. 市政园林部门　　　　　　　　　　　　D. 规划部门

答案：A

570. 公众聚集场所在营业期间的防火巡查应当至少(　　)一次。

A. 每日　　　　　B. 每半小时　　　　　C. 每 1 小时　　　　　D. 每 2 小时

答案：D

571. 欧姆定律表示(　　)。

A. 电流与电压成正比　　　　　　　　　　B. 电流与电阻成反比

C. 电流、电压、电阻三者的关系　　　　　D. 电压不变时，电流与电阻成正比

答案：C

572. 停电操作时，正确的操作顺序是(　　)。

A. 先断开断路器，后拉开隔离开关　　　　B. 先拉开隔离开关，后断开断路器

C. 先接地，再断开断路器　　　　　　　　D. 先接地，再拉开隔离开关

答案：A

573. 带电灭火时，水枪的喷嘴处要安装接地线，可用截面积为(　　)、长度为 20~30 m 的软芯线；接地棒用截面积不少于 30 mm²、长度大于 1 m 的无锈痕铁棒，其埋地深度应不少于 0.6 m。

A. 1~2.5 mm²　　　　　　　　　　　　　B. 2.5~6 mm²

C. 0.5~1 mm²　　　　　　　　　　　　　D. 0.25~1 mm²

答案：B

574. 架空线路等空中电力设备发生火灾时，扑救人员与带电体之间的仰角不应超过(　　)，且应站在线路外侧防止设备掉落时伤害扑救人员。

A. 45°　　　　　B. 30°　　　　　C. 60°　　　　　D. 90°

答案：A

575. 充油设备着火时，应立即切断电源，如外部局部着火时，可用(　　)灭火器材灭火。

A. 二氧化碳、干粉　　B. 水　　　　　C. 泡沫　　　　　D. 沙

答案：A

576. 党的工作最坚实的力量支撑在(   )，经济社会发展和民生最突出的矛盾和问题也在(   )。

    A. 农村，农村   B. 社区，社区   C. 基层，基层   D. 镇街，镇街

    答案：C

577. "各类资源配置要向基层和(   )工作领域倾斜，确保基层党组织和广大干部有资源、有能力为群众服务。"

    A. 农村   B. 社区   C. 街道   D. 基础

    答案：D

578. 中国(   )已经转化为人民日益增长的美好生活的需要和不平衡不充分的发展之间的矛盾。

    A. 社会主要矛盾   B. 基本社会矛盾

    C. 社会矛盾的主要方面   D. 人民内部矛盾

    答案：A

579. 深入推进(   )，不断坚持和完善中国特色社会主义制度，推进国家治理体系和治理能力现代化。

    A. 改革开放   B. 创新发展   C. 社会建设   D. 平安建设

    答案：A

580. 统筹安全与发展，建设更高水平的(   )。

    A. 法治中国   B. 健康中国   C. 美丽中国   D. 平安中国

    答案：D

581. 根据有关法律规定，下列不能由地方性法规设立的行政处罚是(   )。

    A. 罚款   B. 没收非法财物   C. 责令停产停业   D. 吊销营业执照

    答案：D

582. 个体户李某经营的饭店违反消防安全规定，被消防救援机构罚款 3000 元，李某不服，提起行政诉讼。关于本案，正确的做法是(   )。

    A. 消防救援机构作出处罚决定前，进行了听证

    B. 李某逾期无正当理由不履行行政处罚决定，由作出行政处罚决定的消防救援机构强制执行

    C. 李某逾期无正当理由不履行行政处罚决定，每日按罚款数额的 3% 加处罚款，直至李某履行处罚决定之日止

    D. 李某提起行政诉讼，对其的行政处罚决定应当停止执行

    答案：A

583. 下列关于行政委托与授权的不同之处，表述错误的是(   )。

    A. 被授权组织行使一定的行政职权，受委托组织不行使

    B. 被授权组织可以以自己的名义行使行政职权，受委托组织不能

    C. 被授权组织通常为行政机关以外的组织，受委托组织可以是行政机关

    D. 被授权组织对自己的行为承担法律责任，受委托组织的行为由委托组织承担法律责任

    答案：A

584. 某街道办事处受市消防救援支队的委托进行消防执法，街道办事处执法办公室工作人员对某企业违反消防安全管理规定作出了行政处罚，这里的行政处罚主体是(　　)。

    A. 街道办事处

    B. 街道办执法办公室

    C. 市消防救援支队

    D. 实施处罚的街道办事处执法办公室工作人员

    答案：C

585. 关于行政处罚的决定，下列哪一选项是不正确的？(　　)

    A. 违法行为轻微，不予行政处罚

    B. 违法事实不能成立的，不予行政处罚

    C. 行政机关负责人应当对调查结果进行审查

    D. 违法行为涉嫌犯罪的，移送司法机关

    答案：A

586. 应急管理部消防救援局将每年11月确定为(　　)。

    A. 消防宣传月　　　　　　　　　B. 消防安全宣传月

    C. 消防月　　　　　　　　　　　D. 消防安全月

    答案：A

587. 按照国务院新媒体管理的有关规定，大队级单位最多可开设(　　)新媒体账号。

    A. 1个　　　　　B. 2个　　　　　C. 3个　　　　　D. 原则上不得开设

    答案：D

588. 《社会单位灭火和应急疏散预案编制及实施导则》(GB/T 38315—2019)规定，预案编制完成后，(　　)应组织有关部门和人员，依据国家有关方针政策、法律法规、规章制度以及其他有关文件对预案进行评审。

    A. 当地政府　　　　　　　　　　B. 行业主管部门

    C. 消防救援部门　　　　　　　　D. 单位主要负责人

    答案：D

589. 广东省消防救援总队《进一步加强消防宣传工作的意见》规定，大队专职宣传人员不应少于(　　)人。

    A. 3　　　　　　B. 4　　　　　　C. 5　　　　　　D. 6

    答案：B

5.1.2　多选题

590. (　　)属于开式自动喷水灭火系统。

    A. 预作用自动喷水灭火系统　　　B. 雨淋系统

    C. 水幕系统　　　　　　　　　　D. 水喷雾灭火系统

    E. 重复启闭自动喷水灭火系统

    答案：BCD

591. 消防控制室的值班人员每日应检查火灾报警控制器的(　　)等功能。

A. 自检、消音   B. 复位

C. 故障报警   D. 巡检

E. 主电源、备用电源

答案：ABCDE

592. 消防控制设备对室内消火栓系统应有( )等控制、显示功能。

A. 控制消防水泵的启、停   B. 显示启泵按钮的位置

C. 显示消防水泵的工作、故障状态   D. 显示消火栓栓口的出水压力

E. 显示消防水箱的水位

答案：ABC

593. 消防控制室设计应符合( )等规定。

A. 门应向疏散方向开启，且入口处应设明显的标志

B. 在送、回风管穿墙处应设防火阀

C. 严禁与其无关的电气线路及管路穿过

D. 周围不应布置电磁场干扰较强及其他影响消防控制设备工作的设备用房

E. 应设气体灭火系统

答案：ABCD

594. 洒水喷头按安装方式可分为( )喷头。

A. 下垂型   B. 直立型

C. 普通型   D. 边墙型

E. 落地型

答案：ABD

595. 湿式报警阀组的作用是( )。

A. 接通或关断水流   B. 发出声响警报

C. 防止管网水倒流   D. 启动消防水泵

E. 喷水

答案：ABCD

596. 湿式喷水灭火系统是由( )等组成。

A. 闭式喷头   B. 管道系统

C. 湿式报警阀组   D. 水流报警装置

E. 供水设施

答案：ABCDE

597. 火灾自动报警系统传输线路应采取( )保护方式布线。

A. 穿金属管   B. 线槽

C. 穿半硬质塑料管   D. 封闭式线槽

E. 穿经阻燃处理的硬质塑料管

答案：ADE

598. ( )等场所不宜采用离子感烟探测器。

A. 气流速度大于 5 m/s   B. 有电气火灾危险

C. 有大量粉尘滞留   D. 有大量水雾滞留

E. 在正常情况下有烟滞留

答案：ACDE

599. 火灾报警后，消防控制设备对防烟、排烟设施应有(　　)等控制、显示功能。

A. 停止有关部位的空调送风，关闭电动防火阀，并接收其反馈信号

B. 关闭有关部位的防火门、防火卷帘，并接收其反馈信号，按顺序接通火灾警报装置和火灾应急广播

C. 启动有关部位的防烟、排烟风机和排烟阀等，并接收其反馈信号

D. 发出控制信号，强制电梯全部停在首层，并接收其反馈信号

E. 控制挡烟垂壁等防烟设施

答案：ACE

600. 在火灾自动报警系统中，自动或手动产生火灾报警信号的器件称为触发器件，主要包括(　　)。

A. 典型火灾探测器　　　　　　　　B. 手动火灾报警按钮

C. 消火栓启泵按钮　　　　　　　　D. 线型火灾探测器

E. 消防电梯控制按钮

答案：ABCD

601. 控制中心报警系统是由(　　)等组成的火灾报警系统。

A. 消防控制室的消防控制设备　　　B. 报警阀组

C. 集中报警控制器　　　　　　　　D. 区域报警控制器

E. 火灾探测器

答案：ACDE

602. 火灾探测器按其响应火灾参数不同，分成(　　)和复合火灾探测器五种基本类型。

A. 感温火灾探测器　　　　　　　　B. 感烟火灾探测器

C. 红外火焰探测器　　　　　　　　D. 可燃气体探测器

E. 感光火灾探测器

答案：ABDE

603. 火灾自动报警系统一般由(　　)四部分组成，复杂系统还包括消防控制室。

A. 闭式喷头　　　　　　　　　　　B. 电源

C. 触发器件　　　　　　　　　　　D. 火灾报警控制装置

E. 火灾警报装置

答案：BCDE

604. 某场所相对湿度长期大于95%，温度低于0 ℃，下列探测器中哪些不宜选用？(　　)

A. 离子感烟探测器　　　　　　　　B. 光电感烟探测器

C. 火焰探测器　　　　　　　　　　D. 差温探测器

E. 感温探测器

答案：AC

605. 在进行建筑内部装修时，建筑内的消火栓(　　)。

A. 其门不应被装饰物遮掩

B. 其门四周的装修材料颜色应与消火栓门的颜色有明显区别

C. 可以移动消火栓箱的位置

D. 可以用消火栓来打扫卫生

答案：AB

606. ( )场所的内部所有装修应采用 A 级装修材料。

A. 消防水泵房   B. 排烟机房

C. 中央控制室   D. 大型电子计算机房

E. 配电房

答案：ABE

607. ( )等应按其通过人数每 100 人不小于 1 m 计算。

A. 设置在地下或半地下的人员密集的厅、室以及歌舞娱乐场所的安全出口宽度

B. 一、二级耐火等级的 4 层教学楼的疏散楼梯净宽度

C. 高层民用建筑中设有固定座位的观众厅内的疏散走道的净宽度

D. 高层民用建筑内走道的净宽

E. 高层民用建筑疏散楼梯间及其前室的门的净宽度

答案：ABDE

608. 消防电梯应符合下列( )要求。

A. 消防电梯间应设前室

B. 消防电梯应分别设在不同的防火分区内

C. 消防电梯前室的门，应采用乙级防火门

D. 消防电梯的载重量不应小于 1000 kg

E. 应在首层消防电梯入口处设置供消防队员专用的操作按钮

答案：ABCE

609. 高层民用建筑消防电梯的设置要求为( )。

A. 消防电梯应分别设在不同的防火分区内

B. 消防电梯间应设前室，消防电梯间前室的门，应采用乙级防火门

C. 消防电梯间前室宜靠外墙设置，在首层应设直通室外的出口或经过长度不超过 30 m 的通道通向室外

D. 消防电梯的载重量不应少于 800 kg

E. 消防电梯的行驶速度，应按从首层到顶层的运行时间不超过 60 s 计算确定

答案：ABCDE

610. 哪些高层民用建筑应设消防电梯？( )

A. 一类公共建筑   B. 塔式住宅

C. 12 层及 12 层以上的单元式住宅   D. 12 层及 12 层以上的通廊式住宅

E. 高度超过 32 m 的其他二类公共建筑

答案：AE

611. 下列( )场所的应急照明，应能保证正常照明的照度。

A. 消防控制室   B. 疏散走道

C. 消防水泵房   D. 配电室和自备发电机房

E. 防排烟机房

答案：ACDE

612. 贯通中庭的各层应按一个防火分区考虑，当其面积大于上述防火分区的建筑面积要求时，应采取(　　)防火措施。

A. 房间与中庭相通的门、窗，应采用火灾时能自行关闭的甲级防火门、窗

B. 与中庭相通的过厅、通道等，可用耐火极限不低于 3 h 的防火卷帘分隔

C. 高层建筑中庭每层回廊应设自动喷水灭火系统

D. 高层建筑中庭每层回廊应设火灾自动报警系统

E. 中庭应设置排烟设施

答案：ABCDE

613. 防火门在设置上有(　　)。

A. 防火门应为向疏散方向开启的平开门，并在关闭后应能从任何一侧手动开启

B. 用于疏散走道的防火门，应具有自行关闭的功能

C. 用于楼梯间和前室的防火门，应具有自行关闭的功能

D. 双扇和多扇防火门，应具有按顺序关闭的功能

E. 常开的防火门，当发生火灾时，应具有自行关闭和信号反馈的功能

答案：ABCDE

614. 对地下室、半地下室的楼梯间有(　　)安全要求。

A. 地下室、半地下室的楼梯间，在首层应采用耐火极限不低于 2.00 h 的隔墙与其他部位隔开并应直通室外

B. 当必须在隔墙上开门时，应采用不低于乙级的防火门

C. 地下室或半地下室与地上层不应共用楼梯间

D. 当地下室或半地下室与地上层必须共用楼梯间时，应在首层与地下或半地下层的出入口处，设置耐火极限不低于 2.00 h 的隔墙和乙级防火门隔开

E. 出入口处设置隔墙和乙级防火门隔开并应有明显标志

答案：ABCDE

615. 楼梯间及防烟楼梯间前室设置门、窗、洞口及管道有(　　)要求。

A. 楼梯间及防烟楼梯间前室的内墙上，除开设通向公共走道的疏散门外，不应开设其他门、窗、洞口

B. 楼梯间及防烟楼梯间前室内不应敷设可燃气体管道

C. 楼梯间及防烟楼梯间前室内不应敷设甲、乙、丙类液体管道

D. 居住建筑内的煤气管道不应穿过楼梯间，当必须局部水平穿过楼梯间时，应穿钢套管保护，并应符合现行国家标准的有关规定

E. 楼梯间及防烟楼梯间前室内不应有影响疏散的突出物

答案：ABCDE

616. 建筑高度超过 100 m 的公共建筑，应设置避难层，避难层应符合(　　)规定。

A. 两个避难层之间的高度不宜超过 50 m

B. 通向避难层的防烟楼梯应在避难层分隔、同层错位或上下层断开

C. 避难层的净面积应能满足设计避难人数避难的要求，并宜按 5 人/m^2 计算

D. 避难层应设消防电梯出口；避难层应设消防专线电话，并应设有消火栓和消防卷盘

E. 避难层应设有应急广播和应急照明，其供电时间不应小于 1.50 h，照度不应低于 3.00 lx

答案：ABCDE

617. 高层建筑内设置剪刀梯时，有(   )要求。

A. 剪刀楼梯间应为防烟楼梯间

B. 剪刀楼梯的梯段之间，应设置耐火极限不低于 1.00 h 的实体墙分隔

C. 剪刀楼梯的梯段之间，应设置耐火极限不低于 2.00 h 的实体墙分隔

D. 剪刀楼梯应分别设置前室

E. 塔式住宅确有困难时可设置一个前室，但两座楼梯应分别设加压送风系统

答案：ABDE

618. 设在高层建筑内的自动灭火系统的设备室、通风、空调机房的结构有(   )要求。

A. 应采用耐火等级不低于 2.00 h 的隔墙与其他部位隔开

B. 应采用耐火等级不低于 2.50 h 的隔墙与其他部位隔开

C. 应采用耐火等级不低于 1.50 h 的楼板与其他部位隔开

D. 应采用耐火等级不低于 1.00 h 的楼板与其他部位隔开

E. 应采用甲级防火门与其他部位隔开

答案：ACE

619. 高层民用建筑中设有上下连通敞开楼梯、自动扶梯等开口时，防火分区应按(   )原则划分。

A. 按上下连通层作为一个防火分区，其最大允许建筑面积之和不应超过规范规定

B. 规范没有明确规定上下连通层防火分区叠加计算

C. 当上下开口部位设有耐火极限大于 2.00 h 的防火卷帘或水幕等分隔设施时，其面积可不叠加计算

D. 当上下开口部位设有耐火极限大于 3.00 h 的防火卷帘分隔并加水幕保护时，其面积可不叠加计算

E. 当上下开口部位设有耐火极限大于 3.00 h 的防火卷帘或水幕等分隔设施时，其面积可不叠加计算

答案：AE

620. 高层民用建筑内设置防火墙应符合(   )规定。

A. 防火墙不宜设在 U、L 形等高层建筑的内转角处

B. 当设在转角附近时，内转角两侧墙上的门、窗、洞口之间最近边缘的水平距离不应小于 4.00 m；当相邻一侧装有固定乙级防火窗时，距离可不限

C. 紧靠防火墙两侧的门、窗、洞口之间最近边缘的水平距离不应小于 2.00 m，当相邻一侧装有固定乙级防火窗时，距离可不限

D. 防火墙上不应开设门、窗、洞口，当必须开设时，应设置不可开启或火灾时能自行关闭的甲级防火门、窗

E. 输送可燃气体和甲、乙、丙类液体的管道，严禁穿越防火墙

答案：ABCDE

621. 民用建筑设置室内消火栓应符合(　　)规定。

A. 消火栓应设在走道、楼梯附近等明显易于取用的地点，消火栓的间距应保证同层任何部位有两个消火栓的水枪充实水柱同时到达

B. 消火栓的水枪充实水柱应通过水力计算确定，高层建筑不应小于1 m

C. 消火栓的间距应由计算确定，且高层建筑不应大于30 m

D. 消火栓栓口离地面高度宜为1.1 m，栓口出水方向宜向下或与设置消火栓的墙面相垂直

E. 消火栓栓口的动压不应大于0.5 MPa，大于0.7 MPa时必须设减压装置

答案：ABCDE

622. 下列(　　)等地方应设置防火阀。

A. 通风空调系统风管穿越楼板处

B. 通风空调系统风管穿越防火墙处

C. 送、回风总管穿越通风、空气调节机房的隔墙和楼板处

D. 建筑中每层水平送、回风管道与垂直风管交接处的水平管段上

E. 风管穿越建筑物变形缝处的两侧

答案：ABCDE

623. 下列(　　)属防火分隔物。

A. 防火墙　　　　　　　　　　　　B. 挡烟垂壁

C. 防火门　　　　　　　　　　　　D. 防火窗

E. 防火卷帘

答案：ACDE

624. 民用建筑内观众厅、会议厅、多功能厅等人员密集场所，宜设在首层或二、三层，必须设在其他楼层时，应符合下列规定(　　)。

A. 一个厅、室的面积不宜超过400 m²

B. 一个厅、室的安全出口不应少于两个

C. 设置在高层建筑时，应设置火灾自动报警系统和自动喷水灭火系统

D. 设置在地下时，宜设置在地下一层

E. 设置在地下时，不应设置在地下三层及以下

答案：ABCDE

625. 在地下建筑内设置公共娱乐场所除需符合有关消防技术规范的要求外，还应符合(　　)要求。

A. 只允许设在地下一层

B. 通往地面的安全出口不应少于2个

C. 应当设置机械防烟排烟设施

D. 应当设置火灾自动报警系统和自动喷水灭火系统

E. 严禁使用液化石油气

答案：ABCDE

626. 易燃、可燃液体的火灾危险性可分为(　　)。

A. 甲类　　　　　　　　　　　　　B. 乙类

C. 丙类   D. 丁类

E. 戊类

答案：ABC

627. 民用建筑的消防控制室宜设在(　　　)，且应采用耐火极限不低于(　　　)h 的隔墙和(　　　)h 的楼板与其他部位隔开，并应设直通室外的安全出口。

A. 首层，2，1.5   B. 地下一层，2，1.5

C. 地下一层，1.5，1   D. 地上二层，1.5，1

E. 首层，2，1

答案：AB

628. 民用建筑的地下商业营业厅、展览厅等，当设有火灾自动报警系统和自动灭火系统，且采用(　　　)级材料装修时，防火分区的最大允许建筑面积可达(　　　)m²。

A. A，4000   B. A 或 B1，4000

C. A 或 B1，2000   D. A，2000

E. B1，2000

答案：CDE

629. 设有室内消火栓给水泵系统的建筑物屋顶设置试验和检查用的消火栓，其作用为(　　　)。

A. 保护本建筑物免遭邻近建筑火灾的威胁   B. 增强管网的供水能力

C. 试验、检查消火栓给水系统的供水能力   D. 试验、检查管网运行情况

E. 定期启动消防泵

答案：ACD

630. 自动喷水灭火系统报警阀的技术要求是(　　　)。

A. 报警阀应安装在明显且便于操作的地点

B. 报警阀距离地面高度一般为 1.2 m 左右

C. 报警阀两侧距墙不小于 0.5 m，正面距墙不小于 1.2 m

D. 报警阀一般设置在水泵接合器前

E. 安装报警阀的室内地面应采取排水措施

答案：ABCE

631. 高压消火栓和低压消火栓的布置间距分别不应超过(　　　)m。

A. 60   B. 120

C. 150   D. 180

E. 220

答案：AB

632. 下列说法正确的是(　　　)。

A. 防火阀安装在通风空调系统管道上，动作温度为 90 ℃

B. 设置在风机入口处的排烟防火阀，当温度超过 280 ℃时阀门自动关闭，而排烟机则停止工作

C. 一类高层建筑其防火分区面积最大为 1500 m²

D. 设在疏散通道上的防火卷帘，应在卷帘的两侧设置启闭装置，并应具有自动、手动

和机械控制的功能

E. 高层建筑内会议厅建筑面积不应超过 400 m^2

答案：BCD

633. C 类火灾和带电火灾可以采用的灭火器是(   )。

A. 扑救 　　　　　　　　　　B. 泡沫

C. 卤代烷 　　　　　　　　　　D. 碳酸铵盐干粉

E. 硫酸氢钠干粉

答案：CD

634. 对于单层、多层民用建筑内部，下列装修采用 A 级的是(   )。

A. 建筑面积为 1200 m^2 的候机楼大厅墙面　B. 建筑面积为 1200 m^2 的火车站墙面

C. 有 200 个座位的大学教室墙面　　D. 有 4000 个座位的体育馆墙面

答案：AD

635. 防烟分区可采用不同方法划分，下列可采用的有(   )。

A. 按用途划分 　　　　　　　　B. 按面积划分

C. 按房间布局划分 　　　　　　D. 按楼层划分

E. 按高度划分

答案：ABD

636. 下列可能影响建筑之间的防火间距的有(   )。

A. 辐射热 　　　　　　　　　　B. 热对流

C. 风速 　　　　　　　　　　　D. 灭火时间

E. 温度

答案：ABCD

637. 判断建筑构件的耐火极限应看构件是否失去(   )。

A. 完整性 　　　　　　　　　　B. 绝热性

C. 承载能力 　　　　　　　　　D. 防火保护

E. 绝缘性

答案：ABC

638. 当(   )任一项出现时，表明试件达到耐火极限。

A. 失去完整性 　　　　　　　　B. 失去稳定性

C. 失去隔热性 　　　　　　　　D. 梁或板构件的最大挠度超过 $l/20$(mm)

E. 柱构件轴向变形大于 $h/100$(mm)

答案：ABCDE

639. 不燃烧体构件在空气中遇明火或在高温作用下(   )。

A. 不起火 　　　　　　　　　　B. 不微燃

C. 难微燃 　　　　　　　　　　D. 不炭化

E. 难炭化

答案：ABD

640. 建筑物按结构形式可分为(   )。

A. 木结构 　　　　　　　　　　B. 砖木结构

C. 砖混结构   D. 钢筋混凝土结构

E. 钢结构

答案：ABCDE

641. 安全疏散包括确定(　　)等。

A. 安全出口数量和宽度   B. 楼梯形式

C. 疏散距离和宽度   D. 设置疏散指示标志

E. 火灾自动报警类型

答案：ABCD

642. 宾馆和饭店的火灾危险性有(　　)。

A. 大量的装饰装修材料和家具陈设都采用木材、塑料和棉麻丝毛以及其他可燃材料，
增加了建筑内的火灾荷载

B. 楼梯间电梯井、管道井、电缆井、垃圾道等竖井林立，如同一座座大烟囱

C. 宾馆饭店中大多数是暂住的旅客，他们对建筑内的环境情况、疏散设施不熟悉

D. 建筑防火条件差

答案：ABC

643. (　　)必须设置在城市的边缘或者相对独立的安全地带。

A. 生产易燃易爆危险物品的工厂 B. 易燃易爆气体充装站

C. 装卸易燃易爆危险物品的专用车站码头 D. 易燃易爆液体供应站

答案：AC

644. 商场的火灾危险性有(　　)。

A. 营业厅面积大   B. 可燃商品多

C. 人员聚集   D. 电气照明设备多

答案：ABCD

645. 商场的主要防火要求有(　　)。

A. 新建商场的耐火等级一般不应低于二级

B. 柜台分组布置时，组与组之间的距离不小于 3 m

C. 防火卷帘下部不能摆设柜台堆放货物影响卷帘门的降落

D. 地下商场严禁经营销售烟花爆竹、发令枪纸、汽油、煤油、酒精、油漆等易燃商品

答案：ABCD

646. 集贸市场的火灾危险性有(　　)。

A. 建筑防火条件差   B. 可燃商品多

C. 人员密集   D. 用火用电用气量大

E. 防火安全管理薄弱

答案：ABCDE

647. 发生火灾时有关单位应履行如下责任(　　)。

A. 发生火灾的单位必须立即组织力量扑灭火灾

B. 火灾邻近单位应给予支援

C. 人员密集场所发生火灾时，该场所的现场工作人员应当立即组织引导在场人员
疏散

D.任何单位、个人都应当无偿为报警提供便利,不得阻拦报警

E.任何单位都有参加有组织的灭火工作的义务

答案:ABCD

648.(　　)等粉尘可能发生爆炸。

A.硫黄 　　　　　　　　　　　　B.铝粉

C.有烟煤粉 　　　　　　　　　　D.松香

E.硬质橡胶

答案:ABCDE

649.消防安全重点单位的消防安全职责,不同于一般单位的有(　　)。

A.确定消防安全管理人,组织实施本单位的消防安全管理工作

B.建立消防档案,确定消防安全重点部位,设置防火标志,实行严格管理

C.实行每日防火巡查,并建立巡查记录

D.定期组织消防安全培训和消防演练

答案:ABCD

650.某市消防救援支队监督员有下列(　　)行为之一,尚不构成犯罪的,依法给予处分。

A.发现某宾馆自动喷水灭火系统严重故障未通知该单位整改

B.某超市安全出口数量严重不足,未依法采取临时查封措施

C.无故拖延、逾期办理公众聚集场所营业前消防安全检查

D.利用职务指定消防技术服务机构

答案:ABCD

651.某医院的门诊大楼进行室内装修,应当按照消防技术标准的要求,使用(　　)材料。

A.易燃 　　　　　　　　　　　　B.可燃

C.不燃 　　　　　　　　　　　　D.难燃

答案:CD

652.下列属于某消防救援大队实施行政强制措施范围的是(　　)。

A.甲歌厅在疏散楼梯内设置更衣柜,经责令改正拒不改正

B.乙工厂在两个车间防火间距内搭建仓库,经责令改正拒不改正

C.丙大楼在消防车通道上设置固定障碍物,妨碍消防车通行

D.丁超市逾期不执行该市消防救援支队作出的责令停产停业处罚

答案:ABD

653.某消防救援大队在消防监督检查中发现(　　),应当按有关程序报告本级人民政府。

A.某省级经济开发区主要道路两侧未按要求设置室外消火栓

B.日均人流量万余人的某大型综合性服装市场存在重大火灾隐患

C.某综合性医院门诊大楼消防系统瘫痪

D.某三星级酒店火灾报警系统存在故障

答案:ABC

654.下列关于消防宣传职责的表述正确的有(　　)。

A.应急管理部门及消防救援机构应当加强消防法律、法规的宣传,并督促、指导、协助有关单位做好消防宣传教育工作

B. 教育、人力资源行政主管部门、学校、有关职业培训机构应当将消防知识纳入教育、教学、培训的内容

C. 新闻、广播、电视等有关单位，应当有针对性地面向社会进行消防宣传教育

D. 工会、共产主义青年团、妇女联合会等团体应当结合各自工作对象的特点，组织开展消防宣传教育

答案：ABCD

655. 消防救援机构及其工作人员在消防监督检查中有下列情形的，对直接负责的主管人员和其他直接责任人员应当依法给予处分；构成犯罪的，依法追究刑事责任。（   ）

A. 对不符合消防安全条件的公众聚集场所准予消防安全检查合格的

B. 无故拖延消防安全检查，不在法定期限内履行职责的

C. 发现火灾隐患不及时通知有关单位或者个人整改的

D. 利用消防监督检查职权为用户指定消防产品的品牌、销售单位，或者指定消防安全技术服务机构消防设施施工、维修保养单位的

E. 其他滥用职权、玩忽职守、徇私舞弊

答案：ABCDE

656. 下列多层公共建筑的疏散楼梯，除做与开式外廊直接相连的楼梯间外，应采用封闭楼梯间的是（   ）。

A. 医疗建筑、旅馆、老年人照料设施及具有类似使用功能的建筑

B. 设置歌舞娱乐放映游艺场所的建筑

C. 商店、图书馆、展览建筑、会议中心及具有类似使用功能的建筑

D. 5 层及以上的其他建筑

答案：ABC

657. 封闭楼梯间的检查要求有（   ）。

A. 楼梯间宜靠外墙布置，并能直接天然采光和自然通风

B. 首层如将走道和门厅等包括在楼梯间内形成扩大的封闭楼梯间时，须采用乙级防火门等措施与其他走道和房间隔开

C. 除楼梯间的门之外，楼梯间的内墙上不开设其他门、窗、洞口

D. 高层建筑、人员密集的公共建筑、人员密集的多层丙类厂房的封闭楼梯间的门应采用甲级防火门，并向疏散方向开启

E. 楼梯间墙体采用耐火极限不低于 3.00 h 的不燃烧体

答案：ABC

658. 下列关于疏散出口检查内容的叙述中，错误的是（   ）。

A. 公共建筑内各房间疏散门的数量不少于 2 个

B. 公共建筑内的疏散门和住宅建筑户门，其净宽度不小于 1 m

C. 疏散门的形式根据建筑类别、使用性质确定

D. 每个房间相邻的两个疏散门最近边缘之间的水平距离不小于 6 m

E. 除甲、乙类生产车间外，人数不超过 60 人且每道门的平均疏散人数不超过 30 人的房间，其疏散门的开启方向不限

答案：BD

659. 安全出口的数量与(　　)有直接关系。
    A. 建筑物高度
    B. 建筑物层数
    C. 防火分区
    D. 安全出口总宽度
    E. 安全疏散距离
    答案：DE

660. 有关石油化工企业总平面布局，说法正确的是(　　)。
    A. 厂区主要出入口不少于两个，设置在不同方位
    B. 生产区的道路宜采用双车道
    C. 可能散发可燃气体的工艺装置、罐组、装卸区或全厂性污水处理场等设施，在山区或丘陵地区需布置在窝风地带
    D. 工艺装置区、液化烃储罐区、可燃液体的储罐区、装卸区及化学危险品仓库区按规定设置环形消防车通道
    E. 消防站的设置位置应便于消防车迅速通往工艺装置区和罐区，宜位于生产区全年最小频率风向的上风侧且避开工厂主要人流道路
    答案：ABD

661. 下列关于消防车道防火检查的说法，正确的是(　　)。
    A. 消防车道与厂房(仓库)、民用建筑之间不得设置妨碍消防车作业的树木、架空管线等障碍物
    B. 选择车道路面相对较窄部位以及车道4 m净空高度内两侧突出物最近距离处进行测量，以最大宽度确定为消防车道宽度
    C. 选择消防车道正上方距车道相对较低的突出物进行测量，以突出物与车道的垂直高度确定为消防车道净高
    D. 不规则回车场以消防车可以利用场地的内接正方形为回车场地或根据实际设置情况进行消防车通行试验，满足消防车回车的要求
    E. 当消防车道设置在建筑红线外时，需征得相应权属单位同意
    答案：ACDE

662. 常见建筑防火间距的具体测量方法有(　　)。
    A. 建筑与储罐之间的防火间距，按建筑外墙至储罐外壁的最近水平距离测量
    B. 储罐之间的防火间距，按相邻两个储罐外壁的最近距离测量
    C. 堆场之间的防火间距，按两堆场中相邻堆垛外缘的最近水平距离测量
    D. 变压器之间的防火间距，按相邻变压器外壁的最近水平距离测量
    E. 变压器与建筑物、储罐或堆场的防火间距，按变压器外壁至建筑外墙、储罐外壁或相邻堆垛外缘的最近水平距离测量
    答案：ACDE

663. 下列关于民用建筑营业厅设置层数的叙述中，正确的有(　　)。
    A. 不得设置在地下三层及以下楼层
    B. 三级耐火等级建筑内的商店只能设置在二层或首层
    C. 四级耐火等级建筑内的商店只能设置在首层
    D. 不得设置在地下、半地下建筑(室)内

E. 可设在一、二级耐火等级建筑的首层、二层、三层

答案：ABC

664. 当防火间距不足时，可采取的措施有( )。

A. 改变房屋结构的耐火性能，提高建筑物的耐火等级

B. 调整生产厂房的部分工艺流程和库房的储存物品的数量

C. 将建筑物的普通外墙改为防火墙

D. 拆除部分耐火等级低、占地面积小、适用性不强且与新建建筑相邻的原有陈旧建筑物

E. 设置独立的防火墙

答案：BCDE

665. 医院和疗养院防火检查的主要内容有( )。

A. 设置层数   B. 相邻护理单元间的防火分隔

C. 避难间的设置   D. 安全出口的设置

E. 房间的布局

答案：ABC

666. 某消防救援支队在消防监督检查中发现单位存在下列哪些情形，不及时消除隐患可能严重威胁公共安全的，支队可以对危险部位或者场所予以临时查封？ ( )

A. 一酒吧两个安全出口，其中一个被封堵，已不具备安全疏散条件

B. 一商场部分防火卷帘变形严重，下降时不能达到平稳、严密

C. 一地下建筑 KTV 违反消防安全规定，使用、储存易燃易爆危险品

D. 一影城违反消防技术标准，大量采用聚氨酯、木材料装修装饰，可能导致重大人员伤亡

答案：ACD

667. 某消防救援大队对辖区大型展览馆施工工地进行消防监督检查，应当重点检查施工单位( )等内容。

A. 是否制定施工现场消防安全制度、灭火和应急疏散预案

B. 对电焊、气焊等明火作业是否有相应的消防安全防护措施

C. 是否办理施工许可证

D. 是否设有消防车通道并畅通

E. 是否组织员工消防安全教育培训和消防演练

答案：ABDE

668. 公众聚集场所是指( )等场所。

A. 集体宿舍、养老院、托儿所   B. 歌舞厅、影剧院等公共娱乐场所

C. 宾馆、饭店   D. 商场、集贸市场

E. 体育场馆、会堂

答案：BCDE

669. 消防救援机构应当将( )的单位，确定为本行政区域内的消防安全重点单位。

A. 发生火灾可能性较大   B. 一旦发生火灾可能造成人身重大伤亡

C. 发生火灾将造成不良影响   D. 可能造成财产重大损失

E. 经济效益好的单位

答案：ABD

670. 消防救援机构可以依法对(　　)遵守消防法律、法规的情况进行监督检查。

A. 机关 　　　　　　　　　　B. 军事设施

C. 企业 　　　　　　　　　　D. 核电设施

E. 矿井地下部分

答案：AC

671. 下列(　　)室内疏散楼梯均应设置封闭楼梯间。

A. 建筑高度为 32 m 的住宅建筑

B. 建筑高度不超过 24 m 的医院疗养院的病房楼

C. 设有空气调节系统的多层旅馆

D. 建筑高度为 32 m 的高层厂房

E. 公共建筑

答案：ABD

672. 消防救援机构进行监督抽查时,应当检查下列(　　)等内容。

A. 被检查单位的建筑物或者场所是否依法通过了消防机构消防设计审核、消防验收、消防安全检查

B. 建筑物的使用性质是否符合规定

C. 疏散通道、安全出口、疏散指示标志、应急照明、消防车通道、防火防烟分区、防火间距是否符合规定

D. 消防设施运行、消火栓状况及灭火器材配置是否符合规定,以及消防控制室的值班操作人员是否持证上岗

E. 其他需要检查的内容

答案：BCDE

673. 消防机构在消防监督检查时发现具有下列情形之一的,应当确定为重大火灾隐患。(　　)

A. 托儿所、幼儿园的儿童用房以及老年人活动场所,所在楼层位置不符合国家工程建设消防技术标准的规定

B. 甲、乙类生产场所和仓库设置在建筑的地下室或半地下室

C. 擅自改变防火分区,容易导致火势蔓延扩大的

D. 在人员密集场所违反消防安全规定,使用储存易燃易爆危险品

答案：ABD

674. 消防行政处罚一般程序的内容主要包括(　　)。

A. 执行 　　　　　　　　　　B. 调查

C. 告知 　　　　　　　　　　D. 决定

答案：ABCD

675. 室内消火栓外观检查包括(　　)。

A. 消火栓箱应有明显的标志 　　　B. 箱门开关应灵活,开度符合要求

C. 消火栓箱组件齐全完好 　　　　D. 箱门不应被装饰物遮掩

E.启泵按钮应牢固,有透明罩保护

答案:ABCDE

676.设置在疏散通道上,并设有出入口控制系统的防火门,应能(　　)解除出入口控制系统,并有信号反馈。

A.自动　　　　　　　　　　B.现场手动

C.消防控制室手动　　　　　D.破坏性

E.撞击

答案:ABC

677.《建筑设计防火规范(2018年版)》(GB 50016—2014)根据高层民用建筑的(　　)将其分为一、二两类。

A.使用性质　　　　　　　　B.建筑高度

C.结构形式　　　　　　　　D.楼层的使用面积

答案:ABD

678.对由(　　)授权的组织作出的具体行政行为不服提起行政诉讼的,该组织是被告。

A.法律　　　　　　　　　　B.行政规章

C.行政法规　　　　　　　　D.地方性法规

答案:ACD

679.民用建筑的管道井、电缆井应考虑(　　)措施。

A.竖井应分别独立设置

B.井壁上的检查门应采用丙级防火门

C.与房间、走道相连通的孔洞应用防火封堵材料将其空隙填塞密实

D.按相关规定作竖向防火分隔

答案:ABCD

680.城市人民政府应当将包括(　　)等内容的消防规划纳入城市总体规划,并负责组织有关主管部门实施。

A.消防站　　　　　　　　　B.消防安全布局

C.消防供水　　　　　　　　D.建筑内疏散通道

E.消防装备

答案:ABCE

681.建筑高度小于100 m的高层民用建筑内商场的管道井、电缆井,按规定应采取(　　)等防火措施。

A.井壁应为耐火极限不低于1.00 h的不燃烧体

B.管道井、电缆井应分别独立设置

C.每隔2~3层在楼板处用相当于楼板耐火极限的不燃烧体作防火分隔

D.井壁上的检查门应采用丙级防火门

E.管道井、电缆井与商场相连通的孔洞,其空隙应采用不燃烧材料填塞密实

答案:ABDE

682.在地下建筑内设置公共娱乐场所,应当符合(　　)等规定。

A.只允许设在地下一层

B. 通往地面的安全出口不应少于两个，安全出口、楼梯和走道的宽度应当符合有关建筑设计防火规范

C. 应设置机械防排烟

D. 应设置火灾自动报警系统和自动喷水灭火系统

E. 严禁使用液化石油气

答案：ABCDE

683. 下列哪些建筑应设消防电梯？（　　　）

A. 一类高层公共建筑

B. 建筑高度大于 33 m 的住宅建筑

C. 高度超过 32 m 的其他二类高层公共建筑

D. 5 层及以上且总建筑面积大于 3000 m² 的老年人照料设施

答案：ABCD

684. 假设到一危险品仓库检查，请回答下列问题：遇湿易燃物品的主要危险特性是（　　　）。

A. 遇水（湿）发生剧烈化学反应　　　　B. 遇水（湿）放出大量易燃气体

C. 遇水（湿）放出大量热　　　　　　　D. 静电危害性

E. 放射性

答案：ABC

685. 设在多层民用建筑地上二层，建筑面积为 400 m² 的网吧，应符合下列（　　　）等规定。

A. 不应设置在袋形走道的两侧或尽端

B. 一个厅、室的面积不应大于 200 m²

C. 应设自动喷水灭火系统

D. 应设火灾自动报警系统

E. 疏散通道应设置发光疏散指示标志

答案：CDE

686. 防火门的检查应注意（　　　）等方面的内容。

A. 防火门应为向疏散方向开启的平开门，并在关闭后应能从任何一侧手动开启

B. 用于疏散走道楼梯间和前室的防火门，应具有自行关闭的功能

C. 双扇和多扇防火门，应具有按顺序关闭的功能

D. 常开的防火门，当发生火灾时，应具有自行关闭和信号反馈的功能

E. 在变形缝处附近的防火门，应设在楼层数较少的一侧，且门开启后不应跨越变形缝

答案：ABCD

687. 高层民用建筑疏散指示标志的设置应符合（　　　）等要求。

A. 疏散走道的指示标志宜设在疏散走道及其转角处距地面 1 m 以下的墙面上

B. 走道疏散指示标志灯的间距不应大于 20 m

C. 灯光疏散指示标志可用难燃材料制作保护罩

D. 可采用蓄电池作备用电源

E. 安全出口标志宜设在出口的顶部

答案：ABDE

688. 高层民用建筑的（　　）等不应直接设置在可燃装修材料或可燃构件上。

A. 白炽灯
B. 卤钨灯
C. 蓄光自发光型疏散指示标志
D. 镇流器
E. 荧光高压汞灯

答案：ABDE

689. 散发较空气重的可燃气体、可燃蒸气的甲类厂房以及有粉尘、纤维爆炸危险的乙类厂房（　　）。

A. 应采用不产生火花的地面
B. 疏散楼梯应采用封闭楼梯间
C. 采用绝缘材料作整体面层时应采取防静电措施
D. 地面下不宜设地沟
E. 宜采用敞开或半敞开式的厂房

答案：ACD

690. 发生火灾时，有关单位应履行如下责任（　　）。

A. 发生火灾的单位必须立即组织力量扑救火灾
B. 火灾邻近单位应给予支援
C. 公共场所发生火灾时，该人员密集场所的现场工作人员有组织引导在场群众疏散的义务
D. 发生特大火灾时，有关地方人民政府应当组织有关人员调集所需物资支援灭火
E. 任何单位都有参加有组织的灭火工作的义务

答案：ABCE

691. 易燃易爆化学物品的储存应当遵守《仓库防火安全管理规则》，同时还应当符合哪些条件？（　　）

A. 专用仓库货场或其他专用储存设施，必须由经过消防安全培训合格的专人管理
B. 化学性质相抵触或灭火方法不同的易燃易爆化学物品，不得在同一库房内储存
C. 不得超量储存
D. 有符合防火防爆要求的储存经营设施
E. 有消防安全管理制度

答案：ABCDE

692. 按火灾危险性分类，下列属于乙类储存物品的是（　　）。

A. 不属于甲类的氧化剂
B. 助燃气体
C. 28 ℃≤闪点<60 ℃的液体
D. 可燃固体
E. 受撞击摩擦或与氧化剂有机物接触时能引起燃烧或爆炸的物质

答案：ABC

693. 消防控制设备对自动喷水和水喷雾灭火系统应有（　　）等控制、显示功能。

A. 控制系统的启、停
B. 显示消防水泵的工作故障状态
C. 显示末端试水出口压力
D. 显示启泵按钮的位置
E. 显示水流指示器、报警阀、安全信号阀的工作状态

答案：ABE

694. 灯具设置的防火要求为(　　)。

    A. 照明器表面的高温部位靠近可燃物时，应采取隔热散热等防火保护措施

    B. 卤钨灯和额定功率为100 W及100 W以上的白炽灯泡的吸顶灯、槽灯、嵌入式灯的引入线应采用瓷管、石棉、玻璃丝等非燃烧材料作隔热保护

    C. 卤钨灯和额定功率为60 W及60 W以上的白炽灯泡的吸顶灯、槽灯、嵌入式灯的引入线应采用瓷管、石棉、玻璃丝等非燃烧材料作隔热保护

    D. 超过60 W的白炽灯、卤钨灯、荧光高压汞灯(包括镇流器)等不应直接安装在可燃装修材料或可燃构件上

    E. 可燃物品库房不应设置卤钨灯等高温照明器

    答案：ABDE

695. 消防控制室的值班人员每日应检查火灾报警控制器的(　　)等功能。

    A. 自检消音　　　　　　　　　B. 复位

    C. 故障报警　　　　　　　　　D. 巡检

    E. 主电源备用电源

    答案：ABCDE

696. 生产和使用易燃易爆化学物品的企业，要根据所生产和使用物品的种类、性能、生产工艺及规模，设置相应的防火防爆防毒的监测设施和(　　)等安全设施。

    A. 报警　　　　　　　　　　　B. 降温防潮

    C. 通风　　　　　　　　　　　D. 防腐防静电

    E. 隔离操作

    答案：ABCDE

697. 对易燃易爆化学物品储存经营场所建筑防火检查的主要内容有(　　)。

    A. 防火间距　　　　　　　　　B. 防火分隔

    C. 建筑隔热降温　　　　　　　D. 地面材料

    E. 通风

    答案：ABCE

698. 对消防安全重点单位履行法定消防安全职责情况的监督抽查，除检查一般内容外，还应当检查哪些内容？(　　)

    A. 是否确定消防安全管理人

    B. 是否开展每日防火巡查并建立巡查记录

    C. 是否定期组织消防安全培训和消防演练

    D. 是否建立消防档案、确定消防安全重点部位

    答案：ABCD

699. 消防监督检查的形式有(　　)。

    A. 对公众聚集场所在投入使用、营业前的消防安全检查

    B. 对单位履行法定消防安全职责情况的监督抽查

    C. 对举报投诉的消防安全违法行为的核查

    D. 对大型群众性活动举办前的消防安全检查

    E. 根据需要进行的其他消防监督检查

答案：ABCDE

700. 公共娱乐场所有哪些要求？（　　　）

A. 不得设置在文物、古建筑、博物馆、图书馆内

B. 不得毗连重要或危险物品仓库，不得在商店或住宅楼内设置公共娱乐场所

C. 安全出口处不得设置门槛台阶

D. 公共娱乐场所在营业时，必须确保安全出口和疏散走道畅通无阻，严禁将安全出口上锁堵塞

答案：ABCD

701. 仓库火源管理的消防安全要求有哪些？（　　　）

A. 仓库应当设置醒目的防火标志。进入甲、乙类物品库区的人员，必须登记，并交出携带的火种

B. 库房内严禁使用明火，不准在库房内使用火炉取暖

C. 库房外动用明火作业时，必须办理动火证，必须经仓库或单位消防负责人批准，并采取严格的安全措施

D. 库区及周围 50 m 内，严禁燃放烟花爆竹

答案：ABCD

702. 消防救援机构对公众聚集场所申报使用或者营业前的消防安全检查，应当检查哪些内容？（　　　）

A. 是否依法通过消防验收或者进行竣工验收消防备案抽查合格

B. 疏散通道、安全出口和消防车通道是否畅通

C. 消防设施、器材是否符合消防技术标准并完好有效

D. 室内装修材料是否符合消防技术标准

答案：BCD

703. 消防安全重点单位依据《中华人民共和国消防法》第（　　　）履行消防安全职责。

A. 四十条 　　　　　　　　　　　B. 十四条

C. 四十七条 　　　　　　　　　　D. 十六条

E. 十七条

答案：DE

704. 消防监督检查是（　　　）。

A. 消防机构的行政执法行为

B. 消防机构对机关、团体、企业、事业单位遵守消防法律法规情况的检查

C. 预防和减少火灾危害的有效措施

D. 对违反消防法律法规的行为责令改正，并依法实施处罚

E. 机关、团体、企业、事业单位对自身遵守消防法律法规情况组织的自查

答案：ABCD

705. 下列属于消防安全重点单位的有（　　　）。

A. 商场、市场 　　　　　　　　　B. 宾馆、饭店

C. 国家机关 　　　　　　　　　　D. 寄宿制的学校、托儿所、幼儿园

E. 民用机场

答案：ABCDE

706. 下列属公众聚集场所的是（　　）。

A. 商场、市场　　　　　　　　B. 医院

C. 公共图书馆　　　　　　　　D. 宾馆、饭店

E. 网吧

答案：ADE

707.《公共娱乐场所消防安全管理规定》所指的公共娱乐场所包括（　　）。

A. 影剧院、录像厅、礼堂等演出放映场所

B. 舞厅、卡拉OK厅等歌舞娱乐场所

C. 游艺、游乐场所

D. 保龄球馆、旱冰场、桑拿浴室等营业性健身、休闲场所

E. 具有娱乐功能的夜总会、音乐茶座和餐饮场所

答案：ABCDE

708. 下列建筑中，应设置室内消火栓系统的是（　　）。

A. 耐火等级为一、二级且可燃物较少的丁、戊类多层厂房和库房

B. 6层办公楼

C. 超过800座的剧场、电影院

D. 超过1200座的礼堂、体育馆

答案：BCD

709. 下列建筑物的消防用电设备应按二级负荷供电的有（　　）。

A. 每层面积为4000 m² 的多层百货楼

B. 1600座的影剧院

C. 室外消防用水量超过25 L/s的多层办公楼

D. 高度超过24 m的丙类厂房

答案：ABC

710. 某建筑有地下1层，用途为车库、消防控制室及柴油发电机房；地上20层，其中第1~3层为裙房，功能为商场，第4~20层为塔楼，功能为住宅。该建筑高度62 m，设有自动喷水灭火系统、火灾自动报警系统。该建筑的（　　）部位应设置消防应急照明。

A. 商场营业厅　　　　　　　　B. 楼梯间及前室

C. 消防电梯前室　　　　　　　D. 消防控制室

E. 柴油发电机房

答案：ABCDE

711. 镇人民政府可以根据当地经济发展和消防工作的需要，建立（　　），承担火灾扑救工作。

A. 专职消防队　　　　　　　　B. 志愿消防队

C. 民间消防组织　　　　　　　D. 消防站

答案：AB

712. 属于化学爆炸的有（　　）。

A.蒸汽锅炉爆炸　　　　　　　　　　B.可燃气体与空气混合物发生爆炸

C.车胎爆炸　　　　　　　　　　　　D.炸药爆炸

E.可燃粉尘爆炸

答案：BDE

713.对有(　　)行为之一的,应当责令改正,并处罚款。经责令改正拒不改正,强制执行,所需费用由违法行为人承担。

A.埋压、圈占消火栓

B.占用防火间距堵塞消防通道

C.损坏和擅自挪用、拆除、停用消防设施器材

D.正确使用灭火器的

答案：ABC

714.对易燃易爆化学物品储存经营场所建筑防火检查的主要内容有(　　)。

A.防火间距　　　　　　　　　　　　B.防火分隔

C.建筑隔热降温　　　　　　　　　　D.地面材料

E.通风

答案：ABCD

715.消防控制室在确认火灾后应能切断有关部位的非消防电源并接通(　　)。

A.报警装置　　　　　　　　　　　　B.警报装置

C.应急照明灯　　　　　　　　　　　D.标志灯

E.消防水泵

答案：BCD

716.火灾自动报警系统的日常检查工作包括(　　)。

A.外观检查　　　　　　　　　　　　B.报警控制器的功能检查

C.系统的功能检查　　　　　　　　　D.接地

E.电源

答案：ABC

717.自动喷水灭火系统定期检查的内容应包括(　　)。

A.设备的状态检查　　　　　　　　　B.系统的功能检查

C.使用环境的检查　　　　　　　　　D.报警控制阀的检查

E.水力警铃检查

答案：ABC

718.任何单位和个人不得擅自(　　)消防通道和防火间距。

A.占用　　　　　　　　　　　　　　B.堵塞

C.封闭　　　　　　　　　　　　　　D.维修

答案：ABC

719.居民住宅区的物业管理单位应当履行的消防安全职责是(　　)。

A.制定消防安全制度,落实消防安全责任,开展消防安全宣传教育

B.开展防火检查,消除火灾隐患

C.保障疏散通道、安全出口、消防车通道畅通

D. 保障公共消防设施器材以及消防安全标志完好有效

答案：ABCD

720. 下列哪些场所的应急照明，应能保证正常照明的照度？（　　）

A. 消防控制室

B. 疏散走道

C. 消防水泵房

D. 配电室和自备发电机房

E. 电话总机房以及发生火灾时仍需坚持工作的其他房间

答案：ACDE

721. 消防监督检查人员在监督检查时，发现有下列行为之一的，应当责令改正。（　　）

A. 消防设施、器材、消防安全标志配置、设置不符合标准

B. 消防设施、器材、消防安全标志未保持完好有效

C. 损坏、挪用消防设施、器材

D. 占用、堵塞、封闭疏散通道、安全出口

E. 人员密集场所门窗上设置影响逃生、灭火救援的障碍物

答案：ABCDE

722.《消防监督检查规定》中规定的人员密集场所，是指（　　）。

A. 宾馆、饭店、商场、集贸市场、体育场馆、会堂、公共娱乐场所等公众聚集场所

B. 医院的门诊楼、病房楼，学校的教学楼、图书馆和集体宿舍，养老院、托儿所、幼儿园

C. 客运车站、码头、民用机场的候车、候船、候机厅（楼）

D. 公共图书馆的阅览室、公共展览馆的展览厅

E. 劳动密集型企业的生产加工车间、员工集体宿舍

答案：ABCDE

723. 灭火器的设置要求有（　　）。

A. 应设在便于人们取用的地点　　　　　B. 铭牌必须朝外

C. 应设置稳固　　　　　　　　　　　　D. 设置不得影响安全疏散

E. 应设置在明显的地点

答案：ABCDE

724. 消防控制室的值班人员每日应检查火灾报警控制器的（　　）等功能。

A. 自检消音　　　　　　　　　　　　　B. 复位

C. 故障报警　　　　　　　　　　　　　D. 巡检

E. 主电源备用电源

答案：ABCDE

725. 选择灭火器的基本因素有（　　）。

A. 配置场所的火灾种类　　　　　　　　B. 灭火有效程度

C. 对保护物品的污损程度　　　　　　　D. 设置点的环境温度

E. 使用灭火器人员的素质

答案：ABCDE

726. 扑救 B 类火灾应选用（　　　）灭火器。

    A. 干粉   B. 二氧化碳

    C. 泡沫   D. 水型

    E. 卤代烷

    答案：ABC

727. 高层建筑的（　　　）部位应设应急照明。

    A. 封闭楼梯间、防烟楼梯间及其前室、消防电梯间及其前室和避难层(间)

    B. 公共建筑内的疏散走道和居住建筑内走道长度超过 20 m 的内走道

    C. 观众厅、展览厅、多功能厅等人员密集的场所

    D. 配电室、消防控制室、消防水泵房、防烟排烟机房、供消防用电的蓄电池室、自备发电机房

    E. 发生火灾时仍需坚持工作的其他房间

    答案：ABCDE

728. 高层民用建筑消防水泵房的设置要求是（　　　）。

    A. 独立设置的消防水泵房，其耐火等级不应低于二级

    B. 在高层民用建筑内设置消防水泵房时，应采用耐火极限不低于 2.00 h 的隔墙和 1.50 h 的楼板与其他部位隔开，并应设甲级防火门

    C. 在高层民用建筑内设置消防水泵房时，应采用耐火极限不低于 3.00 h 的隔墙和 1.00 h 的楼板与其他部位隔开，并应设乙级防火门

    D. 当消防水泵房设在首层时，其出口宜直通室外

    E. 当消防水泵房设在地下室或其他楼层时，其出口应直通安全出口

    答案：ABDE

729. 建筑内部装修时，为保证消防设施、疏散指示标志、安全出口和疏散走道功能，应注意（　　　）。

    A. 消火栓的门不应被装饰物遮掩

    B. 消火栓门四周的装修材料颜色应与消火栓门的颜色有明显区别

    C. 不应遮挡消防设施、疏散指示标志及安全出口

    D. 不应妨碍消防设施和疏散走道的正常使用

    E. 不应减少安全出口、疏散出口和疏散走道的设计所需的净宽度和数量

    答案：ABCDE

730. 消防控制室的控制设备应有哪些控制及显示功能？（　　　）

    A. 消防水泵、防烟和排烟风机的启、停，除自动控制外，还应能手动直接控制

    B. 显示火灾报警、故障报警部位

    C. 消防控制室的消防通信设备，应符合规范要求

    D. 火灾警报装置与应急广播的控制装置，其控制程序应符合规范要求

    E. 应能切断有关部位的非消防电源，并接通警报装置及火灾应急照明灯和疏散标志灯

    答案：ABCDE

731. 消防救援机构应对生产、（　　　）易燃易爆危险物品的单位、个人进行监督检查。

A. 储存   B. 经营

C. 使用   D. 运输

E. 销毁

答案：ABC

732. 消防安全重点单位除履行一般单位消防安全职责外，还应当(　　)。

A. 建立防火档案，确定消防安全重点部位，设置防火标志，实行严格管理

B. 实行每日防火巡查，并建立巡查记录

C. 对职工进行岗前消防安全培训

D. 定期组织消防安全培训，定期组织消防演练

答案：ABCD

733. 生产储存和装卸易燃易爆危险物品的工厂和专用车站、码头、仓库可以设置在(　　)。

A. 城市的中心   B. 城市的边缘

C. 相对独立的安全地带   D. 远离城市的自然保护区内

E. 居民区附近

答案：BC

734. 对室内消火栓给水系统进行检查时，下列(　　)等部位应设置单向阀。

A. 消防水泵处   B. 屋顶消火栓处

C. 水泵接合器处   D. 消防水箱处

答案：ABCD

735. (　　)不能混存。

A. 一级无机氧化剂与有机氧化剂   B. 压缩气体氧气与一级氧化剂

C. 氧气与油脂   D. 硝酸盐与硫酸

答案：ABCD

736. 消防机构在消防监督检查中发现火灾隐患，应当通知有关单位或者个人立即采取措施消除；对具有下列情形之一，不及时消除可能严重威胁公共安全的，应当对危险部位或者场所予以临时查封。(　　)

A. 疏散通道、安全出口数量不足或者严重堵塞，已不具备安全疏散条件的

B. 建筑消防设施严重损坏，不再具备防火灭火功能的

C. 人员密集场所违反消防安全规定，使用、储存易燃易爆危险品的

D. 公众聚集场所违反消防技术标准，采用易燃、可燃材料装修装饰，可能导致重大人员伤亡的

E. 其他可能严重威胁公共安全的火灾隐患

答案：ABCDE

737. 对大型的人员密集场所和其他特殊建设工程的施工工地进行消防监督检查，应当重点检查施工单位履行下列消防安全职责的情况。(　　)

A. 是否明确施工现场消防安全管理人员，是否制定施工现场消防安全制度、灭火和应急疏散预案

B. 在建工程内是否设置人员住宿、可燃材料及易燃易爆危险品储存场所

C. 是否设置临时消防给水系统、临时消防应急照明，是否配备消防器材，并确保完好有效

D. 是否设有消防车通道并畅通

E. 是否组织员工消防安全教育培训和消防演练

答案：ABCDE

738. 消防救援机构对具有火灾危险的大型群众性活动举办前的消防安全检查，应当检查下列内容(   )。

A. 临时搭建的建筑物是否符合消防安全要求

B. 是否制定灭火和应急疏散预案并组织演练

C. 是否明确消防安全责任分工并确定消防安全管理人员

D. 活动现场消防设施、器材是否配备齐全并完好有效

E. 活动现场的疏散通道、安全出口和消防车通道是否畅通

答案：ABCDE

739. 下列哪些是法定的消防监督检查形式？(   )

A. 某娱乐休闲中心投入使用、营业前的消防安全检查

B. 对某超高层消防设施完好情况的监督检查

C. 核查群众举报占用消防通道的违法行为

D. 某大型演唱会举办前的消防安全检查

E. 检查灭火器生产厂的产品质量

答案：ABD

740. 室内消火栓按照栓阀数量分为(   )。

A. 单栓阀室内消火栓   B. 双栓阀室内消火栓

C. 45°出口型室内消火栓   D. 异径型室内消火栓

答案：AB

741. 听证参加人包括(   )。

A. 当事人   B. 证人

C. 鉴定人   D. 翻译人员

E. 当事人的代理人

答案：ABCDE

742. 负责公共消防设施维护管理的单位，应当保持(   )等公共消防设施的完好有效。

A. 消防供水   B. 消防通信

C. 消防车通道   D. 消防装备

E. 以上都对

答案：ABC

743. 下列(   )需要设置防烟楼梯间。

A. 设有歌舞娱乐放映游艺场所的地下层数为3层的地下建筑

B. 高度超过24 m的二类高层公共建筑

C. 建筑高度为50 m的高层住宅

D. 建筑高度为27 m的单元式住宅

E.室内地面与室外出入口地坪高差大于 10 m 的地下建筑

答案：ACE

744. 消防安全领域失信行为信息分为(　　)。

A.较轻失信行为信息　　　　　　　B.一般失信行为信息

C.较严重失信行为信息　　　　　　D.严重失信行为信息

E.特别严重失信行为信息

答案：BD

745.《中华人民共和国政府信息公开条例》规定，行政机关不得公开涉及(　　)的政府信息。

A.国家秘密　　　　　　　　　　　B.商业秘密

C.个人信息　　　　　　　　　　　D.个人隐私

E.单位信息

答案：ABD

746. 商场的火灾危险性主要有(　　)。

A.营业厅面积大，划分防火分区难度增大

B.可燃商品多，经济损失重大

C.人员高度密集，疏散难度大

D.用火用电设备多，致灾风险增大

E.扑救难度大

答案：ABCDE

747. 疏散用的楼梯间应符合下列规定(　　)。

A.楼梯间应能天然采光和自然通风

B.楼梯间内不应有影响疏散的凸出物或其他障碍物

C.公共建筑的楼梯间内不应敷设可燃气体管道

D.当多层住宅建筑的楼梯间内必须设置可燃气体管道时，应采用金属套管和设置切断气源的装置等保护措施

E.楼梯间宜靠外墙设置

答案：ABCDE

748. 听证过程中，有(　　)情形的，应当终止听证。

A.听证申请人撤回听证申请的

B.听证申请人无正当理由拒不出席

C.听证申请人死亡

D.听证过程中，听证申请人扰乱听证秩序，致使听证无法正常进行的

E.其他需要终止听证的

答案：ABCDE

749. (　　)应作为安全疏散设施。

A.自动扶梯　　　　　　　　　　　B.电梯

C.室外楼梯　　　　　　　　　　　D.直通室外的金属竖向梯

E.敞开式楼梯

答案：CDE

750. (　　)不应作为安全疏散设施。
    A. 自动扶梯　　　　　　　　　　B. 电梯
    C. 室外楼梯　　　　　　　　　　D. 直通室外的金属竖向梯
    E. 敞开式楼梯
    答案：AB

751. (　　)内严禁设置员工宿舍。
    A. 甲、乙类厂房　　　　　　　　B. 丙类厂房
    C. 丁、戊类厂房　　　　　　　　D. 丁、戊类仓库
    E. 设置自动灭火系统的丁、戊类仓库
    答案：ABCDE

752. 城乡消防规划的消防安全布局现状图主要反映(　　)现状。
    A. 消防站　　　　　　　　　　　B. 消防通道
    C. 易燃易爆设施　　　　　　　　D. 城乡地形地貌
    E. 城乡河流
    答案：ABC

753. 公共娱乐场所不得设置在(　　)等建筑物内，并不得与重要仓库或危险物品库毗连。
    A. 文物古建筑　　　　　　　　　B. 博物馆
    C. 图书馆　　　　　　　　　　　D. 居民住宅楼
    E. 高层建筑
    答案：ABCD

754. 消防救援机构接到对消防违法行为的举报、投诉，应当(　　)。
    A. 填写《消防违法行为举报、投诉查处情况记录》
    B. 对安全出口上锁、疏散通道堵塞的举报、投诉，在24小时内进行核查
    C. 对其他消防违法行为的举报、投诉，在3个工作日内进行核查
    D. 检查后填写《消防监督检查记录》
    E. 及时将核查、处理情况告知举报、投诉人
    答案：ABCDE

755. 下列属于建筑物安全疏散设施的是(　　)。
    A. 疏散楼梯　　　　　　　　　　B. 安全出口
    C. 应急广播　　　　　　　　　　D. 疏散指示标志
    E. 应急照明
    答案：ABDE

756. 公民、法人或者其他组织申请行政复议时，可以一并提出对(　　)的审查申请。
    A. 国务院部门的规定
    B. 县级以上地方各级人民政府及其工作部门的规定
    C. 乡、镇人民政府的规定
    D. 地方政府规章
    E. 国务院部、委员会规章

答案：ABC

757.《社会消防安全教育培训规定》明确规定，消防救援机构定期对(　　)开展消防安全培训。

    A.社区居民委员会的负责人　　　　　　B.村民委员会的负责人

    C.专(兼)职消防队的负责人　　　　　　D.志愿消防队的负责人

    E.社区居民

    答案：ABCD

758.下列关于消防水泵接合器的安装要求的说法中，正确的有(　　)。

    A.应安装在便于消防车接近使用的地点

    B.墙壁式消防水泵接合器不应安装在玻璃幕墙下方

    C.墙壁式消防水泵接合器与门、窗、洞口的净距离不应小于2 m

    D.距室外消火栓或消防水池的距离宜为5~40 m

    E.地下消防水泵接合器进水口与井盖底部的距离不应小于井盖的直径

    答案：ABC

759.公众聚集场所，是指(　　)等。

    A.宾馆、饭店　　　　　　　　　　　　B.商场、集贸市场

    C.客运车站候车室、客运码头候船厅　　D.民用机场航站楼、体育场馆

    E.会堂以及公共娱乐场所

    答案：ABCDE

760.消防救援机构负责人、办案人员有下列(　　)情形之一的，应当自行提出回避申请，案件当事人及其法定代理人有权要求他们回避。

    A.是本案的当事人或当事人近亲属的

    B.本人或其近亲属与本案有利害关系的

    C.是本案的当事人或者当事人亲属的

    D.与本案当事人有其他关系，可能影响案件公正处理的

    E.以上都不对

    答案：ABD

761.行政机关不得在(　　)实施行政强制执行。但是，情况紧急除外。

    A.工作日　　　　　　　　　　　　　　B.夜间

    C.法定节假日　　　　　　　　　　　　D.休息日

    E.以上都不对

    答案：BC

762.构成消防责任事故罪的要件是(　　)。

    A.危害了公共消防安全

    B.发生了违反消防管理法规，经消防救援机构通知采取改正措施而拒绝执行的行为并造成严重后果

    C.行为人是对改正违法行为负有直接责任的人员

    D.行为人对严重危害结果的发生，在主观上出于过失

    答案：ABCD

763. (　　)等单位,应当加强对本单位人员的消防宣传教育。

    A. 机关　　　　　　　　　　　　B. 团体

    C. 企业　　　　　　　　　　　　D. 事业

    E. 以上都不对

    答案:ABCD

764. 以下属于行政强制措施的有(　　)。

    A. 强制传唤　　　　　　　　　　B. 查封场所、设施或者财物

    C. 扣押财物　　　　　　　　　　D. 冻结存款、汇款

    E. 以上都不对

    答案:ABCD

765. 消防控制室的设置应符合(　　)规定。

    A. 单独建造的消防控制室,其耐火极限不应低于二级

    B. 附设在建筑内的消防控制室,宜设置在建筑首层或地下一层,并宜布置在靠外墙部位

    C. 不应设置在电磁干扰较强及其他可能影响消防控制设备正常工作的房间附近

    D. 疏散门应直通室外或安全出口

    E. 消防控制室内的设备构成及其显示、控制功能应符合现行国家标准

    答案:ABCDE

766. 行政诉讼是指(　　)认为行政机关的具体行政行为侵犯其合法权益,依照法律、法规的规定,向人民法院提起诉讼,由人民法院依法审理并作出裁判的活动。

    A. 公民　　　　　　　　　　　　B. 法人

    C. 其他组织　　　　　　　　　　D. 公安机关

    E. 执法机关

    答案:ABC

767. 高层建筑内的地下商业营业厅、展览厅等,当符合(　　)条件时,其防火分区的最大允许建筑面积可增加到 2000 m^2。

    A. 采用可燃材料装修　　　　　　B. 设有自动灭火系统

    C. 设有应急照明和疏散指示标志　D. 设有火灾自动报警系统

    E. 设有漏电火灾报警系统

    答案:BD

768. 下列描述正确的有(　　)。

    A. 一、二级耐火等级建筑中除甲、乙类仓库和高层仓库外,当非承重外墙采用不燃烧体时,其耐火极限不应低于 0.25 h

    B. 4 层及 4 层以下的丁、戊类地上厂房(仓库),当非承重外墙采用不燃烧体时,其耐火极限不限

    C. 一、二级耐火等级厂房(仓库)的上人平屋顶,其屋面板的耐火极限分别不应低于 1.50 h 和 1.00 h

    D. 甲、乙类厂房和甲、乙、丙类仓库防火墙的耐火极限不应低于 4.00 h

    E. 以木柱承重且以不燃烧体材料作为墙体的厂房(库房),其耐火等级按四级确定

答案：ABCDE

769. 根据具体消防违法行为的事实、性质、情节、危害后果及单位(场所)使用性质,将违法行为划分为较轻、一般、严重三种情形,并分别对应罚款幅度( )三个量罚阶次实施处罚。

A. 0~30%

B. 30%~60%

C. 30%~70%

D. 70%~100%

E. 60%~100%

答案：ACD

770. 建筑采用瓶装液化石油气瓶组供气时,应符合下列哪些规定?( )

A. 应设置独立的瓶组间

B. 瓶组间与住宅建筑贴邻建造时气瓶的总容积不应大于 1 m³

C. 气瓶总容积大于 1 m³、小于等于 2 m³ 时,独立瓶组间与明火或散发火花地点的防火间距应为 30 m

D. 在瓶组间的总出气管道上应设置紧急事故自动切断阀

E. 瓶组间应设置可燃气体浓度报警装置

答案：ADE

771. 高层建筑的( )应设置应急照明。

A. 楼梯间

B. 消防电梯间及其前室

C. 消防水泵房

D. 消防水箱间

E. 疏散走道

答案：ABCDE

772. 室内消火栓外观检查包括( )。

A. 消火栓箱应有明显的标志

B. 箱门开关应灵活,开度符合要求

C. 消火栓箱组件齐全完好

D. 箱门不应被装饰物遮掩

E. 启泵按钮应牢固,有透明罩保护

答案：ABCDE

773. 对主体为耐火结构的建筑来说,造成水平蔓延的主要途径和原因有( )。

A. 未设适当的水平防火分区,火灾在未受限制的条件下蔓延

B. 洞口处的分隔处理不完善,火灾穿越防火分隔区域蔓延

C. 防火隔墙和房间隔墙未砌至顶板,火灾在吊顶内部空间蔓延

D. 采用可燃构件与装饰物,火灾通过可燃的隔墙、吊顶、地毯等蔓延

E. 以上都不正确

答案：ABCD

774. 不属于行政诉讼范围的事项有( )。

A. 具体行政行为

B. 国家行为

C. 行政法规、规章或者行政机关发布的具有普遍约束力的决定、命令

D. 行政机关对其职员的奖惩决定

E. 法律规定由行政机关最终裁决的具体行政行为

答案：BCDE

775. 对阻拦报火警或者谎报火警的，可以选择的处罚种类有(　　)。

　　A. 警告　　　　　　　　　　　　　　B. 罚款

　　C. 拘留　　　　　　　　　　　　　　D. 拘留并处罚款

　　E. 以上都不正确

答案：ABCD

776. 下列对厂房防火分区面积表述错误的有(　　)。

　　A. 二级耐火等级丙类单层厂房，未设自动灭火系统，每个防火分区的最大允许建筑面积为 8000 m²

　　B. 设有自动喷水灭火系统的二级耐火等级单层服装加工厂房，每个防火分区的最大允许建筑面积为 16000 m²

　　C. 二级耐火等级丙类单层厂房，未设自动灭火系统，每个防火分区的最大允许建筑面积为 4000 m²

　　D. 二级耐火等级丙类多层厂房，未设自动灭火系统，每个防火分区的最大允许建筑面积为 4000 m²

　　E. 设有自动喷水灭火系统的二级耐火等级单层服装加工厂房，每个防火分区的最大允许建筑面积为 4000 m²

答案：CE

777. 消防救援机构的(　　)可以不予公开。

　　A. 内部事务信息

　　B. 在履行消防监督管理职能过程中形成的讨论记录

　　C. 在履行消防监督管理职能过程中形成的过程稿、磋商信函

　　D. 在履行消防监督管理职能过程中形成的请示报告等过程性信息

　　E. 行政执法案卷信息

答案：ABCDE

778. 下列(　　)场所应设置火灾自动报警系统。

　　A. 建筑面积大于 500 m² 的地下商店

　　B. 设置在建筑地上四层的网吧

　　C. 总建筑面积为 7000 m² 的商场

　　D. 建筑高度为 105 m 的酒店

　　E. 建筑高度为 50 m 的高层住宅

答案：ABCD

779. 歌舞娱乐放映游艺场所(不含剧场、电影院)的布置应符合哪些规定？(　　)

　　A. 可布置在地下一层　　　　　　　　B. 可布置在地下二层

　　C. 不宜布置在袋形走道的两侧　　　　D. 宜靠外墙布置

　　E. 不宜布置在袋形走道的尽端

答案：ACDE

780. 地方各级人民政府应当将包括(　　)、消防车通道、消防装备等内容的消防规划纳入城乡规划。

A. 消防安全布局　　　　　　　　　　　B. 消防站

C. 消防供水　　　　　　　　　　　　　D. 消防通信

E. 以上都不对

答案：ABCD

781.《机关、团体、企业、事业单位消防安全管理规定》规定，(　　　)应当报当地消防救援机构备案。

A. 消防安全重点单位　　　　　　　　　B. 消防安全责任人

C. 消防安全管理人　　　　　　　　　　D. 消防安全组织机构

E. 各岗位消防安全责任人

答案：ABC

782. 行政复议期间，被申请人不提交作出具体行政行为的证据、依据和其他有关材料的，(　　　)。

A. 视为该具体行政行为没有证据、依据

B. 行政复议机关应决定撤销该具体行政行为

C. 行政复议机关应督促其提交，并就案件事实开展调查，视情作出行政复议决定

D. 对直接负责的主管人员和其他直接负责人员依法给予行政处分

E. 待复议期届满后再作出撤销的决定

答案：ABD

783. 下列(　　　)属于消防设施。

A. 火灾自动报警系统　　　　　　　　　B. 自动灭火系统

C. 防烟排烟系统　　　　　　　　　　　D. 消火栓系统

E. 应急广播和应急照明、安全疏散设施

答案：ABCDE

784. 行政机关拒绝履行行政判决、裁定的，第一审人民法院可以采取的措施有(　　　)。

A. 通知银行从行政机关的账户内划拨资金

B. 对行政机关处以罚款

C. 向上一级行政机关提出司法建议

D. 情节严重构成犯罪的，依法追究主管人员的刑事责任

E. 以上都不对

答案：ACD

785. 某6层商场，建筑高度为30 m，东西长200 m，南北宽80 m，每层划分为4个防火分区。对该商场的下列防火检查结果中，不符合现行国家标准要求的有(　　　)。

A. 在第6层南面外墙整层设置室外电子显示屏

B. 供消防救援人员进入的窗口净高度为0.8 m

C. 供消防救援人员进入的窗口净高度为1 m

D. 供消防救援人员进入的窗口下沿距室内地面1 m

E. 供消防救援人员进入的窗口在室内对应部位设置可破拆的广告灯箱

答案：ABE

786. 证据保全决定书应当载明下列事项(　　　)。

A. 当事人的姓名或者名称、地址

B. 抽样取证、先行登记保存、扣押、扣留、查封的理由、依据和期限

C. 作出决定的工作人员姓名、印章和日期

D. 申请行政复议或者提起行政诉讼的途径和期限

E. 以上都不对

答案：ABD

787. 消防救援机构在作出下列( )行政处罚决定之前，应当告知违法嫌疑人有要求举行听证的权利。

A. 责令停产停业　　　　　　　　B. 吊销许可证或者执照

C. 较大数额罚款　　　　　　　　D. 行政拘留

E. 法律、法规和规章规定违法嫌疑人可以要求举行听证的其他情形

答案：ABCE

788. 行政机关依照法律、法规、规章的规定，可以在其法定权限内书面委托符合( )条件的组织实施行政处罚。

A. 具有依法成立的管理公共事务的事业组织

B. 具有熟悉有关法律、法规、规章的工作人员

C. 具有熟悉有关业务的工作人员

D. 对违法行为需要进行技术检查或者技术鉴定的，应当有条件组织进行相应的技术检查或者技术鉴定

E. 以上都对

答案：ABCDE

789. 公民、法人或者其他组织认为行政机关( )的，可以申请行政复议。

A. 违法征收财务　　　　　　　　B. 侵犯合法的经营自主权

C. 违法集资　　　　　　　　　　D. 违法摊派费用

E. 未依法发放抚恤金

答案：ABCDE

790. 某大型地下商业建筑占地面积 30000 m^2。下列对该建筑防火分隔措施的检查结果中，不符合现行国家标准要求的有( )。

A. 消防控制室房间门采用乙级防火门

B. 空调机房房间门采用乙级防火门

C. 气体灭火系统储瓶间房间门采用乙级防火门

D. 变配电室房间门采用乙级防火门

E. 通风机房房间门采用乙级防火门

答案：BDE

791. 干式系统与湿式系统的不同之处在于( )。

A. 平时配水管道不充水　　　　　B. 平时配水管道一定充有有压气体

C. 利用管道内的有压气体启动系统　D. 闭式喷头动作后立即喷水

E. 闭式喷头动作后不能立即喷水

答案：ABE

792. 公共娱乐场所安全出口处(　　)。

    A. 不得设置门槛　　　　　　　　B. 不得设置台阶

    C. 不得设置照明　　　　　　　　D. 不得设置指示牌

    E. 不得设置门帘

    答案：ABE

793. 某商业建筑，建筑高度为 23.3 m，地上标准层每层划分为面积相近的 2 个防火分区，防火分隔部位的宽度为 60 m。该商业建筑的下列防火分隔做法中，正确的是(　　)。

    A. 防火墙设置两个不可开启的乙级防火窗

    B. 防火墙上设置两樘常闭式乙级防火门

    C. 设置总宽度为 18 m，耐火极限为 3 h 的特级防火卷帘

    D. 采用耐火等级为 3 h 的不燃性墙体从楼地面基层隔断至梁或楼板地面基层

    E. 在通风管道穿越防火墙处设置一个排烟防火阀

    答案：CD

794. 执法人员从事下列执法活动时，应当使用执法记录仪或者其他摄录设备进行录音录像，客观、真实地记录执法工作情况及相关证据(　　)。

    A. 进行消防监督抽查

    B. 开展火灾事故调查

    C. 实施消防行政强制

    D. 适用一般程序的消防行政处罚，进行询问、听证、留置送达、勘验、抽样取证、先行登记保存等调查取证，以及适用简易程序实施消防行政处罚

    E. 以上都对

    答案：ABCDE

795. 消防行政处罚决定书应当具备以下基本要素(　　)。

    A. 违法当事人姓名或者名称　　　B. 违法事实和证据

    C. 处罚依据和处罚的种类、幅度　D. 处罚的履行方式和期限

    E. 救济渠道和期限

    答案：ABCDE

796. 受案审批时主要审查(　　)等方面。

    A. 违法事实　　　　　　　　　　B. 管辖权

    C. 追责时效　　　　　　　　　　D. 当事人权利

    E. 处罚裁量

    答案：ABC

797. 违法行为人有下列情形之一的，应当从重处罚(　　)。

    A. 有较严重后果的

    B. 教唆他人实施违法行为的

    C. 对报案人、控告人、举报人、证人等打击报复的

    D. 6 个月内曾受过治安管理处罚的

    E. 胁迫、诱骗他人实施违法行为的

    答案：ABCDE

798. 城乡消防规划的内容包括( )。

    A. 消防规划的各项技术经济指标   B. 消防管理工作规划

    C. 消防基础设施   D. 消防安全布局

    E. 规划期内消防队伍及消防站类型、发展目标和消防站布局

    答案：ABCDE

799. 证据合法性审查的主要内容包括( )。

    A. 证据形式   B. 证明对象

    C. 收集证据的方法   D. 能够证明违法事实

    答案：ABC

800. 某县一企业只经过应急管理部门批准，就在该县建成区内修建了一座加油站。站房内设置了办公室、值班室、营业室和小商品(限于食品、饮料、润滑油、汽车配件等)便利店，并在加油站内设置了经营性餐饮设施。请问该加油站违反消防法律、法规的行为主要有( )。

    A. 加油站建设未经消防审核、验收

    B. 站房内设置小商品便利店

    C. 加油站内设置经营性的餐饮设施

    D. 未向消防救援机构申请消防安全检查

    E. 站内设置办公室

    答案：AC

801. 《中华人民共和国消防法》设定的处罚种类有( )。

    A. 警告和罚款   B. 拘留

    C. 罚金   D. 停产停业

    E. 以上都不正确

    答案：ABD

802. 多层地上商店营业厅、展览建筑的展览厅符合( )条件时，每个防火分区的最大允许建筑面积可增加到10000 m²。

    A. 仅设置在一、二级耐火等级的多层建筑的首层

    B. 按规范设置有自动喷水灭火系统

    C. 按规范设置火灾自动报警系统

    D. 采用不燃或难燃材料装修

    E. 设置在一级耐火等级单层建筑内

    答案：ABCD

803. ( )属于听证笔录应当载明的内容。

    A. 案由   B. 听证的时间、地点和方式

    C. 听证申请人的陈述和申辩   D. 证人陈述的事实

    E. 办案人员辩论的内容

    答案：ABCDE

804. 某建筑高度为36 m的高层住宅楼，疏散楼梯采用剪刀楼梯间，设有消防电梯，剪刀楼梯间共用前室，且与消防电梯的前室合用。该住宅楼的下列防火检查结果中，符合现

行国家标准要求的有( )。

A. 每户的入户门为净宽 1 m 的乙级防火门

B. 消防电梯轿厢内设有专用消防对讲电话

C. 合用前室的使用面积为 10 m², 短边长度为 2.4 m

D. 消防电梯内铭牌显示其载重量为 1200 kg

E. 消防电梯轿厢内采用阻燃木饰面装修

答案：ABD

805. 下列建筑的总平面布局中，比较合理的有( )。

A. 生产、储存和装卸易燃易爆危险物品的工厂、仓库和专用车站、码头，必须设置在城市的边缘或者相对独立的安全地带

B. 乙炔品等遇水产生可燃气体容易发生火灾爆炸的企业，严禁布置在可能被水淹没的地方

C. 甲、乙、丙类液体的仓库，宜布置在地势较低的地方

D. 液化石油气储罐区宜布置在本单位或本地区全年最小频率风向的下风侧，并选择通风良好的地点独立设置

E. 易燃材料的露天堆场宜设置在天然水源充足的地方，并宜布置在本单位或本地区全年最小频率风向的上风侧

答案：ABCE

806. 高层建筑内的歌舞娱乐放映游艺场所宜设置在建筑物的( )。

A. 首层   B. 二层

C. 三层   D. 四层

E. 地下一层

答案：ABC

807. 《中华人民共和国消防法》规定，( )必须持证上岗。

A. 电焊工   B. 气焊工

C. 防火负责人   D. 钳工

E. 自动消防系统的操作人员

答案：ABE

808. 消防救援机构在作出行政处罚决定时，应当告知被处罚人有( )等救济权利。

A. 申请行政复议   B. 提起行政复议

C. 申请行政诉讼   D. 提起行政诉讼

E. 以上都不对

答案：AD

809. 《中华人民共和国消防法》规定，故意破坏或伪造火灾现场，尚不构成犯罪的，处( )。

A. 15 日以上 20 日以下拘留

B. 10 日以上 15 日以下拘留

C. 可以并处 500 元以下罚款

D. 情节较轻的，处警告或 500 元以下罚款

E. 情节较轻的, 处警告或 100 元以下罚款

答案: BCD

810. 任何单位和个人都有( )的义务。

A. 维护消防安全 B. 保护消防设施

C. 预防火灾 D. 报告火警

E. 以上都不对

答案: ABCD

811. 行政机关及其工作人员在行使行政职权时有( )等侵犯财产权情形之一的, 应当承担赔偿责任。

A. 违法实施罚款、没收财物的

B. 违法实施吊销许可证和执照, 责令停产停业的

C. 违法对财产采取查封、扣押、冻结等行政强制措施的

D. 违反国家规定征收财物、摊派费用的

E. 造成财产损害的其他违法行为

答案: ABCDE

812. 行政诉讼中, 被告应向人民法院提供( )。

A. 作出行政行为的证据 B. 所依据的规范性文件

C. 案件研究记录 D. 行政机关介绍信

E. 以上都不对

答案: AB

813. 消防救援机构送达行政案件法律文书包括( )等方式。

A. 直接送达 B. 邮寄送达

C. 委托送达 D. 公告送达

E. 以上都不正确

答案: ABCD

814. 县级以上地方人民政府应当按照国家规定建立( ), 并按照国家标准配备消防装备, 承担火灾扑救工作。

A. 国家综合性消防救援队 B. 专职消防队

C. 义务消防队 D. 志愿消防队

E. 专业消防队

答案: AB

815.《中华人民共和国消防法》规定, 责令停产停业, 对经济和社会生活影响较大的, 由( )报请本级人民政府依法决定。

A. 住房和城乡建设主管部门 B. 消防救援机构

C. 应急管理部门 D. 公安部门

E. 或者应急管理部门

答案: AE

816. 被处罚人对行政处罚决定不服申请行政复议或者提起行政诉讼的, 行政处罚不停止执行, 但有下列( )情形的除外。

A. 被申请人或者被告人认为需要停止执行的

B. 行政复议机关或者人民法院认为需要停止执行的

C. 申请人申请停止执行，行政复议机关或者人民法院认为申请人的申请理由合理而裁定停止执行的

D. 法律、法规、规章规定停止执行的

E. 以上都不正确

答案：ABCD

817. 消防救援机构办理行政案件应当遵循(　　)的原则，尊重和保障人权，保护公民的人格尊严。

A. 合法 　　　　　　　　　　　　B. 公正

C. 公开 　　　　　　　　　　　　D. 及时

E. 以上都不正确

答案：ABCD

818. 各级人民政府及政府有关部门按照下列方式督促落实消防安全责任制(　　)。

A. 上级人民政府负责督促下级人民政府

B. 各级人民政府负责督促本级人民政府各有关部门

C. 按照隶属关系和职责规定，各有关部门负责督促本系统、本行业的单位

D. 乡镇人民政府、街道办事处负责督促辖区内无主管部门的单位

E. 以上都对

答案：ABCDE

819. 公共娱乐场所员工必须熟知的消防安全知识包括(　　)。

A. 会报火警 　　　　　　　　　　B. 会使用灭火器材

C. 会进行安全检查 　　　　　　　D. 会组织人员疏散

E. 会制定灭火预案

答案：ABD

820. 建筑中(　　)部位应设置防烟设施。

A. 防烟楼梯间及其前室 　　　　　B. 消防电梯间前室或合用前室

C. 避难走道的前室 　　　　　　　D. 避难层(间)

E. 疏散走道

答案：ABCD

821. 消防救援机构办理行政案件，对涉及(　　)的证据应当保密。

A. 国家秘密 　　　　　　　　　　B. 商业秘密

C. 个人隐私 　　　　　　　　　　D. 单位名誉

E. 以上都对

答案：ABC

822. 消防行政案件听证的参加人包括(　　)等。

A. 当事人及其代理人 　　　　　　B. 公安机关负责人

C. 本案办案人员 　　　　　　　　D. 证人、鉴定人、翻译人员

E. 第三人

答案：ACDE

823. 在(   )时，地方各级人民政府应当组织开展有针对性的消防宣传教育，采取防火措施，进行消防安全检查。

    A. 农业收获季节   B. 重大节假日期间

    C. 火灾多发季节   D. 节日期间

    E. 森林和草原防火期间

    答案：ABCE

824. 公共娱乐场所不得(   )。

    A. 毗连重要仓库   B. 毗连危险物品仓库

    C. 毗连文物古建筑   D. 在居民住宅内改建

    E. 毗连博物馆

    答案：ABD

825.《消防安全责任制实施办法》规定，坚持(   )。对不履行或不按规定履行消防安全职责的单位和个人，依法依规追究责任。

    A. 权责一致   B. 一岗双责

    C. 依法履职   D. 失职追责

    E. 齐抓共管

    答案：ACD

826.《中华人民共和国消防法》规定，负责公共消防设施维护管理的单位，应当保持(   )等公共消防设施的完好有效。

    A. 消防安全布局   B. 消防站

    C. 消防供水   D. 消防通信

    E. 消防车通道

    答案：CDE

827. 在地下建筑内设置公共娱乐场所，应当符合(   )等规定。

    A. 只允许设在地下一层

    B. 通往地面的安全出口不应少于两个，安全出口、楼梯和走道的宽度应当符合有关建筑设计防火规范

    C. 应设置机械防排烟设施

    D. 应设置火灾自动报警系统和自动喷水灭火系统

    E. 严禁使用液化石油气

    答案：ABCDE

828. 下列关于洒水喷头动作温度与色标的表述正确的是(   )

    A. 动作温度57 ℃色标为橙色   B. 动作温度68 ℃色标为红色

    C. 动作温度79 ℃色标为黄色   D. 动作温度204 ℃色标为蓝色

    E. 动作温度93 ℃色标为绿色

    答案：ABCE

829. 行政机关作出行政处罚决定前，应当告知违法嫌疑人(   )。

    A. 拟作出行政处罚决定的事实   B. 拟作出行政处罚决定的理由

C. 拟作出行政处罚决定的依据　　　　D. 依法享有陈述权和申辩权

E. 以上都不对

答案：ABCD

830. 政府信息公开目录包括(　　)。

A. 政府信息的索引　　　　　　　　B. 名称

C. 内容概述　　　　　　　　　　　D. 生成日期

E. 以上都对

答案：ABCDE

831. 下列不得查封、扣押的物品有(　　)。

A. 公民个人的生活必需品　　　　　B. 公民所扶养家属的生活必需品

C. 已被其他国家机关依法查封的财物　D. 与违法行为无关的财物

E. 以上都不对

答案：ABCD

832.《中华人民共和国行政强制法》规定，行政强制措施是指行政机关在行政管理过程中，为(　　)等情形，依法对公民的人身自由实施暂时性限制，或者对公民、法人或者其他组织的财务实施暂时性控制的行为。

A. 制止违法行为　　　　　　　　　B. 防止证据损毁

C. 避免危害发生　　　　　　　　　D. 控制危险扩大

E. 以上都对

答案：ABCDE

833. 下列厂房中，可设 1 个安全出口的有(　　)。

A. 每层建筑面积 240 m^2，同一时间的作业人数为 12 人的空分厂房

B. 每层建筑面积 80 m^2，同一时间的作业人数为 4 人的赤磷制备厂房

C. 每层建筑面积 160 m^2，同一时间的作业人数为 8 人的木工厂房

D. 每层建筑面积 400 m^2，同一时间的作业人数为 32 人的制砖车间

E. 每层建筑面积 320 m^2，同一时间的作业人数为 16 人的热处理厂房

答案：BCE

834. 音像记录是通过(　　)等设备，实时对消防执法过程进行记录的方式。

A. 照相机　　　　　　　　　　　　B. 录音机

C. 摄像机　　　　　　　　　　　　D. 执法记录仪

E. 视频监控

答案：ABCDE

835. 行政法规可以设定的行政强制措施有(　　)。

A. 限制公民人身自由　　　　　　　B. 查封场所、设施或者财物

C. 扣押财物　　　　　　　　　　　D. 冻结存款、汇款

E. 以上都不对

答案：BC

836.《中华人民共和国民法典》规定，(　　)，委托代理终止。

A. 代理期限届满或者代理事务完成

B. 被代理人取消委托或者代理人辞去委托

C. 代理人丧失民事行为能力

D. 代理人或者被代理人死亡

E. 作为代理人或者被代理人的法人、非法人组织终止

答案：ABCDE

837. 消防救援机构在对行政案件进行调查时，应当(　　)地收集、调取有关证据材料，并予以审查、核实。

A. 全面
B. 及时
C. 合法
D. 合理

E. 以上都正确

答案：ABC

838. 高层建筑的宾馆、饭店如果竖向分隔未能达到规范要求，一旦发生火灾，(　　)都是火灾竖向蔓延的渠道。

A. 楼梯间
B. 电梯井
C. 管道井
D. 电缆井

E. 垃圾道

答案：ABCDE

839. 下列情况属于特别重大火灾的是(　　)。

A. 死亡 10 人以上
B. 死亡 30 人以上
C. 重伤 100 人以上
D. 重伤 50 人以上

答案：BC

840. 洒水喷头按安装方式可分为(　　)喷头。

A. 下垂型
B. 直立型
C. 普通型
D. 边墙型

E. 落地型

答案：ABD

841. 行政诉讼中的书证是指以(　　)等记载或表示的并用来证明案件情况的文书。

A. 文字
B. 特性
C. 图形
D. 规格

E. 符号

答案：ACE

842. 某商业楼有地上 6 层，建筑高度 28 m，每层建筑面积 2150 m²，建筑设有室内消火栓、自动喷水灭火、火灾自动报警、防排烟、防火卷帘等消防设施。在自动控制方式下，模拟火灾报警，建筑内相应区域的(　　)应启动。

A. 空调送风
B. 排烟风机
C. 防火卷帘
D. 电动挡烟垂壁

E. 风机入口处排烟防火阀

答案：BCDE

843. 某普通旅馆有地上 10 层、地下 1 层，建筑高度 33.50 m，总建筑面积 9900 m²，每层建

筑面积 900 m²。消防水泵房、消防水池、配电间等设在地下一层。建筑首层为餐厅及厨房、娱乐室等，地上二至十层为旅馆客房，每层设两部疏散楼梯，均靠外墙布置，且直接天然采光和自然通风。下列说法错误的是(　　)。

A. 该建筑可不设火灾自动报警系统

B. 该建筑楼梯间靠外墙布置，且直接天然采光和自然通风，可不设防烟楼梯间

C. 该建筑可不设消防电梯

D. 该建筑可不设自动喷水灭火系统

E. 该建筑可不设室内消火栓系统

答案：ABCDE

844. 某建筑高度为 25 m 的办公建筑，地上部分全部为办公，地下 2 层为汽车库，建筑内部全部设置自动喷水灭火系统。下列关于该自动喷水灭火系统的做法中，正确的有(　　)。

A. 办公楼层采用玻璃球色标为红色的喷头

B. 办公室采用边墙型喷头

C. 汽车库内一只喷头的最大保护面积为 11.5 m²

D. 汽车库采用直立型喷头

E. 办公楼层内一只喷头的最大保护面积为 20 m²

答案：ACD

845. 属于我国刑法规定的主刑种类的有(　　)。

A. 管制　　　　　　　　　　　B. 拘役

C. 有期徒刑、无期徒刑　　　　D. 死刑

E. 以上都不对

答案：ABCD

846. 属于行政处罚的有(　　)等。

A. 责令停止举办　　　　　　　B. 罚款

C. 责令停产停业　　　　　　　D. 行政拘留

E. 以上都不对

答案：BCD

847. 一幢 18 层的旅馆，设有两个无外窗防烟楼梯间，且每层设有一条长 40 m、宽 1.4 m 的无自然采光和通风的内走道。该建筑必须设机械加压送风系统的部位有(　　)。

A. 防烟楼梯间　　　　　　　　B. 合用前室的防烟楼梯间

C. 防烟楼梯间前室　　　　　　D. 防烟楼梯间合用前室

E. 管道井

答案：ABD

848. 含有水分、黏度大、沸点在 100 ℃ 以上的(　　)燃烧可能产生沸溢现象。

A. 汽油　　　　　　　　　　　B. 煤油

C. 柴油　　　　　　　　　　　D. 原油

E. 重油

答案：DE

849. 留置送达的，在送达回证上注明情况，并可以根据依法采取的留置送达的具体情形，以( )等相应方式予以记录。

    A. 拍照   B. 录像

    C. 录音   D. 记忆

    E. 以上都不对

    答案：ABC

850. 法律有( )情况，由全国人民代表大会常务委员会解释。

    A. 法律的规定需要解释的

    B. 法律的规定需要进一步明确具体含义的

    C. 法律制定后出现新的情况，需要明确适用法律依据的

    D. 部分人提出不能理解，需要解释的

    E. 以上都对

    答案：BC

851. 行政复议决定的种类包括( )等。

    A. 撤销或责令重作   B. 维持

    C. 限期履行法定职责   D. 变更

    E. 以上都不对

    答案：ABCD

852. 在不同类型油类的敞口贮罐的火灾中容易出现的两种特殊现象是( )。

    A. 突沸   B. 沸溢

    C. 喷溅   D. 冒泡

    答案：BC

853. 消防救援机构在提出行政处罚意见后，应当告知当事人( )。

    A. 拟作出行政处罚决定的事实   B. 拟作出行政处罚决定的理由

    C. 拟作出行政处罚决定的依据   D. 依法享有陈述权和申辩权

    E. 依法享有行政复议和行政诉讼权利

    答案：ABCD

854. 《中华人民共和国立法法》规定，法律根据内容需要，可以分( )。

    A. 编、章   B. 节、条

    C. 款   D. 项

    E. 目

    答案：ABCDE

855. 下列属于重大危险源的调查范围的有( )。

    A. 人员密集场所

    B. 危险化学品生产、经营、储存、使用单位

    C. 高层、地下建筑

    D. 大型仓库和堆场

    E. 重点工程的施工现场

    答案：ABCDE

856. 消防工作贯彻预防为主、防消结合的方针，按照( )的原则，实行消防安全责任制，建立健全社会化的消防工作网络。

A. 政府统一领导 B. 部门依法监管

C. 单位全面负责 D. 公民积极参与

E. 以上都不对

答案：ABCD

857. 社会单位(场所)和个人的消防安全一般失信行为最短公示期为( )，最长公示期为( )。

A. 3 个月 B. 6 个月

C. 1 年 D. 2 年

E. 三年

答案：AC

858. 行政处罚调查取证的基本内容包括( )。

A. 行政相对人的基本情况

B. 违法行为是否存在

C. 违法行为是否为行政相对人所实施

D. 实施违法行为的时间、地点、手段、后果和其他情节

E. 行政相对人是否具有减轻、从轻、从重以及不予处罚等情形

答案：ABCDE

859. 消防救援机构在作出火灾事故认定前，应当( )。

A. 召集当事人到场

B. 说明拟认定的起火原因

C. 告知当事人拟作出的事故处理意见

D. 听取当事人意见

答案：ABD

860. 机关、团体、企业、事业单位违法不履行消防安全职责的，责令限期改正；逾期不改正的，依法给予行政处理的种类有( )。

A. 警告 B. 罚款

C. 行政处分 D. 拘留

E. 刑事处罚

答案：AC

861. 消防救援机构经过调查，发现行政案件有( )情形之一的，经批准，终止调查。

A. 没有违法事实 B. 违法行为已过追究时效

C. 违法嫌疑人为精神病人 D. 违法嫌疑人为未成年人

E. 以上都不对

答案：AB

862. 托儿所、幼儿园儿童活动场所，当必须设置在高层建筑内时，应设置在建筑物的( )。

A. 地下一层 B. 首层

C. 二层   D. 三层

E. 四层

答案：BCD

863. 下列设施中，（   ）属于防火分隔设施。

A. 防火墙   B. 防火卷帘

C. 防火阀   D. 防火门

E. 防火分隔水幕

答案：ABCDE

864. 下列（   ）都是建筑构件。

A. 梁   B. 柱

C. 砖   D. 楼板

E. 钢筋

答案：ABD

865. （   ）属于消防服务窗口应当向社会公示公开的事项。

A. 消防政务服务的相关法律、法规、规章依据

B. 受理条件、办事流程、办理时限以及廉政纪律规定

C. 消防政务服务办事指南和申请材料示范文本

D. 消防政务服务事项的受理情况、办理结果、办结时间，并提供电子或者纸质查询方法

E. 监督举报、业务咨询电话

答案：ABCDE

866. 设置在地下一层的卡拉 OK 厅，应符合（   ）等规定。

A. 地下一层地面与室外出入口地坪的高差不应大于 10 m

B. 一个厅、室的建筑面积不应大于 200 m²

C. 一个厅、室的建筑面积不应大于 400 m²

D. 不宜布置在袋形走道的两侧或尽端

E. 厅、室之间及与建筑的其他部位之间，应采用耐火极限不低于 2.00 h 的防火隔墙和 1.00 h 的不燃性楼板分隔

答案：ABDE

867. 下列设置在商业综合体建筑地下一层的场所中，疏散门应直通室外或安全出口的有（   ）。

A. 锅炉房   B. 柴油发电机房

C. 油浸变压器室   D. 消防水泵房

E. 消防控制室

答案：ACDE

868. 某丙类厂房建筑高度为 45 m，对其消防救援窗口进行防火检查，下列消防救援窗口设置的做法中，符合规范要求的有（   ）。

A. 消防救援窗口采用易碎安全玻璃，并在外侧设置明显标志

B. 每个防火分区设置 1 个消防救援窗口

C. 消防救援窗口设置在三层以上楼层

D. 消防救援窗口的净高和净宽均为 1.2 m

E. 消防救援窗口的下沿距室内地面高度为 1.2 m

答案：ADE

869. 对消防行政行为申请行政复议的申请期限表述正确的有(　　)。

A. 申请人在知道具体行政行为之日起 60 日内申请复议

B. 申请人在知道具体行政行为之日起 30 日内申请复议

C. 因不可抗力耽误法定申请期限的，申请期限自障碍消除之日起继续计算

D. 即使因不可抗力耽误法定申请期限的，申请期限也不停止计算

E. 以上都不对

答案：AC

870. 赔偿请求人要求赔偿应当递交申请书，申请书应当载明(　　)。

A. 受害人的姓名、性别、年龄、工作单位和住所

B. 法人或者其他组织的名称、住所和法定代表人或者主要负责人的姓名、职务

C. 具体的要求、事实根据和理由

D. 申请的年、月、日

E. 以上都对

答案：ABCDE

871. 下列关于消防车道设置的做法，正确的有(　　)。

A. 二类高层住宅建筑，沿其南北侧两个长边设置净宽度为 3.5 m 的消防车道

B. 消防车道穿过建筑物的洞口处地面标高为-0.3 m，洞口顶部的标高为 3.9 m，门洞宽度为 4.2 m

C. 占地面积为 2400 m² 的单层纺织品仓库，沿其两个长边设置尽头式消防车道，回车场尺寸为 12 m×13 m

D. 高层厂房周围的环形消防车道有一处与市政道路连通

E. 在一坡地建筑周围设置最大坡度为 5% 的环形消防车道

答案：BCE

872. (　　)属于消防安全领域严重失信行为。

A. 社会单位(场所)存在火灾隐患或者消防安全违法行为经消防救援机构通知后，逾期仍不整改的

B. 公众聚集场所在投入使用、营业前未经消防安全检查合格的

C. 公众聚集场所在投入使用、营业前未按规定做出消防安全承诺以及虚假承诺，且存在重大火灾隐患的

D. 单位(场所)或个人擅自拆封或者使用被消防救援机构临时查封场所、部位的

E. 以上都对

答案：BCD

873. (　　)属于消防救援机构事前应当主动向社会公开的信息。

A. 当事人的权利义务和监督救济渠道

B. 与消防执法相关的便民服务措施

C. 举报投诉的方式和途径

D. 消防服务窗口的办公地址、工作时间、联系方式以及工作人员的姓名和监督举报电话

E. 法律、法规、规章和其他规范性文件规定事前应当主动向社会公开的其他消防执法信息

答案：ABCDE

874. 高层建筑底部至少有(　　)不应布置高度大于 5 m、进深大于 4 m 的裙房。

A. 一个长边　　　　　　　　　　　B. 一个短边

C. 周边长度的 1/4　　　　　　　　 D. 周边长度的 1/2

E. 周边长度的 1/3

答案：AC

875. 下列行为实施处罚前，应当先责令限期改正，逾期不改正的才能进行处罚(　　)。

A. 宾馆使用不合格消防产品

B. 依法实行消防设计备案的建设工程未经备案，擅自施工

C. 违反消防安全规定进入生产、储存易燃易爆危险物品场所

D. 营业性场所未制定灭火和应急疏散预案

E. 以上都不对

答案：AD

876.《社会消防安全教育培训规定》明确规定，单位应当根据本单位的特点，按照下列规定对职工进行消防安全教育培训(　　)。

A. 定期开展形式多样的消防安全宣传教育

B. 对新上岗和进入新岗位的职工进行上岗前消防安全培训

C. 对在岗的职工每年至少进行一次消防安全培训

D. 消防安全重点单位每半年至少组织一次

E. 其他单位每年至少组织一次灭火和应急疏散演练

答案：ABCDE

877. (　　)不予消防行政处罚。

A. 不满十四周岁的人有违法行为的

B. 精神病人在不能辨认或者不能控制自己行为时有违法行为的

C. 违法行为轻微并及时纠正，没有造成危害后果的

D. 间歇性精神病人在精神正常时有违法行为的

E. 当事人是领导亲属的

答案：ABC

878. 消防救援机构办理消防行政处罚案件收集证据时，可以(　　)。

A. 现场勘验　　　　　　　　　　　B. 抽样取证

C. 监视居住　　　　　　　　　　　D. 先行登记保存

E. 以上都不对

答案：ABD

879. 当事人在消防行政案件听证活动中享有(　　)的权利。

A. 挑选主持人 B. 申请回避

C. 进行陈述、申辩和质证 D. 核对、补正听证笔录

E. 委托代理人参加听证

答案：BCDE

880. 可作为划分防烟分区的设施和构件的有( )。

A. 挡烟垂壁 B. 隔墙

C. 隔断 D. 固定家具

E. 从顶棚下突出不小于 0.5 m 的梁

答案：ABE

881. 消防救援机构办案人员不得担任本案听证的( )。

A. 参加人 B. 主持人

C. 听证员 D. 记录员

E. 旁听人员

答案：BCD

882. 民用建筑的( )场所应设置排烟设施。

A. 设置在一、二、三层且房间建筑面积大于 100 m² 的歌舞娱乐放映游艺场所

B. 中庭

C. 公共建筑内建筑面积大于 100 m² 且经常有人停留的地上房间

D. 公共建筑内建筑面积大于 300 m² 且可燃物较多的地上房间

E. 建筑内长度大于 20 m 的疏散走道

答案：ABCDE

883. 对存在消防安全领域失信行为的社会单位(场所)，消防救援机构应结合"双随机、一公开"监管要求，将其( )。

A. 列为重点监管对象 B. 增加抽查频次

C. 加大监管力度 D. 加重处罚力度

E. 以上都对

答案：ABC

884. 公共娱乐场所严禁( )。

A. 擅自拉接临时电线 B. 超负荷用电

C. 在营业时将安全出口上锁 D. 用铜、铁丝代替保险丝

E. 带入和存放易燃易爆物品

答案：ABCDE

885. 火灾自动报警系统一般由( )四部分组成，复杂的系统还包括消防控制设备。

A. 触发器件 B. 火灾报警装置

C. 火灾警报装置 D. 通信装置

E. 电源

答案：ABCE

886. 违法行为人( )，依法应当给予行政拘留处罚的，应当作出处罚决定，但不送达拘留所执行。

A. 不满 16 周岁的

B. 70 周岁以上的

C. 孕妇或者正在哺乳自己婴儿的妇女

D. 患有严重传染性疾病的

E. 已满 18 周岁的

答案：ABC

887. 听证主持人在听证活动中可以行使(   )等职权。

A. 确定举行听证的时间、地点　　　　B. 决定听证是否公开举行

C. 决定听证的延期、中止或者终止　　D. 决定其他听证员、记录员的回避

E. 以上都不对

答案：ABCD

888. 消防安全严重失信行为最短公示期为(   )，最长公示期为(   )。

A. 3 个月　　　　　　　　　　　　　B. 6 个月

C. 1 年　　　　　　　　　　　　　　D. 2 年

E. 3 年

答案：BE

889.《机关、团体、企业、事业单位消防安全管理规定》规定，单位消防安全制度主要包括以下内容(   )。

A. 消防控制室管理　　　　　　　　　B. 消防值班

C. 消防设施维护管理　　　　　　　　D. 火灾隐患整改

E. 用火、用电管理

答案：ABCDE

890.《中华人民共和国政府信息公开条例》规定，公民、法人或者其他组织认为行政机关在政府信息公开工作中侵犯其合法权益的，可以向上一级(   )投诉、举报。

A. 行政机关　　　　　　　　　　　　B. 监察机关

C. 法制部门　　　　　　　　　　　　D. 信访部门

E. 政府信息公开工作主管部门

答案：AE

891. 辩论结束后，听证主持人应当听取(   )各方最后陈述意见。

A. 听证申请人　　　　　　　　　　　B. 第三人

C. 证人、鉴定人、翻译人员　　　　　D. 本案办案人员

E. 以上都不对

答案：ABD

892. 下列关于申请人知道具体行政行为时间的认定正确的是(   )。

A. 作出具体行政行为的法律文书直接送交受送达人的，受送达人签收的时间为知道的时间

B. 受送达人不在的，与其共同居住的有民事行为能力的亲属签收的时间为知道的时间

C. 本人指定代收人的，代收人签收的时间为知道的时间

D. 受送达人为法人或者其他组织的，其收发部门转交法定代表人或负责人的时间为知道的时间

E. 以上都不对

答案：ABC

893. 下列(　　)场所应设置自动喷水灭火系统。

A. 建筑面积为 600 m^2 的地下商店

B. 设置在多层建筑地上三层且任一层建筑面积为 500 m^2 的网吧

C. 总建筑面积为 6000 m^2 的商场

D. 建筑高度为 110 m 的办公楼

E. 总建筑面积为 6000 m^2 的多层办公楼

答案：ABCD

894. 高层建筑内的商业营业厅、展览厅等，当符合(　　)条件时，其地上部分防火分区的最大允许建筑面积可增加到 4000 m^2。

A. 设置在裙房部位　　　　　　　　B. 设有自动灭火系统

C. 采用不燃或难燃材料装修　　　　D. 设有漏电火灾报警系统

E. 设有火灾自动报警系统

答案：BCE

895.《行政复议决定书》应当载明以下内容(　　)。

A. 被申请人答复的事实和理由

B. 公安行政复议机关认定的事实、理由和适用的依据

C. 行政复议结论

D. 向人民法院提起行政诉讼的期限

E. 以上都正确

答案：ABCD

896. 下列关于行政诉讼的说法正确的有(　　)。

A. 经人民法院传票传唤，原告无正当理由拒不到庭，或者未经法庭许可中途退庭的，视为撤诉

B. 被告无正当理由拒不到庭，或者未经法庭许可中途退庭的，可以缺席判决

C. 被告对作出的行政行为负有举证责任

D. 在诉讼过程中，被告不得自行向原告和证人收集证据

E. 以上都不对

答案：BCD

897. 行政案件中涉案人员的合法权益包括(　　)。

A. 申请回避权　　　　　　　　　　B. 沉默权

C. 知情权　　　　　　　　　　　　D. 被告知权

E. 以上都不正确

答案：ACD

898. 行政机关应当建立健全政府信息公开(　　)的工作制度，加强工作规范。

A. 申请登记　　　　　　　　　　　B. 审核

C.办理   D.答复

E.归档

答案：ABCDE

899.《中华人民共和国行政复议法》规定，行政复议机关履行行政复议职责，应当遵循（　　）的原则，坚持有错必纠，保障法律、法规的正确实施。

A.合法   B.公正

C.公开   D.及时

E.便民

答案：ABCDE

900.行政案件具有下列(　　)情形之一的，应当予以结案。

A.违法行为涉嫌构成犯罪，转为刑事案件办理的

B.作出不予行政处罚决定的

C.违法行为已过追究时效的

D.适用调解程序的案件达成协议的

E.以上都不对

答案：AB

901.通风、空气调节系统的风管在(　　)应设置防火阀。

A.穿越防火分区处

B.穿越防烟分区处

C.穿越通风、空气调节机房隔墙和楼板处

D.穿越重要的或火灾危险性大的房间隔墙和楼板处

E.穿越变形缝的两侧

答案：ACDE

902.对企业消防安全管理方面进行监督检查主要包括(　　)等内容。

A.消防安全管理制度的制定和落实情况

B.消防档案的建立健全情况

C.火灾自动报警和自动灭火系统的工作状况

D.灭火预案和应急疏散预案的制定和定期组织演练情况

E.防火检查、巡查情况

答案：ABDE

903.《中华人民共和国行政强制法》规定，实施行政强制，应当坚持(　　)与(　　)相结合的原则。

A.管理   B.教育

C.罚款   D.强制

E.以上都对

答案：BD

904.下列各项中，(　　)不应设在地下室。

A.甲类物品库房   B.乙类生产厂房

C.丙类物品库房   D.消防控制室

E. 汽车修理车位

答案：ABE

905. 消防救援机构进行消防监督检查时，可以根据需要，要求被检查单位提供(　　)等资料、文件。

A. 各项防火安全管理制度

B. 防火检查、培训教育记录

C. 新增消防产品、防火材料的合格证明材料

D. 燃油燃气设备安全装置和容器检测的记录资料

E. 有关建筑工程消防设计审核和消防验收的文件、资料

答案：ABCDE

906. 任何物质发生燃烧必须具备的三个条件是(　　)。

A. 可燃物　　　　　　　　　　B. 还原剂

C. 点火源　　　　　　　　　　D. 氧化物

答案：ACD

907. 公共娱乐场所引发群死群伤的最主要的两个原因是(　　)。

A. 安全疏散出口和窗户被铁栅栏、铁门、铝合金门等锁闭，致使发生火灾时逃生无门

B. 顾客缺乏消防安全常识，不懂火灾扑救

C. 自动灭火设施维护管理不当，火灾时发挥作用不充分

D. 从业人员缺乏消防安全常识，致使初起火灾得不到有效的扑救，在场群众得不到疏散引导

E. 营业员脱岗

答案：AD

908. 深化消防执法改革的原则为(　　)。

A. 坚持问题导向、源头治理　　　　B. 坚持简政放权、便民利企

C. 坚持放管并重、宽进严管　　　　D. 坚持公开透明、规范有序

E. 以上都对

答案：ABCDE

909. 下列属于公众聚集场所的有(　　)。

A. 宾馆　　　　　　　　　　　B. 集贸市场

C. 公共娱乐场所　　　　　　　D. 体育场馆

E. 办公楼

答案：ABCD

910. 某办公楼有地上 33 层，地下 4 层。其中地下一层为汽车库，建筑面积 3840 m^2。该建筑设有火灾自动报警系统和自动喷水灭火系统，采用剪刀楼梯间并设机械加压送风设备。则地下一层设置机械排烟系统应考虑(　　)等因素。

A. 防烟分区的划分

B. 排烟管道机械排烟口的位置

C. 是否设置送风系统

D. 排烟风机的排烟量应按照换气次数不小于 6 次/h 计算确定

E. 排烟风机的选型

答案：ABCDE

911. 消防执法人员在进行(　　)等执法活动时，应当按照规定穿着制式服装，主动出示执法身份证件。

A. 监督检查 　　　　　　　　　　B. 调查取证

C. 采取强制措施和强制执行 　　　D. 送达法律文书

E. 以上都对

答案：ABCDE

912. 消防救援机构取得的下列证据材料中，(　　)不可以作为定案依据。

A. 经查证属实的违法嫌疑人的陈述

B. 以胁迫手段取得的证据材料

C. 经当事人技术处理而无法辨明真伪的证据材料

D. 偷拍获取的侵犯他人合法权益的证据材料

E. 以欺诈手段取得的证据材料

答案：BCDE

913. 人员密集场所室内装修、装饰，应当按照消防技术标准的要求，使用(　　)材料。

A. 可燃 　　　　　　　　　　　　B. 不燃

C. 难燃 　　　　　　　　　　　　D. 燃烧

E. 易燃

答案：BC

914. 对民用建筑耐火等级的选定，正确的有(　　)。

A. 地下或半地下建筑的耐火等级不应低于一级

B. 一类高层建筑的耐火等级不应低于一级

C. 单层重要公共建筑的耐火等级不应低于二级

D. 多层重要公共建筑的耐火等级不应低于二级

E. 二类高层建筑的耐火等级不应低于二级

答案：ABCDE

915. 行政机关应诉人员在出庭应诉前，应当(　　)，以便开庭辩论时掌握主动权。

A. 详细阅卷 　　　　　　　　　　B. 研究原告诉状

C. 确定辩论提纲 　　　　　　　　D. 与原告协商

答案：ABC

916. (　　)属于一类高层民用建筑。

A. 建筑高度为 50 m 的住宅建筑

B. 建筑高度大于 50 m 的公共建筑

C. 建筑高度 24 m 以上部分任一楼层建筑面积大于 1000 m² 的商店、展览等建筑

D. 医疗建筑

E. 重要公共建筑

答案：BC

917. 消防救援机构负责人应当根据听证情况作出处理决定，处理决定有以下几种(　　)。

A. 对于确有违法行为，应当给予行政处罚的，根据其情节和危害后果的轻重，作出行政处罚决定

B. 对于确有违法行为，但违法情节轻微并及时纠正的，作出不予行政处罚决定

C. 对于违法事实不能成立的，作出不予行政处罚决定

D. 对于需要强制隔离戒毒、收容教育等处理的，依法作出相应的决定

E. 以上都不对

答案：ACD

918. 地下商场建筑中疏散通道的(　　)应采用 A 级装修材料。

A. 顶棚 　　　　　　　　　　B. 墙面

C. 柱面 　　　　　　　　　　D. 地面

E. 楼梯踏步

答案：ABCDE

919. 消防救援机构在消防监督检查时发现下列(　　)情形的，应当确定为火灾隐患。

A. 用实体墙隔断疏散通道

B. 驾驶员在处于工作状态的加油机旁吸烟

C. 违章关闭室内消火栓系统进水管阀门

D. 火灾自动报警系统损坏

E. 商场自动扶梯周围设置的防火卷帘损坏

答案：ADE

920. 同一建筑物由两个以上单位管理或者使用的，应当明确各方的消防安全责任，并确定责任人对共用的(　　)进行统一管理。

A. 疏散通道 　　　　　　　　B. 安全出口

C. 建筑消防设施 　　　　　　D. 消防车通道

E. 以上都不对

答案：ABCD

921. 实施行政处罚前的调查取证依法应当遵守(　　)的规定。

A. 办案人员不能少于 2 人 　　B. 向被调查取证人员表明执法身份

C. 与本案有利害关系的应当回避 　D. 询问应当制作笔录

E. 以上都不对

答案：ABCD

922. (　　)应当协助人民政府以及公安机关、应急管理等部门，加强消防宣传教育。

A. 村民委员会 　　　　　　　B. 居民委员会

C. 街道办事处 　　　　　　　D. 物业公司

E. 以上都不对

答案：AB

923. 对违反消防安全规定进入生产、储存易燃易爆危险物品场所的；违法使用明火作业或者在具有火灾、爆炸危险的场所违反禁令，吸烟、使用明火的，责令立即改正，处(　　)。

A. 警告 　　　　　　　　　　B. 罚款

C. 5 日以下拘留　　　　　　　　　　D. 15 日以下拘留

E. 责令停产停业

答案：ABC

924.《中华人民共和国消防法》包含(　　　)。

A. 总则　　　　　　　　　　　　　　B. 火灾预防、监督检查

C. 消防组织、法律责任　　　　　　　D. 灭火救援

E. 附则

答案：ABCDE

925. 对消防安全领域一般失信行为，消防救援机构积极推动相关部门作为(　　　)等方面的参考依据。

A. 信用评价　　　　　　　　　　　　B. 项目核准

C. 用地审批　　　　　　　　　　　　D. 金融扶持

E. 财政奖补

答案：ABCDE

926.《消防监督检查规定》规定，对当事人有下列(　　　)行为的，消防救援机构应当按照《中华人民共和国行政强制法》的有关规定组织强制清除或者拆除。

A. 占用疏散通道　　　　　　　　　　B. 堵塞疏散通道

C. 封闭疏散通道　　　　　　　　　　D. 埋压消火栓

E. 占用防火间距

答案：ABCDE

927. 集体议案主要包括(　　　)。

A. 事实是否清楚，证据是否确实充分

B. 定性是否准确，法律适用是否正确

C. 裁量基准运用是否恰当，处理建议或意见是否适当

D. 执法程序是否合法

E. 以上都对

答案：ABCDE

928. 公共娱乐场所内部的消防安全管理规定主要有(　　　)。

A. 防火安全管理制度　　　　　　　　B. 紧急安全疏散方案

C. 全员防火安全责任制　　　　　　　D. 安全巡视检查制度

E. 上岗前对从业人员的消防安全培训制度

答案：ABCDE

929.《机关、团体、企业、事业单位消防安全管理规定》规定，消防安全重点单位制定的灭火和应急疏散预案应当包括下列内容(　　　)。

A. 组织机构　　　　　　　　　　　　B. 报警和接警维持程序

C. 应急疏散的组织程序和措施　　　　D. 扑救初起火灾的程序和措施

E. 通讯联络、安全防护救护的程序和措施

答案：ABCDE

930.《消防监督检查规定》规定，对举报投诉的(　　　)消防安全违法行为，消防救援机构

应当在接到举报投诉后二十四小时内进行核查。

 A.占用疏散通道   B.堵塞疏散通道

 C.封闭安全出口   D.堵塞安全出口

 E.擅自停用消防设施

 答案：ABCDE

931. 某消防服务机构对建筑面积 30000 m² 的大型地下商场进行安全评估，在对防火隔间进行检查时发现，防火分区通向防火隔间的门为乙级防火门，两个乙级防火门的间距为 4 m，隔间的装修为轻钢龙骨石膏板吊顶，阻燃壁纸装饰墙面，隔间内有几位顾客坐在座椅上休息。根据现行国家消防技术标准，该防火隔间不符合现行国家消防技术标准规定的有(　　)。

 A.防火隔间的门为乙级防火门

 B.采用轻钢龙骨石膏板吊顶

 C.设置供人员休息用的座椅

 D.不同防火分区开向防火隔间门的间距为 4 m

 E.采用阻燃壁纸装饰墙面

 答案：ACE

932. 公共娱乐场所不得设置在(　　)。

 A.文物古建筑内   B.博物馆建筑内

 C.图书馆建筑内   D.高层建筑内

 E.超高层建筑内

 答案：ABC

933. 孙某经营的饭店未经投入使用、营业前消防安全检查，甲区消防救援机构受案后，指派消防监督员李某、吴某调查，拟责令该饭店停产停业并处罚款 3 万元。孙某向甲区消防救援机构提出听证，支队长马某指定支队另一监督员刘某主持听证。本案的听证参加人包括(　　)。

 A.孙某   B.李某

 C.吴某   D.马某

 E.以上都不对

 答案：ABC

934. 不服行政机关对民事纠纷作出的调解或者其他处理，可(　　)。

 A.申请行政复议   B.依法申请仲裁

 C.向人民法院提起诉讼   D.提起申诉

 E.以上都对

 答案：BC

935.《中华人民共和国民法典》要求，任何组织或者个人不得以(　　)等方式侵害他人的隐私权。

 A.刺探   B.侵扰

 C.泄露   D.公开

 E.以上都对

答案：ABCDE

936. 举办大型群众性活动，承办人应当依法向公安机关申请安全许可，具体要求有（　　　　）。

A.制定灭火和应急疏散预案并组织演练

B.明确消防安全责任分工

C.保持消防设施和消防器材配置齐全、完好有效

D.保证疏散通道、安全出口、疏散指示标志、应急照明和消防车通道符合消防技术标准和管理规定

E.确定消防安全管理人员

答案：ABCDE

937.（　　　　）属于公众聚集场所。

A.医院的门诊楼　　　　　　　　　　B.养老院

C.客运车站候车室、客运码头候船厅　　D.民用机场航站楼、体育场馆

E.会堂以及公共娱乐场所

答案：CDE

938. 消防救援机构办理行政案件的证据包括（　　　　）。

A.当事人的陈述和申辩　　　　　　　B.视听资料、电子数据

C.鉴定意见　　　　　　　　　　　　D.勘验、检查笔录，现场笔录

E.以上都不对

答案：ABCD

939. 消防行政处罚程序的一般步骤是（　　　　）。

A.受理

B.调查取证

C.告知当事人应有的权利

D.作出行政处罚决定并制作行政处罚决定书

E.送达和执行

答案：ABCDE

940. 消防救援机构在消防监督检查时发现具有下列（　　　　）情形之一的，应当确定为火灾隐患。

A.影响人员安全疏散或者灭火救援行动，不能立即改正的

B.消防设施不完好有效，影响防火灭火功能的

C.擅自改变防火分区，容易导致火势蔓延、扩大的

D.在人员密集场所违反消防安全规定，使用、储存易燃易爆化学物品，不能立即改正的

E.不符合城市消防安全布局要求，影响公共安全的

答案：ABCDE

941.《中华人民共和国消防法》规定，在修建道路以及（　　　　）时有可能影响消防队灭火救援的，有关单位必须事先通知当地消防救援机构。

A.停电　　　　　　　　　　　　　　B.停水

C. 截断通信线路   D. 建筑施工

E. 管道施工

答案：ABC

942. 住宅区的物业服务企业不对管理区域内的共用消防设施进行维护管理的，依据消防法的规定，处理方式有（   ）。

A. 责令期限改正

B. 逾期不改正的，对直接负责的主管人员和其他直接责任人员依法给予处分或者警告处罚

C. 拘留

D. 罚款

E. 以上都不对

答案：AB

943. 具体行政行为有下列（   ）情形之一的，决定撤销、变更或者确认该具体行政行为违法。

A. 主要事实不清、证据不足的   B. 适用依据错误的

C. 违反法定程序的   D. 超越或者滥用职权的

E. 具体行政行为明显不当的

答案：ABCDE

944. 耐火等级选定正确的有（   ）。

A. 地下或半地下建筑（室）和一类高层建筑的耐火等级不应低于一级

B. 地下或半地下建筑（室）和一类高层建筑的耐火等级不应低于二级

C. 单、多层重要公共建筑和二类高层建筑的耐火等级不应低于二级

D. 单、多层重要公共建筑和二类高层建筑的耐火等级不应低于一级

答案：AC

945. 行政机关及其工作人员利用行政强制权为单位或者个人谋取利益的，由（   ）责令改正。

A. 上级行政机关   B. 本级行政机关

C. 本级行政机关法制部门   D. 有关部门

E. 以上都对

答案：AD

946. 在消防监督检查中，发现单位消防设施设置不符合国家标准。下列处理不正确的有（   ）。

A. 对单位责令改正，处以罚款

B. 责令限期改正，逾期不改正，对单位和有关责任人予以罚款

C. 移交工商行政管理部门查处

D. 将有关情况通报产品质量监督部门

E. 以上都不对

答案：BCD

947. （   ）物质燃烧不能发生阴燃。

A. 固体   B. 液体

C. 气体   D. 金属

答案：BCD

948. 灭火器有下列情况，必须报废(　　)。

    A. 没有生产厂名称和出厂年月

    B. 未取得产品形式认证书的厂家生产的

    C. 从出厂日期算起达到报废年限的

    D. 内口式器头没有或未安装卸气螺钉和固定螺钉的

    E. 无间歇喷射机构的，贮压式灭火器无压力指示器的

    答案：ABCDE

949. 我国刑法规定的附加刑种类有(　　)。

    A. 罚金   B. 剥夺政治权利

    C. 没收财产   D. 监视居住

    E. 以上都不对

    答案：ABC

950. 火灾自动报警系统分为(　　)几种形式。

    A. 区域报警   B. 集中报警

    C. 控制中心报警   D. 通信中心报警

    答案：ABC

951. 听证的必经程序有(　　)。

    A. 申请与受理   B. 举行听证

    C. 听证中止或者听证终止   D. 听证后的处理

    E. 以上都不对

    答案：ABD

952. 根据引起物质着火的能量来源不同，生产生活实践中引火源通常有明火、光能、核能以及(　　)等。

    A. 高温物体   B. 化学热能

    C. 电热能   D. 机械热能

    E. 生物能

    答案：ABCDE

953. 当事人和其他诉讼代理人有权按照规定查阅、复制本案庭审材料，但涉及(　　)的内容除外。

    A. 国家秘密   B. 商业秘密

    C. 个人秘密   D. 个人隐私

    E. 以上都对

    答案：ABD

954. 气态火焰的构造为(　　)。

    A. 内焰   B. 外焰

    C. 焰心   D. 中焰

答案：ABC

955. 二氧化碳灭火系统按防护区的特征有以下几种形式(　　)。

A. 全淹没式　　　　　　　　　　B. 局部应用式

C. 移动式　　　　　　　　　　　D. 半移动式

E. 固定式

答案：AB

956. 消防救援机构依据消防法律、行政法规、部门行政规章做出下列行政处罚时，适用听证程序的是(　　)。

A. 责令停产停业并处罚款50000元　　B. 责令停止执业

C. 对李某处罚款2000元　　　　　　D. 没收违法所得

E. 以上都对

答案：ABC

957. 有下列(　　)情形之一的，公民、法人或者其他组织可以申请行政复议。

A. 对消防救援机构作出的警告决定不服的

B. 对消防救援机构作出的临时查封决定不服的

C. 对消防救援机构作出的内部人事变动不服的

D. 对消防救援机构作出的开业前消防安全检查不合格的意见不服的

E. 对消防救援机构作出的宣传教育行为不服的

答案：ABD

958. 民用建筑按地上层数或高度分为(　　)。

A. 单层民用建筑　　　　　　　　B. 多层民用建筑

C. 高层民用建筑　　　　　　　　D. 超高层民用建筑

答案：ABC

959. (　　)应当将消防知识纳入教育、教学、培训的内容。

A. 教育机构　　　　　　　　　　B. 人力资源行政主管部门

C. 学校　　　　　　　　　　　　D. 有关职业培训机构

E. 以上都不对

答案：ABCD

960. 违法行为人有下列情形之一的，应当依法从重处罚(　　)。

A. 一年内因同一种消防安全违法行为受到两次以上消防行政处罚的

B. 拒绝、阻碍或者以暴力威胁消防执法人员的

C. 隐匿、销毁违法行为证据的

D. 违法行为情节恶劣，造成人员伤亡或者严重社会影响的

E. 对举报人、证人打击报复的

答案：ABCDE

961. 下列对电梯井设置的表述，正确的有(　　)。

A. 电梯井应独立设置

B. 电梯井内不应敷设与电梯无关的电缆、电线

C. 电梯井井壁除开设电梯门洞和通气孔洞外，不应开设其他洞口

D. 电梯门应采用栅栏门

E. 高层民用建筑电梯井的墙壁应为耐火极限不低于 2.00 h 的不燃烧体

答案：ABCE

962. 违反《中华人民共和国消防法》规定，有(　　)行为之一的，尚不构成犯罪的，处十日以上十五日以下拘留，可以并处五百元以下罚款；情节较轻的，处警告或者五百元以下罚款。

A. 指使或者强令他人违反消防安全规定，冒险作业

B. 擅自拆封或者使用被消防救援机构查封的场所、部位

C. 在火灾发生后阻拦报警，或者负有报告职责的人员不及时报警

D. 扰乱火灾现场秩序，或者拒不执行火灾现场指挥员指挥，影响灭火救援

E. 故意破坏火灾现场

答案：ABCDE

963. 在火灾现场勘验前，调查人员应当向有关人员了解有关火灾情况，主要内容包括(　　)以及可能的起火部位、起火点。

A. 火灾发生、发展的过程　　　　　　B. 火灾现场有什么危险物品

C. 火灾当时的气象情况　　　　　　　D. 火灾肇事者藏匿处

E. 尸体表面情况

答案：ABC

964. 中小学校的火灾危险性主要有(　　)。

A. 上课时人员密集，疏散时楼道拥挤，发生火灾可能引发伤亡

B. 电、气焊作业多，可能引发火灾

C. 实验室存放危险化学品

D. 寄宿制学校的学生宿舍用火用电频繁

E. 可燃物多，火灾荷载大

答案：ACD

965. 根据具体消防违法行为的事实、性质、情节、危害后果及单位(场所)使用性质，将违法行为划分为(　　)三种情形。

A. 较轻　　　　　　　　　　　　　　B. 一般

C. 严重　　　　　　　　　　　　　　D. 特别严重

E. 以上都对

答案：ABC

966. 当事人确有经济困难，需要延期或者分期缴纳罚款的，经当事人申请和行政机关批准，可以(　　)。

A. 暂缓　　　　　　　　　　　　　　B. 不予罚款

C. 减轻罚款　　　　　　　　　　　　D. 分期缴纳

E. 以上都对

答案：AD

967. 易燃易爆气体和液体的(　　)，应当设置在符合消防安全要求的位置，并符合防火防爆要求。

A. 充装站   B. 供应站

C. 储存站   D. 调压站

E. 以上都不对

答案：ABD

968. 按《建筑设计防火规范(2018 年版)》(GB 50016—2014)规定，下列建筑物中应设置闭式自动喷水灭火系统的是(　　)。

A. 高层针织厂房   B. 占地面积为 1200 m^2 的棉制品库

C. 省级图书馆的书库   D. 500 m^2 的演播室

E. 以上都不正确

答案：AB

969. 对于单层、多层建筑中满足下列条件的房间，其装修材料的燃烧性能等级可在原规定的基础上降低一级(　　)。

A. 建筑面积小于 100 m^2 的房间

B. 采用耐火极限不低于 2.50 h 的防火隔墙与其他部位隔开时

C. 采用耐火极限不低于 2.00 h 的防火隔墙与其他部位隔开时

D. 采用乙级防火门窗与其他部位分隔时

E. 采用甲级防火门窗与其他部位分隔时

答案：ACE

970. 消防控制设备对防火卷帘的控制说法正确的是(　　)。

A. 疏散通道上的防火卷帘两侧，应设置火灾探测器组及其警报装置，且两侧应设置手动控制按钮

B. 疏散通道上的防火卷帘，感烟探测器动作后，卷帘下降至距地(楼)面 1.8 m

C. 疏散通道上的防火卷帘，感温探测器动作后，卷帘下降到底

D. 用作防火分隔的防火卷帘，火灾探测器动作后，卷帘应下降到底

E. 感烟、感温火灾探测器的报警信号及防火卷帘的关闭信号应送至消防控制室

答案：ABCDE

971. 关于某单位灭火和应急疏散预案制定和演练的说法，正确的有(　　)。

A. 灭火和应急疏散预案中应设置 3 个组织机构，分别是灭火行动组、疏散引导组、通信联络组

B. 每年应与当地消防救援机构联合开展消防演练

C. 灭火和应急疏散预案应明确疏散指示标识图和逃生线路示意图

D. 每半年开展一次消防演练

E. 演练结束后应进行总结讲评

答案：BDE

972. 消防责任事故罪中所指的"违反消防管理法规"，包括(　　)。

A. 法律   B. 行政法规

C. 地方性法规   D. 部委规章和政府规章

E. 规范性文件

答案：ABCD

973. 下列( )可不设消防给水系统。

    A. 加油站   B. 液化石油气加气站

    C. 压缩天然气加气站   D. 加油和液化石油气加气合建站

    E. 加油和压缩天然气加气合建站

    答案：ACE

974. 室内消火栓的布置应符合下列要求( )。

    A. 除规范另有要求外，室内消火栓的布置应满足同一平面由 2 支消防水枪的 2 股充实水柱同时到达任何部位的要求

    B. 高层建筑、厂房、库房和室内净空高度超过 8 m 的民用建筑等场所，栓口动压不应小于 0.35 MPa，且消防水枪的充实水柱按 13 m 计算

    C. 除高层建筑、厂房、库房和室内净空高度超过 8 m 的民用建筑等场所外的其他场所，栓口动压不应小于 0.25 MPa，且消防水枪的充实水柱按 10 m 计算

    D. 消火栓按 2 支消防水枪的 2 股充实水柱布置的建筑物，消火栓的布置间距不应大于 30 m

    答案：ABCD

975. 氧化剂强烈的氧化性表现在( )。

    A. 氧化价态高   B. 金属活泼性强

    C. 易分解   D. 氧化性极强

    E. 与可燃物作用发生燃烧爆炸

    答案：ABCDE

976. 对消防车道的设置要求，以下描述正确的有( )。

    A. 当建筑物的沿街部分长度超过 150 m 或总长度超过 220 m 时，应在适中位置设置穿过建筑物的消防车道

    B. 高层民用建筑，超过 3000 个座位的体育馆，超过 2000 个座位的会堂，应设置环形消防车道

    C. 供消防车取水的天然水源和消防水池，应设置消防车道

    D. 消防车道的净宽度和净高度不应小于 4 m

    E. 消防车道的路面、救援操作场地、消防车道和救援操作场地下面的管道和暗沟等，应能承受重型消防车的压力

    答案：ABCDE

977. 对消防行政行为申请行政复议的申请期限表述正确的有( )。

    A. 申请人在知道具体行政行为之日起 60 日内申请复议

    B. 申请人在知道具体行政行为之日起 15 日内申请复议

    C. 因不可抗力耽误法定申请期限的，申请期限自障碍消除之日起继续计算

    D. 因不可抗力耽误法定申请期限的，申请期限重新计算

    E. 以上都不对

    答案：AC

978. 《中华人民共和国国家信访条例》规定，对依法应当通过( )等法定途径解决的投诉请求，信访人应当依照有关法律、行政法规规定的程序向有关机关提出。

A. 赔偿　　　　　　　　　　　　B. 诉讼

C. 行政复议　　　　　　　　　　D. 仲裁

E. 举报、投诉

答案：BCD

979. 下列对警告的表述正确的是(　　)。

A. 警告属申诫罚　　　　　　　　B. 警告是行政处罚的一种

C. 警告是行政处罚中最轻的一种处罚　　D. 警告视情可口头作出也可书面作出

E. 以上都不对

答案：ABCD

980. 灭火的主要机理是(　　)。

A. 减少可燃物　　　　　　　　　B. 降低温度

C. 降低氧浓度　　　　　　　　　D. 降低燃点

答案：ABCD

981. (　　)期限为 30 日。

A. 扣押　　　　　　　　　　　　B. 扣留

C. 查封　　　　　　　　　　　　D. 停用

E. 以上都对

答案：ABC

982. 人民法院不受理公民、法人或者其他组织对(　　)事项提起的诉讼。

A. 国防、外交等国家行为

B. 行政法规、规章或者行政机关制定、发布的具有普遍约束力的决定、命令

C. 行政机关对行政机关工作人员的奖惩、任免等决定

D. 法律规定由行政机关最终裁决的具体行政行为

E. 以上都正确

答案：ABCDE

983. 《中华人民共和国民法典》所称的(　　)，包括本数。

A. "以上"　　　　　　　　　　　B. "以下"

C. "以内"　　　　　　　　　　　D. "届满"

E. "不满"

答案：ABCD

984. 《中华人民共和国消防法》规定，消防救援机构及其工作人员不得利用职务为用户、建设单位指定或者变相指定(　　)。

A. 消防技术服务机构　　　　　　B. 消防产品销售单位

C. 消防产品的品牌　　　　　　　D. 消防设施施工单位

E. 以上都不对

答案：ABCD

985. 机关、团体、企业、事业等单位应当履行(　　)消防安全职责。

A. 落实消防安全责任制，制定本单位的消防安全制度、消防安全操作规程，制定灭火和应急疏散预案

B. 对建筑消防设施每年至少进行一次全面检测,确保完好有效,检测记录应当完整准确,存档备查

C. 保障疏散通道、安全出口、消防车通道畅通,保证防火防烟分区、防火间距符合消防技术标准

D. 按照国家标准、行业标准配置消防设施、器材,设置消防安全标志,并定期组织检验、维修,确保完好有效

E. 以上都不对

答案:ABCD

986. 消防行政处罚决定书应当载明当事人的基本情况、违法事实和证据,以及(　　)内容,并加盖作出行政处罚决定的消防救援机构的印章。

A. 行政处罚的种类和依据

B. 行政处罚的履行方式和期限

C. 不服行政处罚决定,申请行政复议或提起行政诉讼的途径和期限

D. 作出行政处罚决定的消防救援机构名称和作出决定的日期

E. 处罚决定书的编号

答案:ABCDE

987. 消防行政处罚是(　　)。

A. 具体行政行为

B. 对消防违法行为人的惩戒和制裁

C. 消防管理行为

D. 对消防行政相对人权利的剥夺或者限制

E. 以上都不正确

答案:ABCD

988. 下列属于一类高层民用建筑的有(　　)。

A. 高度大于 24 m 的医院的门诊楼　　　　B. 高度大于 24 m 的重要公共建筑

C. 建筑高度为 50 m 的住宅建筑　　　　　D. 藏书 50 万册的图书馆

E. 高度大于 50 m 的教学楼

答案:ABE

989. 下列送达法律文书的方式,错误的是(　　)。

A. 本人不在,由成年家属签收

B. 无法直接送达的,可以邮寄送达

C. 受送达人本人或代收人拒绝签收的,必须公告送达

D. 可以通过电话通知的方式送达

E. 以上都不对

答案:CD

990. 作为(　　)等执法证据使用的音像资料保存期限应当与案卷保存期限相同。

A. 消防行政处罚　　　　　　　　　　　　B. 行政强制

C. 火灾事故调查　　　　　　　　　　　　D. 以上都对

答案:ABCD

991.《机关、团体、企业、事业单位消防安全管理规定》规定，防火检查的内容包括（　　　）。
A.火灾隐患整改情况　　　　　　B.疏散设施情况
C.消防车通道情况　　　　　　　D.用火、用电有无违章情况
E.灭火器材配置及有效情况
答案：ABCDE

992.《消防监督检查规定》规定，消防救援机构在执法监督中应当（　　　）。
A.健全消防监督检查工作制度　　B.建立执法档案
C.定期进行执法质量考评　　　　D.落实执法过错责任追究
E.成立专门执法队
答案：ABCD

993.防火分区是在建筑内部采用（　　　）分隔而成，能在一定时间内防止火灾向同一建筑的其余部分蔓延的局部空间。
A.防火墙　　　　　　　　　　　B.耐火楼板
C.其他防火分隔设施　　　　　　D.挡烟垂壁
E.防火门
答案：ABCE

994.消防安全重点单位除应当履行《中华人民共和国消防法》第十六条规定的职责外，还应当（　　　）。
A.确定消防安全管理人，组织实施本单位的消防安全管理工作
B.建立消防档案，确定消防安全重点部位，设置防火标志，实行严格管理
C.实行每周防火巡查，并建立巡查记录
D.实行每日防火巡查，并建立巡查记录
E.对职工进行岗前消防安全培训，定期组织消防安全培训和消防演练
答案：ABDE

995.下列对机械排烟系统的排烟管道说法错误的是（　　　）。
A.管道应用非金属材料制作
B.必须采用不燃材料制作
C.应在其机房入口处设置有当烟气温度超过280 ℃时能自行关闭的排烟防火阀
D.应在其机房入口处设置有当烟气温度超过70 ℃时能自行关闭的排烟防火阀
E.在排烟支管上应设当烟气温度超过280 ℃时能自行关闭的排烟防火阀
答案：AD

996.《建筑设计防火规范（2018年版）》（GB 50016—2014）中高层民用建筑根据（　　　）将其分为一、二两类。
A.建筑高度　　　　　　　　　　B.使用功能
C.结构形式　　　　　　　　　　D.周围环境
E.楼层的建筑面积
答案：ABE

997.总平面防火设计中，应根据建筑物的（　　　）以及地形、地势和建筑物所在地区常年主

导风向等因素进行合理布局。

A. 使用性质   B. 火灾危险性

C. 消防设施   D. 耐火等级

E. 安全疏散

答案：ABD

998. 对无法履行告知义务的违法行为人，消防救援机构仍可以依法对其作出行政处罚决定，但要符合(　　)条件。

A. 因违法行为人逃跑等导致消防救援机构无法履行告知义务

B. 违法行为必须事实清楚，证据确实充分

C. 消防救援机构可以采取公告方式予以告知

D. 在公告期间，违法嫌疑人未提出申辩的

E. 以上都不对

答案：ABCD

999. 高层民用建筑防烟楼梯间的设置应符合(　　)等规定。

A. 楼梯间入口处应设前室、阳台或凹廊

B. 前室和楼梯间的门均应为乙级防火门，并应向疏散方向开启

C. 前室的面积，居住建筑不应小于 6 m²，公共建筑不应小于 10 m²

D. 楼梯间应采用不低于 B1 级的材料装修

E. 楼梯间应按规定设置防烟排烟设施

答案：AB

1000. 二级耐火等级的幼儿园的儿童用房可设在(　　)。

A. 建筑的一、二层   B. 建筑的三层

C. 建筑的四层   D. 地下建筑内

E. 半地下建筑内

答案：AB

1001. 民用建筑的(　　)场所或部位应设置排烟设施。

A. 设置在一、二、三层且房间建筑面积大于 100 m² 的歌舞娱乐放映游艺场所，设置在四层及以上楼层、地下或半地下的歌舞娱乐放映游艺场所

B. 公共建筑内建筑面积大于 100 m² 且经常有人停留的地上房间

C. 公共建筑内建筑面积大于 300 m² 且可燃物较多的地上房间

D. 建筑内长度大于 20 m 的疏散走道

E. 中庭

答案：ABCDE

1002. 违法行为人有下列情形之一的，消防救援机构应对其从重处罚(　　)。

A. 李某过失引起火灾造成较轻后果，尚不构成犯罪

B. 王某教唆小孩玩火，造成较大损失，尚不构成犯罪

C. 吴某对证人打击报复

D. 消防救援机构在调查张某谎报火警时，发现其一年内曾因谎报火警两次被消防救援机构处罚

E.以上都不对

答案：BCD

1003.地方性法规可以设定的行政强制措施有(　　　)。

A.限制公民人身自由 　　　　　　　　B.查封场所、设施或者财物

C.扣押财物 　　　　　　　　D.冻结存款、汇款

E.以上都不对

答案：BC

1004.以下属于行政强制执行方式的有(　　　)。

A.加处罚款或者滞纳金

B.划拨存款、汇款

C.冻结存款、汇款

D.拍卖或者依法处理查封、扣押的场所、设施或者财物

E.以上都不对

答案：ABD

1005.获取放火现场的物证主要包括(　　　)。

A.获取引火物证

B.获取放火火种根据

C.获取放火者行迹的根据

D.获取现场设备、仪器等人为破坏的物证

E.获取物体移动、翻动痕迹物证

答案：ABCDE

1006.防火间距不足时可采取的防火技术措施有(　　　　)。

A.改变建筑物的生产和使用性质

B.限制库房内储存物品的数量

C.将建筑物的普通外墙改造为防火墙

D.在建筑的相邻面减小开口面积

E.开口部位增设防火门窗或防火分隔水幕

答案：ABCDE

1007.行政机关公开政府信息，遵循(　　　)的原则。

A.公正 　　　　　　　　B.公平

C.合法 　　　　　　　　D.便民

E.以上都对

答案：ABCDE

1008.公民、法人或者其他组织认为行政机关和行政机关工作人员的由(　　　)授权作出的行政行为侵犯其合法权益，有权依法向人民法院提起诉讼。

A.法律 　　　　　　　　B.法规

C.规章 　　　　　　　　D.以上都对

答案：ABCD

1009.消防救援机构在作出行政处罚决定前，应当告知违法嫌疑人拟作出行政处罚决定的

事实、理由及依据，并告知违法嫌疑人依法享有( )。

A. 陈述权 B. 沉默权

C. 申诉权 D. 申辩权

E. 以上都不对

答案：AD

1010. 收集证据时严禁采用( )等方式进行。

A. 刑讯逼供 B. 威胁

C. 引诱 D. 欺骗

答案：ABCD

1011. 行政侵权行为所造成的下列财产损失中，适用支付赔偿金的方式的有( )。

A. 罚款 B. 扣押的财产灭失

C. 能恢复原状的财产 D. 变卖价值低于财产价值的财产

E. 以上都不对

答案：BD

1012. ( )属于行政复议参加人。

A. 提出行政复议申请的王某

B. 被申请人的甲区消防救援机构

C. 与该具体行政行为有利害关系的第三人李某

D. 被申请复议的行政处罚案件中的证人张某

E. 复议机关法制机构负责人

答案：ABC

1013. 《中华人民共和国标准化法》把我国标准分为哪几级？( )

A. 国家标准 B. 行业标准

C. 地方标准 D. 企业标准

E. 以上都不正确

答案：ABCD

1014. 消防控制室的检查，包括( )等内容。

A. 安全出口 B. 应急照明及疏散指示标志

C. 通风管道的设置 D. 电气线路和管路的设置

E. 以上都对

答案：ABCDE

1015. 消防救援机构办理行政案件，除涉及( )的行政案件外，听证公开举行。

A. 单位信誉 B. 国家秘密

C. 商业秘密 D. 个人隐私

E. 集体讨论

答案：BCD

1016. 消防救援机构进行监督抽查时，应当检查下列内容( )。

A. 被检查单位的建筑物或者场所是否依法通过了消防设计审核、消防验收、消防安全检查

B. 建筑物的使用性质是否符合规定

C. 疏散通道、安全出口、疏散指示标志、应急照明、消防车通道、防火防烟分区、防火间距是否符合规定

D. 消防设施运行、消火栓状况以及灭火器材配置是否符合规定

E. 消防控制室的值班操作人员是否持证上岗及其他需要检查的内容

答案：ABCDE

1017. 某消防救援机构在对一商场进行消防监督检查时发现(   )情形的，应当确定为火灾隐患。

A. 用实体墙隔断疏散通道

B. 自动喷水灭火系统损坏

C. 擅自关闭室内消火栓系统进水管阀门

D. 商场自动扶梯周围设置的防火卷帘不能下降

答案：ABCD

1018. 在消防监督检查中，发现城乡消防安全布局、公共消防设施不符合消防安全要求，或者发现本地区存在影响公共安全的重大火灾隐患的，消防机构应当组织集体研究确定，自检查之日起(   )个工作日内提出处理意见，由所属公安机关书面报告本级人民政府解决；对影响公共安全的重大火灾隐患，还应当在确定之日起(   )个工作日内书面通知存在重大火灾隐患的单位进行整改。

A. 7　　　　　　　　　　　　　　　B. 10

C. 3　　　　　　　　　　　　　　　D. 4

答案：AC

1019. 二类高层公共建筑的(   )部位应设自动喷水灭火系统。

A. 公共活动用房　　　　　　　　　　B. 走道、办公室和旅馆的客房

C. 自动扶梯底部　　　　　　　　　　D. 可燃物品库房

答案：ABCD

1020. 防火门、防火窗应划分为(   )。

A. 甲级　　　　　　　　　　　　　　B. 乙级

C. 丙级　　　　　　　　　　　　　　D. 丁级

答案：ABC

1021. 手动火灾报警按钮设置的要求为(   )。

A. 每个防火分区应至少布置一个手动火灾报警按钮

B. 从一个防火分区内的任何位置到最邻近的一个手动火灾报警按钮的步行距离不应大于 15 m

C. 从一个防火分区内的任何位置到最邻近的一个手动火灾报警按钮的步行距离不应大于 30 m

D. 手动火灾报警按钮应设置在明显和易于操作的部位，在公共活动场所的出入口处

E. 当手动火灾报警按钮安装在墙上时，其底边距地(楼)面高度宜为 1.3~1.5 m，且应有明显的标志

答案：ACDE

1022. 二类高层建筑的( )部位应设火灾自动报警系统。

A. 电子计算机的主机房、控制室、纸库、磁带库

B. 面积大于 50 m² 的可燃物品库房

C. 面积大于 500 m² 的营业厅

D. 经常有人停留或可燃物较多的地下室

E. 性质重要或有贵重物品的房间

答案：ABCDE

1023. 除普通住宅外，建筑高度不超过 100 m 的一类高层建筑的( )部位应设置火灾自动报警系统。

A. 高级旅馆的客房和公共活动用房

B. 商业楼、商住楼的营业厅，展览楼的展览厅，图书馆的阅览室、办公室、书库

C. 电信楼、邮政楼的重要机房和重要房间，财贸金融楼的办公室、营业厅、票证库

D. 办公楼的办公室、会议室、档案室

E. 广播电视楼的演播室、播音室、录音室、节目播出技术用房、道具布景

答案：ABCDE

1024. 汽车加油站的等级是按( )三个等级划分的(柴油容积可折半计入油罐总容积)。

A. 汽车加油站油罐总容量为 150 m³<V≤210 m³，单罐容量≤50 m³ 的为一级加油站

B. 汽车加油站油罐总容量为 120 m³<V≤220 m³，单罐容量≤50 m³ 的为一级加油站

C. 汽车加油站油罐总容量为 90 m³<V≤150 m³，单罐容量≤50 m³ 的为二级加油站

D. 汽车加油站油罐总容量为 120 m³<V≤180 m³，单罐容量≤30 m³ 的为二级加油站

E. 汽车加油站油罐总容量为 V≤90 m³，单罐容量汽油罐≤30 m³、柴油罐≤50 m³ 的为三级加油站

答案：ACE

1025. 除敞开式汽车库以外，( )应设置火灾自动报警系统。

A. Ⅰ类汽车库

B. Ⅰ类修车库

C. Ⅱ类地下汽车库

D. 高层汽车库以及机械式立体汽车库、复式汽车库

E. 采用升降梯作汽车疏散出口的汽车库

答案：ABCE

1026. 建筑中( )设备应采用消防电源。

A. 消防控制室、消防水泵、防排烟设施

B. 火灾报警装置、自动灭火装置

C. 火灾事故照明、疏散指示标志

D. 消防电梯

E. 电动防火门窗、卷帘、阀门

答案：ABCDE

1027. 根据《建筑设计防火规范(2018 年版)》(GB 50016—2014)，( )应设火灾自动报警系统。

A. 大、中型电子计算机房　　　　　　B. 高层丙类厂房

C. 任一层面积大于 3000 m^2 的百货大楼　　D. 藏书超过 10 万册的图书馆

E. 普通办公楼

答案：ABC

1028. 一个面积超过 500 m^2、净高不大于 6 m 的房间，当需要设置机械排烟设施时可采用（　　）划分防烟分区。

A. 顶棚下突出不小于 400 mm 的梁　　　B. 隔墙

C. 挡烟垂壁　　　　　　　　　　　　D. 顶棚下突出不小于 500 mm 的梁

E. 防火卷帘

答案：BCD

1029. 高层民用建筑和（　　）消防给水系统应设备用消防水泵。

A. 七至九层的单元式住宅

B. 七至九层的塔式住宅

C. 建筑高度大于 24 m，且建筑物体积为 20000 m^3 的丁、戊类厂房

D. 二级耐火等级，且建筑物体积为 25000 m^3 的丙类库房

E. 地下人防工程

答案：DE

1030. （　　）等建筑物室内设置的消火栓，其水枪的充实水柱不应小于 13 m。

A. 高架库房

B. 高层厂房

C. 甲、乙类厂（库）房

D. 室内净空高度超过 8 m 的民用建筑

E. 二类高层民用建筑

答案：ABCDE

1031. 下列场所应设置消防软管卷盘或轻便消防水龙（　　）。

A. 人员密集的公共建筑

B. 建筑高度大于 100 m 的建筑

C. 建筑面积大于 200 m^2 的商业服务网点

D. 耐火等级为二级的多层丁类厂房

答案：ABC

1032. 室内消火栓栓口的出水方向应（　　）。

A. 向下　　　　　　　　　　　　　　B. 向左

C. 向右　　　　　　　　　　　　　　D. 与设消火栓的墙面垂直

E. 与设消火栓的墙面平行

答案：AD

1033. （　　）属于高层民用建筑。

A. 建筑高度大于 27 m 的住宅建筑　　B. 单层体育馆

C. 高度为 26 m 的两层展览馆　　　　D. 高度为 28 m 的三层厂房

答案：AC

1034. 建筑的封闭楼梯间应符合( )的规定。
　　A. 楼梯间应靠外墙，并应直接天然采光和自然通风
　　B. 楼梯间不能直接天然采光和自然通风时，应按防烟楼梯间规定设置
　　C. 楼梯间应设乙级防火门，并应向疏散方向开启
　　D. 楼梯间的首层紧接主要出口时，可将走道和门厅等包括在楼梯间内，形成扩大的封闭楼梯间
　　E. 楼梯间的装修材料燃烧性能应不低于 B1 级
　　答案：ABCD

1035. 固定式液下泡沫喷射灭火系统由( )等组成。
　　A. 泡沫消防泵　　　　　　　B. 比例混合器
　　C. 高背压泡沫产生器　　　　D. 氟蛋白或水成膜泡沫液储罐
　　E. 管道
　　答案：ABCDE

1036. 对预作用喷水灭火系统的说法，正确的是( )。
　　A. 预作用报警阀到管网末端充以低压气体
　　B. 采用闭式喷头
　　C. 采用开式喷头
　　D. 喷头动作后才排气充水
　　E. 火灾自动报警装置报警后立即排气充水
　　答案：ABE

1037. 末端试水装置动作后，下列( )组件应动作。
　　A. 水流指示器　　　　　　　B. 水力警铃
　　C. 压力开关　　　　　　　　D. 湿式报警阀
　　E. 闭式喷头
　　答案：ABCD

1038. 下列( )的场所不宜选用光电感烟探测器。
　　A. 可能产生黑烟　　　　　　B. 有大量粉尘、水雾滞留
　　C. 可能产生蒸气和油雾　　　D. 在正常情况下有烟滞留
　　E. 有电气火灾危险
　　答案：BCD

1039. 柴油发电机房应符合( )等规定。
　　A. 柴油发电机房应采用耐火极限不低于 2.00 h 的隔墙和 1.50 h 的楼板与其他部位隔开
　　B. 柴油发电机房内应设置储油间，总储量不应超过 8 h 的需要量
　　C. 柴油发电机房内储油间应采用防火墙与发电机房隔开，当必须在防火墙上开门时，应设置能自行关闭的甲级防火门
　　D. 应设置火灾自动报警系统
　　E. 应设置相适应的灭火设施
　　答案：ACDE

1040. 建筑内的管道井、电缆井应采取(　　)等防火措施。

A. 井壁应为耐火极限不低于 1.00 h 的不燃烧体

B. 管道井、电缆井应分别独立设置

C. 每隔 2~3 层在楼板处用相当于楼板耐火极限的不燃烧体作防火分隔

D. 井壁上的检查门应采用丙级防火门

E. 管道井、电缆井与房间、走道相连通的孔洞，其空隙应采用防火封堵材料封堵

答案：ABDE

1041. 下列按照国家工程建筑消防技术标准需要进行消防设计的(　　)工程项目，消防设计未经审核或审核不合格的不得擅自施工。

A. 新建　　　　　　　　　　　　B. 扩建

C. 用途变更　　　　　　　　　　D. 建筑内部装修

E. 核电厂

答案：ABCD

1042. (　　)的两个电源或两回路，应在最末一级配电箱处自动切换。

A. 消防控制室　　　　　　　　　B. 消防水泵

C. 空调机　　　　　　　　　　　D. 防烟排烟风机

E. 消防电梯

答案：ABDE

1043. 扑救带电火灾应选用(　　)灭火器。

A. 卤代烷　　　　　　　　　　　B. 二氧化碳

C. 干粉　　　　　　　　　　　　D. 泡沫

E. 水型

答案：ABC

1044. 扑救 B 类火灾应选用(　　)灭火器。

A. 干粉　　　　　　　　　　　　B. 二氧化碳

C. 泡沫　　　　　　　　　　　　D. 水型

E. 卤代烷

答案：ABCE

1045. 扑救 A 类火灾应选用(　　)灭火器。

A. 水型　　　　　　　　　　　　B. 二氧化碳

C. 磷酸铵盐干粉　　　　　　　　D. 泡沫

E. 卤代烷

答案：ACDE

1046. 《建筑灭火器配置设计规范》(GB 50140—2005)适用于(　　)等场所。

A. 新建的生产、使用和储存可燃物的工业与民用建筑

B. 扩建、改建的生产、使用和储存可燃物的工业与民用建筑

C. 生产和储存火药、炸药、弹药、火工品、花炮的厂房

D. 九层及九层以下的普通住宅

E. 七层及七层以下的普通住宅

答案：AB

1047. 高倍数泡沫灭火系统不适用于扑救(　　　)火灾。

    A. 炸药　　　　　　　　　　　　B. 未封闭的带电设备

    C. 控制流淌的液化天然气　　　　D. 金属镁

    E. 五氧化二磷

    答案：ABCE

1048. 可以液下喷射方式扑救油罐火灾的灭火剂为(　　　)。

    A. 蛋白泡沫液　　　　　　　　　B. 氟蛋白泡沫液

    C. 水成膜泡沫液　　　　　　　　D. 抗溶性泡沫液

    E. 成膜氟蛋白泡沫液

    答案：BCE

1049. 装有自动喷水灭火系统的建筑物，在(　　　)应设喷头。

    A. 净空高度大于 80 cm 的有可燃物的闷顶和技术夹层内

    B. 宽度大于 1.2 m 的梁、通风管道、排管、桥架等障碍物下方

    C. 宽度大于 60 cm 的挑廊下方

    D. 宽度大于 60 cm 的矩形风道下方

    E. 横截面边长小于 75 cm 的靠墙障碍物下方

    答案：AB

1050. (　　　)等或部位应设水喷雾灭火系统。

    A. 单台容量在 40 MW 及以上的厂矿企业可燃油油浸电力变压器

    B. 飞机发动机试车台的试车部位

    C. 高层民用建筑内燃油、燃气锅炉房

    D. 每座占地面积超过 1000 m² 的棉、毛、丝、麻、化纤、毛皮及其制品库房

    E. 高层民用建筑内的自备发电机房

    答案：AB

1051. 选择灭火器的基本因素有(　　　)。

    A. 配置场所的火灾种类　　　　　B. 灭火有效程度

    C. 保护物品的污损程度　　　　　D. 设置点的环境温度

    E. 使用灭火器人员的素质

    答案：ABCDE

1052. 灭火器的设置要求有(　　　)。

    A. 应设在便于人们取用的地点　　B. 铭牌必须朝外

    C. 应设置稳固　　　　　　　　　D. 设置不得影响安全疏散

    E. 应设置在明显的地点

    答案：ABCDE

1053. 气体灭火系统适用于扑救(　　　)。

    A. A 类火灾中一般固体物质的表面火灾

    B. B 类火灾

    C. C 类火灾

D. 带电设备与电气线路的火灾

E. 强氧化剂、含氧化剂的混合物火灾

答案：ABCD

1054. 室内消火栓箱是指安装在建筑物内的消防给水管路上由(　　)和启泵按钮等组成的消防装置。

A. 箱体 　　　　　　　　　B. 消防斧

C. 水带 　　　　　　　　　D. 室内消火栓

E. 水枪

答案：ACDE

1055. 扑救汽油火灾可选用(　　)灭火器。

A. 水型 　　　　　　　　　B. 泡沫

C. 磷酸铵盐干粉 　　　　　D. 卤代烷

E. 二氧化碳

答案：BCDE

1056. 计算消防水池的容量首先应确定(　　)等参数。

A. 火灾延续时间 　　　　　B. 室内消防用水量

C. 室外消防用水量 　　　　D. 火灾延续时间内的补水量

E. 城市道路情况

答案：ABCD

1057. (　　)独立设置可作为防火分隔。

A. 湿式喷水系统 　　　　　B. 干式喷水系统

C. 预作用喷水系统 　　　　D. 甲级防火门

E. 水幕系统

答案：DE

1058. 下列(　　)等场所应设置自动喷水灭火系统。

A. 一类高层民用建筑的办公室

B. 建筑面积超过 9000 m² 的百货商场

C. Ⅱ类修车库

D. 超过 1500 个座位的剧院观众厅

E. 二类高层民用建筑的办公室

答案：ABDE

1059. 下列系统中，(　　)属于闭式自动喷水灭火系统。

A. 湿式自动喷水灭火系统 　　B. 干式自动喷水灭火系统

C. 雨淋系统 　　　　　　　　D. 水幕系统

E. 预作用自动喷水灭火系统

答案：ABE

1060. 末端试水装置的作用是(　　)。

A. 测定最不利点处喷头的工作压力

B. 测定配水管道是否畅通

C. 测定自动喷水灭火系统的工况是否正常

D. 直接启动消防水泵

E. 清洗管道

答案：ABC

1061. 干式喷水灭火系统适用的环境温度为(　　　)。

A. 低于 4 ℃   B. 高于 4 ℃

C. 高于 70 ℃   D. 低于 70 ℃

E. 不限

答案：AC

1062. 湿式喷水灭火系统中压力开关的主要作用为(　　　)。

A. 启动喷淋泵   B. 将水流信号反馈至控制中心

C. 启动水力警铃动作   D. 启动水流指示器

E. 延时

答案：AB

1063. 高层民用建筑的室内消火栓系统由(　　　)等组件组成。

A. 室内消火栓箱   B. 管道

C. 消防水泵   D. 水泵接合器

E. 消防水箱

答案：ABCDE

1064. 火灾自动报警系统日常检查主要包括(　　　)等几个方面。

A. 外观检查   B. 报警控制器的功能、性能检查

C. 疏散通道、安全出口的检查   D. 系统的功能、性能检查

E. 灭火器的检查

答案：ABD

1065. 火灾探测器的选择，应符合(　　　)等规定。

A. 对火灾初期有阴燃阶段，产生大量的烟和少量的热，很少或没有火焰辐射的场所，应选择感烟探测器

B. 对火灾发展迅速，可产生大量热、烟和火焰辐射的场所，可选择感温探测器、感烟探测器、火焰探测器或其组合

C. 对火灾发展迅速，有强烈的火焰辐射和少量的烟、热的场所，应选择火焰探测器

D. 对火灾形成特征不可预料的场所，可根据模拟试验的结果选择探测器

E. 对使用、生产或聚集可燃气体或可燃液体蒸气的场所，应选择可燃气体探测器

答案：ABCDE

1066. 下列(　　　)等场所或部位宜选用感温探测器。

A. 相对湿度经常大于 95%   B. 有大量粉尘

C. 在正常情况下有烟和蒸气滞留   D. 锅炉房、厨房、烘干车间

E. 无烟火灾

答案：ABCDE

1067. 建筑物内，应分别单独划分探测区域的场所有(　　　)。

A. 建筑物闷顶   B. 敞开楼梯间

C. 防烟楼梯间前室   D. 管道井

E. 建筑物夹层

答案：ABCDE

1068. 总平面防火设计中，应根据建筑物的( )以及地形、地势和建筑物所在地常年主导风向等因素进行合理布局。

A. 使用性质   B. 火灾危险性

C. 消防设施   D. 耐火等级

E. 安全疏散

答案：ABD

1069. 按火灾危险性分类，下列属于甲类储存物品的是( )。

A. 闪点<28 ℃的液体

B. 爆炸下限≥10%的气体

C. 常温下能自行分解或在空气中氧化即能导致迅速自燃或爆炸的物质

D. 助燃气体

E. 常温下受到水或空气中水蒸气的作用能产生可燃气体并引起燃烧或爆炸的物质

答案：ACE

1070. 按火灾危险性分类，下列属于乙类储存物品的是( )。

A. 不属于甲类的氧化剂

B. 助燃气体

C. 28 ℃≤闪点<60 ℃的液体

D. 可燃固体

E. 受撞击、摩擦或与氧化剂、有机物接触时能引起燃烧或爆炸的物质

答案：ABC

1071. 下列应设防烟楼梯间的建筑物有( )。

A. 一类高层民用建筑   B. 建筑高度大于 33 m 的住宅

C. 超过 11 层的通廊式住宅   D. 裙房

E. 无直接采光和自然排烟的裙房

答案：ABE

1072. 建筑物的安全疏散设施有( )。

A. 疏散楼梯   B. 疏散走道

C. 安全出口   D. 应急广播

E. 室内消火栓

答案：ABCD

1073. 确定防火间距的基本原则是( )。

A. 考虑热辐射的作用   B. 考虑灭火作战实际需要

C. 考虑节约用地   D. 考虑建筑物内的消防设施

E. 考虑飞火的影响

答案：ABC

1074. 下列建筑中,消防用电负荷应为二级的是(　　)。

A. 室外消防用水量超过 30 L/s 的工厂

B. 室外消防用水量超过 35 L/s 的可燃气体储罐

C. 超过 1500 个座位的体育馆

D. 室外消防用水量超过 25 L/s 的其他公共建筑

E. 建筑高度超过 50 m 的丙类库房

答案:ABD

1075. 防火阀与排烟防火阀的相同之处在于(　　)。

A. 能在一定时间内满足耐火稳定性和耐火完整性的要求

B. 能起到阻火隔烟的作用

C. 组成、形状和工作原理相似

D. 安装在相同系统的管道上

E. 动作温度相同

答案:ABC

1076. 建筑周围设置消防车道应考虑(　　)等因素。

A. 净高 　　　　　　　　　　　　　B. 净宽

C. 承压 　　　　　　　　　　　　　D. 回车

E. 减震

答案:ABCD

1077. 高层民用建筑的观众厅、会议厅、多功能厅等人员密集场所设在四层或四层以上时,应符合(　　)等规定。

A. 一个厅、室的建筑面积不宜超过 400 m²

B. 一个厅、室的建筑面积不应超过 200 m²

C. 一个厅、室的安全出口不应少于两个

D. 必须设置自动喷水灭火系统和火灾自动报警系统

E. 幕布和窗帘应采用经阻燃处理的织物

答案:ACDE

1078. 高层建筑的总体布局应考虑(　　)。

A. 应根据城市规划,合理确定高层建筑的位置、防火间距、消防车道和消防水源等

B. 不宜布置在火灾危险性为甲、乙类的厂(库)房附近

C. 不宜布置在甲、乙、丙类液体和可燃气体储罐以及可燃材料堆场附近

D. 高层建筑的附属建筑设置应符合规范要求

E. 高层建筑应布置在常年主导风向上风向

答案:ABCD

1079. 《建筑设计防火规范(2018 年版)》(GB 50016—2014)根据高层民用建筑的(　　)将其分为一、二类。

A. 建筑高度 　　　　　　　　　　　B. 使用功能

C. 结构形式 　　　　　　　　　　　D. 周围环境

E. 楼层的建筑面积

答案：ABE

1080. 下列多层公共民用建筑应设置封闭楼梯间(　　)。

A. 医院、疗养院的病房楼

B. 设有空气调节系统的多层旅馆

C. 公共建筑的室内疏散楼梯

D. 6层及以上的其他公共建筑

E. 设有歌舞娱乐放映游艺场所且超过2层的地上建筑

答案：ABDE

1081. 高层民用建筑防烟楼梯间的设置应符合(　　)等要求。

A. 楼梯间入口处应设前室、阳台或凹廊

B. 楼梯间和前室的门应为乙级防火门

C. 楼梯间的门应为能阻挡烟气的双向弹簧门

D. 前室和楼梯间的门均应向疏散方向开启

E. 楼梯间内应采用不低于B1级的材料装修

答案：ABD

1082. 下列设施中，(　　)属于防火分隔设施。

A. 防火墙　　　　　　　　　　B. 挡烟垂壁

C. 防火阀　　　　　　　　　　D. 防火门

E. 排烟防火阀

答案：ACDE

1083. (　　)等应按其通过人数每100人不小于1 m计算。

A. 高层民用建筑内走道的净宽

B. 电影院观众厅内的疏散走道宽度

C. 高层民用建筑疏散楼梯间及其前室的门的净宽

D. 安全出口

E. 地下街疏散走道的宽度

答案：AC

1084. 机械排烟系统的排烟口应设在(　　)。

A. 顶棚上　　　　　　　　　　B. 距地面1 m以下的墙面上

C. 安全出口处　　　　　　　　D. 走道转角处

E. 靠近顶棚的墙面上

答案：AE

1085. 设置在高层民用建筑内的地下商店应符合下列(　　)等规定。

A. 营业厅不应设在地下三层及三层以下

B. 不应经营和储存火灾危险性为甲、乙类储存物品属性的商品

C. 应设火灾自动报警系统和自动喷水灭火系统

D. 应设防烟、排烟设施

E. 当商店建筑面积大于20000 m² 时，应采用防火墙进行分隔，且防火墙不得开设门、窗、洞口

答案：ABCDE

1086. 安装的钢龙骨上燃烧性能达到 B1 级的(　　)，可作为 A 级装修材料使用。

　　A. 矿棉吸声板　　　　　　　　　　B. 纸面石膏板

　　C. 塑料扣板　　　　　　　　　　　D. 难燃胶合板

　　E. 难燃中密度纤维板

　　答案：AB

1087. 消防电梯的设置应符合(　　)等规定。

　　A. 应分别设在不同的防火分区内

　　B. 轿厢内应设有专用电话

　　C. 应设事故广播

　　D. 动力与控制电缆、电线应采取防水措施

　　E. 应设前室

　　答案：ABDE

1088. 电力电缆不应和输送(　　)敷设在同一管沟内。

　　A. 甲类液体管道　　　　　　　　　B. 乙类液体管道

　　C. 可燃气体管道　　　　　　　　　D. 热力管道

　　E. 丙类液体管道

　　答案：ABCDE

1089. 机械排烟系统的排烟管道应符合(　　)要求。

　　A. 管道应用非金属材料制作

　　B. 必须采用不燃材料制作

　　C. 应在其机房入口处设置有当烟气温度超过 280 ℃时能自行关闭的排烟防火阀

　　D. 吊顶内的排烟管道其隔热层应采用难燃材料制作，并应与可燃物保持不小于 150 mm 的距离

　　E. 在排烟支管上应设当烟气温度超过 280 ℃时能自行关闭的排烟防火阀

　　答案：BCE

1090. 划分防烟分区的措施有(　　)。

　　A. 挡烟垂壁　　　　　　　　　　　B. 隔墙

　　C. 隔断　　　　　　　　　　　　　D. 固定家具

　　E. 从顶棚下突出不小于 0.5 m 的梁

　　答案：ABE

1091. 一类高层民用建筑和建筑高度超过 32 m 的二类高层民用建筑的(　　)等部位应设置机械排烟设施。

　　A. 长度超过 20 m 的无直接自然通风的内走道

　　B. 长度超过 60 m 的走道

　　C. 面积超过 100 m²，且经常有人停留或可燃物较多的地上无窗房间或设固定窗的房间

　　D. 净空高度超过 12 m 的中庭

　　E. 消防水泵房

答案：ABCD

1092. 通风、空气调节系统的风管在(　　)应设防火阀。

A. 穿越防火分区处

B. 穿越防烟分区处

C. 穿越通风、空气调节机房隔墙和楼板处

D. 穿越变形缝的两侧

E. 垂直风管与每层水平风管交接处的水平管段上

答案：ACDE

1093. 高层建筑的(　　)应设置应急照明。

A. 楼梯间　　　　　　　　　　　B. 消防电梯间及其前室

C. 配电室　　　　　　　　　　　D. 多功能厅

E. 公共建筑内的疏散走道

答案：ABCDE

1094. 高层建筑封闭楼梯间的门可以是(　　)。

A. 能阻挡烟气的双向弹簧门　　　B. 甲级防火门

C. 乙级防火门　　　　　　　　　D. 丙级防火门

E. 向疏散方向开启的普通门

答案：BC

1095. 建筑高度超过32 m且任一层人数超过10人的高层厂房，其竖向疏散宜采用(　　)。

A. 封闭楼梯间　　　　　　　　　B. 防烟楼梯间

C. 室外楼梯　　　　　　　　　　D. 消防电梯

E. 厂用电梯

答案：BC

1096. 玻璃幕墙的防火分隔上，应采取(　　)等措施。

A. 在每层楼板外沿设置高度不低于1.2 m的实体墙或挑出宽度不小于1.0 m、长度不小于开口部位的防火挑檐

B. 在每层楼板外沿设置耐火极限不低于0.50 h，高度不低于0.8 m的不燃烧实体裙墙

C. 在每层楼板外沿设置耐火极限不低于1.00 h，高度不低于0.6 m的不燃烧实体裙墙

D. 玻璃幕墙与每层楼板、隔墙处的缝隙，应采用不燃或难燃材料填塞密实

E. 玻璃幕墙与每层楼板、隔墙处的缝隙，应采用不燃材料填塞密实

答案：AE

1097. 防火间距不足的，可根据建筑物的实际情况采取(　　)等措施适当减小防火间距。

A. 改变建筑物内的生产或使用性质，降低建筑物的火灾危险性，改变房屋部分结构的耐火性能

B. 调整生产厂房的部分工艺流程，限制库房储存物品的数量，提高部分结构的耐火性能和燃烧性能

C. 将建筑物的普通外墙改造为实体防火墙

D. 拆除部分耐火等级低、占地面积小、适用性不强以及与新建筑物相邻的建筑物

E. 设置独立的室外防火墙

答案：ABCDE

1098. 地下汽车库不应设置(   )。

A. 修理车位

B. 喷漆间

C. 充电间

D. 乙炔间

E. 甲、乙类物品储存室

答案：ABCDE

1099. 厂房划分防火分区考虑的主要因素是(   )。

A. 消防给水

B. 生产类别

C. 耐火等级

D. 层数

E. 消防通道

答案：BCD

1100. 生产的火灾危险性，根据生产中使用或产生的物质及其数量等因素分为(   )。

A. 甲类

B. 乙类

C. 丙类

D. 丁类

E. 戊类

答案：ABCDE

1101. 下列(   )是建筑构件。

A. 梁

B. 柱

C. 砖

D. 楼板

E. 墙

答案：ABDE

1102. 燃烧的三个必要条件是(   )。

A. 可燃物

B. 助燃物

C. 点火源

D. 不受抑制的链式反应

答案：ABC

1103. 燃烧的充要条件是(   )。

A. 一定的可燃物质浓度

B. 一定的氧含量

C. 一定的导致燃烧的能量

D. 不受抑制的链式反应(燃烧本质)

答案：ABCD

1104. 火灾可分为(   )。

A. 普通火灾(A类)

B. 油类火灾(B类)

C. 气体火灾(C类)

D. 金属火灾(D类)

E. 电气火灾(E类)

答案：ABCDE

1105. 电气火灾的主要原因有(   )。

A. 电气短路

B. 电气设备老化

C. 接触不良

D. 电气设备的质量差

E. 超负荷用电

答案：ABCDE

1106. 灭火的方法有（　　）。

  A. 隔离法   B. 冷却法

  C. 窒息法   D. 抑制法

  E. 停电法

  答案：ABCD

1107. 2021 年《中共中央　国务院关于加强基层治理体系和治理能力现代化建设的意见》提出了"建设（　　）的基层治理共同体"的总体要求。

  A. 人人有责   B. 人人尽责

  C. 人人建设   D. 人人共担

  E. 人人享有

  答案：ABE

1108. （　　）的融合是中国基层治理体系和治理现代化的目标和标志。

  A. 政治   B. 法治

  C. 自治   D. 德治

  E. 智治

  答案：ABCDE

1109. 北京市通过建立"乡街吹哨、部门报到"机制为乡街赋权，街乡党委增添了（　　）等四大重权。

  A. 辖区重大事项意见建议权

  B. 综合事项统筹协调和督办权

  C. 区政府派出机构领导人员任免建议权

  D. 综合执法派驻人员日常管理考核权

  E. 区政府派出干部工资奖金发放权

  答案：ABCD

1110. 应当坚持以把问题导向、事后处置为主的被动模式转向（　　）等综合施策的复合型模式。

  A. 问题导向   B. 目标导向

  C. 需求导向   D. 效果导向

  E. 创新导向

  答案：ABCDE

1111. 始终把"（　　）"作为制定各项方针政策的出发点和落脚点。

  A. 人民拥护不拥护   B. 人民赞成不赞成

  C. 人民高兴不高兴   D. 人民答应不答应

  答案：ABCD

1112. 下列选项中，不能作为定案根据的是（　　）。

  A. 严重违反法定程序收集的证据材料

  B. 以偷拍手段获取的侵害他人合法权益的证据材料

C. 以利诱等不正当手段获取的证据材料

D. 当事人有正当事由超出举证期限提供的证据材料

答案：ABC

1113. 程序正当是行政法的基本原则。下列哪些选项是程序正当要求的体现？（　　）

A. 实施行政管理活动，注意听取公民、法人或其他组织的意见

B. 对因违法行政给当事人造成的损失主动进行赔偿

C. 严格在法律授权的范围内实施行政管理活动

D. 行政执法中要求与其管理事项有利害关系的公务员回避

答案：AD

1114.《中华人民共和国消防法》第五十八条规定，违反本法规定，有下列行为之一的，由住房和城乡建设主管部门、消防救援机构按照各自职权责令停止施工、停止使用或者停产停业，并处三万元以上三十万元以下罚款：

(1) 依法应当进行消防设计审查的建设工程，未经依法审查或者审查不合格，擅自施工的；

(2) 依法应当进行消防验收的建设工程，未经消防验收或者消防验收不合格，擅自投入使用的；

(3) 本法第十三条规定的其他建设工程验收后经依法抽查不合格，不停止使用的；

(4) 公众聚集场所未经消防救援机构许可，擅自投入使用、营业的，或者经核查发现场所使用、营业情况与承诺内容不符的。

核查发现公众聚集场所使用、营业情况与承诺内容不符，经责令限期改正，逾期不整改或者整改后仍达不到要求的，依法撤销相应许可。

根据上述规定，下列哪些行为不属于行政处罚？（　　）

A. 责令停止施工　　　　　　　　B. 责令停止使用

C. 责令限期改正　　　　　　　　D. 责令停产停业

答案：ABC

1115.《中华人民共和国消防法》第六十七条："机关、团体、企业、事业等单位违反本法第十六条、第十七条、第十八条、第二十一条第二款规定的，责令限期改正；逾期不改正的，对其直接负责的主管人员和其他直接责任人员依法给予处分或者给予警告处罚。"下列关于警告处罚的说法正确的是（　　）。

A. 警告处罚属于声誉罚

B. 警告处罚可以以口头警告的形式作出

C. 警告处罚只能单独适用

D. 警告可以与罚款等其他处罚类型并用

答案：AD

1116.《中华人民共和国消防法》第五十八条规定："核查发现公众聚集场所使用、营业情况与承诺内容不符，经责令限期改正，逾期不整改或者整改后仍达不到要求的，依法撤销相应许可。"下列关于撤销许可的说法错误的是（　　）。

A. 撤销许可属于行政处罚决定

B. 撤销许可与吊销行政许可的法律效果相同

C. 撤销许可决定作出后许可自撤销之日起无效

D. 撤销许可决定作出后许可自始无效

答案：ABC

5.1.3　判断题

1117. 依法确定为国家秘密的政府信息，法律、行政法规禁止公开的政府信息，以及公开后可能危及国家安全、公共安全、经济安全、社会稳定的政府信息，不予公开。　（　　）

A. 正确　　　　　B. 错误

答案：A

1118. 举办大型群众性活动，承办人应当依法向公安机关申请安全许可，无须单独向消防救援机构提出申请。　（　　）

A. 正确　　　　　B. 错误

答案：A

1119. 责令停产停业，对经济和社会生活影响较大的，由住房和城乡建设主管部门或者应急管理部门报请本级人民政府依法决定。　（　　）

A. 正确　　　　　B. 错误

答案：A

1120. 消防救援机构组织强制清除或者拆除相关障碍物、妨碍物，所需费用由消防救援机构承担。　（　　）

A. 正确　　　　　B. 错误

答案：B

1121. 重大事故，是指造成 10 人以上 25 人以下死亡，或者 50 人以上 100 人以下重伤，或者 500 万元以上 1 亿元以下直接经济损失的事故。　（　　）

A. 正确　　　　　B. 错误

答案：B

1122. 较大事故，是指造成 3 人以上 10 人以下死亡，或者 10 人以上 50 人以下重伤，或者 1000 万元以上 5000 万元以下直接经济损失的事故。　（　　）

A. 正确　　　　　B. 错误

答案：A

1123. 国家推行"双随机、一公开"监管，除直接涉及公共安全和人民群众生命健康等特殊行业、重点领域外，市场监管领域的行政检查应当通过随机抽取检查对象、随机选派执法检查人员、抽查事项及查处结果及时向社会公开的方式进行。　（　　）

A. 正确　　　　　B. 错误

答案：A

1124. 政府及其有关部门应当按照国家关于加快构建以信用为基础的新型监管机制的要求，创新和完善信用监管，强化信用监管的支撑保障，加强信用监管的组织实施，不断提升信用监管效能。　（　　）

A. 正确　　　　　B. 错误

答案：A

1125. 公民对行政处罚决定可以申请行政复议，对于临时查封等行政强制措施不能申请行政复议。 （ ）

A. 正确　　　　　B. 错误

答案：B

1126. 消防救援机构在作出行政处罚决定前，应采用书面或笔录的形式告知违法嫌疑人相关权利。 （ ）

A. 正确　　　　　B. 错误

答案：A

1127. "双随机、一公开"适用于消防安全违法行为的举报投诉的核查，公众聚集场所投入使用、营业前的消防安全检查，以及上级督办核查等其他消防监督检查。 （ ）

A. 正确　　　　　B. 错误

答案：B

1128. "双随机、一公开"消防监督抽查适用于对单位履行法定消防安全职责情况的监督抽查、消防安全专项检查。 （ ）

A. 正确　　　　　B. 错误

答案：A

1129. 执法检查人员名录库由消防干部、消防员组成。未取得执法资格的人员可以列入执法检查人员名录库。 （ ）

A. 正确　　　　　B. 错误

答案：B

1130. 检查对象名录库和执法检查人员名录库，实行动态管理，及时更新。 （ ）

A. 正确　　　　　B. 错误

答案：A

1131. 抽查计划公开后原则上不得修改，确需修改的要报本级消防救援机构审批。 （ ）

A. 正确　　　　　B. 错误

答案：B

1132. 消防技术服务机构承接业务，应当明确项目负责人，项目负责人应当由注册消防工程师担任。 （ ）

A. 正确　　　　　B. 错误

答案：A

1133. 关于检查对象抽查频次，原则上对同一检查对象抽查频次一年内(自然年)不超过两次(不含监督复查)，抽查时间间隔至少六个月。 （ ）

A. 正确　　　　　B. 错误

答案：A

1134. 违法行为情节轻微或者社会危害较小的，可以不实施行政强制。 （ ）

A. 正确　　　　　B. 错误

答案：A

1135. 行政执法中应当推广运用说服教育、劝导示范、行政指导等非强制性手段，依法慎重

实施行政强制。　　　　　　　　　　　　　　　　　　　　　　　（　　）

A. 正确　　　　　　　　　B. 错误

答案：A

1136. 政府及其有关部门应当按照鼓励创新的原则，对新技术、新产业、新业态、新模式等实行包容审慎监管，针对其性质、特点分类制定和实行相应的监管规则和标准，留足发展空间，同时确保质量和安全，不得简单化予以禁止或者不予监管。　　（　　）

A. 正确　　　　　　　　　B. 错误

答案：A

1137. 公众聚集场所投入使用、营业前消防安全检查实行告知承诺制即当事人承诺符合消防安全标准并提供相关材料的，消防救援机构不再进行实质性审查，当场作出审批决定。　　　　　　　　　　　　　　　　　　　　　　　　　（　　）

A. 正确　　　　　　　　　B. 错误

答案：A

1138. 机关、团体、事业单位应当至少每月进行一次防火检查，其他单位应当至少每季度进行一次防火检查。　　　　　　　　　　　　　　　　　　　　　（　　）

A. 正确　　　　　　　　　B. 错误

答案：B

5.1.4　填空题

1139. 要继续推进扫黑除恶专项斗争，紧盯涉黑涉恶重大案件、黑恶势力经济基础、背后“关系网”“保护伞”不放，在打防并举、标本兼治上下功夫。要创新完善立体化、信息化社会治安防控体系，保持对刑事犯罪的高压震慑态势，增强人民群众_____。要推进社会治理现代化，坚持和发展“_____经验”，健全平安建设社会协同机制，从源头上提升维护社会稳定能力和水平。

答案：安全感，枫桥

1140. 触电是指_____通过人体而引起的伤害。

答案：电流

1141. 当电力设备起火后，首先设法_____，防止火势蔓延扩大，然后再进行扑救，其灭火方法与一般火灾相同。

答案：切断电源

1142. 当电力设备起火后，无法用开关切断_____时，可以剪断、砸断供电线路，但应一根一根地、不在同地点开断。

答案：电源

1143. 在不能判断是否已断电、因生产等不能立即切断电源或情况紧急时，为了迅速灭火，防止火灾延烧，可采取_____的措施。

答案：带电灭火

1144. 带电灭火时，作业人员穿_____、戴_____和均压服后才能用水灭火。在灭火过程中，人体不能与水流接触。未穿戴绝缘工具的人员要远离水区域，以防触电。

答案：绝缘胶靴，绝缘手套

1145. 乡村振兴的总目标是产业兴旺、生态宜居、乡风文明、_____、生活富裕。

答案：治理有效

1146. 基层是一切工作的落脚点，社会治理的重心必须落实到_____、_____。

答案：城乡，社区

1147. 治理和管理一字之差，体现的是_____、依法治理、_____、综合施策。

答案：系统治理，源头治理

1148. 党的十九届四中全会指出，要构建"党委领导、政府负责、民主协商、社会协同、_____、法治保障、_____"的社会治理新格局。

答案：公众参与，科技支撑

1149. 《中华人民共和国行政处罚法》第二十八条："当事人有违法所得，除_____的外，应当予以没收。违法所得是指_____。法律、行政法规、部门规章对违法所得的计算另有规定的，从其规定。"

答案：依法应当退赔，实施违法行为所取得的款项

1150. 行政处罚是指行政机关依法对违反行政管理秩序的公民、法人或者其他组织，以_____或者_____的方式予以惩戒的行为。

答案：减损权益，增加义务

1151. 根据《中华人民共和国行政处罚法》的规定，除作出较大数额罚款、吊销许可证件、责令停产停业等处罚决定应当告知当事人有要求听证的权利外，行政机关拟作出没收较大数额违法所得、没收较大价值非法财物、降低资质等级、_____、_____或者其他较重的行政处罚，或者存在法律、法规、规章规定的其他情形的，也应当告知当事人有要求听证的权利。

答案：责令关闭，限制从业

1152. 《中华人民共和国行政处罚法》第四十一条规定："行政机关依照法律、行政法规规定利用电子技术监控设备收集、固定违法事实的，应当经过_____和_____审核，确保电子技术监控设备符合标准、设置合理、标志明显，设置地点应当向社会公布。"

答案：法制，技术

1153. 根据《中华人民共和国行政处罚法》第五十一条的规定，除法律另有规定外，执法人员在当事人违法事实确凿并有法定依据的情况下，可以当场对公民处以_____以下罚款或者警告的行政处罚，对法人或者其他组织处以_____以下罚款或者警告的行政处罚。

答案：二百元，三千元

1154. 请举出智慧消防常用的两种感知层传感器：_____、_____。

答案：压力表，流量计，监测装置，风速仪，探测器，温度传感器（任选两种）

1155. 智慧消防传输层有_____、_____两种方式。

答案：无线，有线

1156. 请举出智慧消防应用层的两个方向：_____、_____。

答案：防火监督，灭火救援，接处警，火调(任选两种)

5.2 基础理论测试样卷及答题解析

5.2.1 单选题(每题1分，共80题，共80分)

1. 采用吸气型喷射装置的泡沫喷淋系统，保护非水溶性甲、乙、丙类液体时，不选用( )。

A. 水成膜泡沫液或成膜氟蛋白泡沫液

B. 蛋白泡沫液

C. 氟蛋白泡沫液

D. 抗溶性泡沫液

2. 下列关于报警阀组设置要求的表述中，正确的是( )。

A. 报警阀组宜设在安全且易于操作、检修的地点，距地面的距离宜为 1.5~1.8 m

B. 水力警铃应设置在消防控制室内，便于消防控制室值班人员掌握设施启动情况

C. 控制阀安装在报警阀的出口处，用于在系统检修时关闭系统

D. 连接报警阀进出口的控制阀应采用信号阀，其启闭状态的信号应反馈到消防控制中心

3. 对于湿式自动喷水灭火系统，应采用边墙型喷头的是( )。

A. 顶板为坡屋面的轻危险级住宅建筑

B. 顶板为水平面的中危险级Ⅱ级旅馆建筑的接待大厅

C. 顶板面为水平面的中危险级Ⅰ级的医疗建筑病房坡屋面

D. 顶板面为中危险级Ⅰ级的宿舍

4. 设置气体灭火系统的防护区应设疏散通道和安全出口，保证防护区内所有人员能在( )内撤离完毕。

A. 30 s   B. 60 s   C. 100 s   D. 200 s

5. 中间仓库是为满足厂房日常生产的需要，从仓库或上道工序的厂房(或车间)取得一定数量的原材料、半成品、辅助材料存放的场所。下列关于中间仓库消防安全设计的说法中，错误的是( )。

A. 对于甲、乙类中间仓库，储量不宜超过一昼夜的需要量

B. 丙类仓库，必须采用防火墙和耐火极限不低于 1.50 h 的楼板与厂房隔开，仓库的耐火等级和面积符合丙类仓库的相关规定

C. 在一级耐火等级的丙类多层厂房内设置丙类 2 项物品库房，厂房每个防火分区的最大允许建筑面积为 6000 m²，中间仓库建筑面积为 1200 m²，其所服务车间的允许建筑面积不应大于 4800 m²

D. 在一级耐火等级的丙类多层厂房内设置丙类 2 项物品库房，用于库房的建筑面积不能大于 4800 m²，且划分 2 个建筑面积不大于 2400 m² 的防火分区

6. 安全疏散要考虑人数、疏散净宽度、疏散距离、疏散出口数量四个方面,下列场所疏散人数不正确的是(   )。

   A. 150 个座位的电影院,疏散人数为 165 人

   B. 2000 m^2 展览厅的疏散人数为 1500 人

   C. 2000 m^2 KTV 场所的疏散人数为 1000 人

   D. 8000 个座位的体育馆,疏散人数为 8000 人

7. 下列关于气体灭火系统的组件设置,错误的是(   )。

   A. 在每个防护区均设置压力信号器和选择阀

   B. 储存装置的储存容器的公称工作压力,不小于在最高环境温度下所承受的工作压力

   C. 在容器阀和集流管上均设置安全泄压装置

   D. 容器阀和集流管之间采用钢管连接

8. 下列选项中,不属于干粉灭火器灭火机理的是(   )。

   A. 隔离   B. 乳化   C. 冷却   D. 窒息

9. 某化工油储运公司石油库共有 37 台油罐,最小的单罐容量为 1000 mm^3,最大的单罐容量为 10000 mm^3,选用中倍数泡沫灭火系统。设计单位在对灭火系统进行设计时采用的下列做法,不符合要求的是(   )。

   A. 采用固定式液上喷射形式,保护面积按油罐的横截面积确定

   B. 系统扑救一次火灾的泡沫混合液设计量,为最大油罐内用量

   C. 系统泡沫混合液供给强度为 5 L/(min·m^2),连续供给时间为 30 min

   D. 泡沫产生器沿罐周均匀布置,每两个产生器共用一根管道引至防火堤外

10. 某单位申报一幢建筑高度为 34 m 的服装生产大楼,二级耐火等级,地上 7 层,每层面积 3500 m^2,一、二层为原料及成品库房,二层以上为服装加工车间。建筑内按要求设置了各类消防设施及器材。下列关于该建筑的消防安全设计,错误的是(   )。

    A. 楼梯间应采用防烟楼梯间或室外楼梯

    B. 加工车间每层应划分为 1 个以上防火分区,库房每层应划分为 2 个防火分区

    C. 室内任何一点至最近疏散楼梯口的距离不应大于 40 m

    D. 设一部能停靠地上一至七层的消防电梯

11. 下列关于照明器具设置的说法中,错误的是(   )。

    A. 潮湿的厂房内可采用有防水灯座的开启型灯具

    B. 柴油发电机房的储油间可采用密闭型灯具

    C. 行灯的供电电压不应超过 12 V

    D. 明装吸顶灯具可采用木制底台,在灯具与底台中间铺垫石棉布

12. 下列不属于城市消防远程监控系统采用有线通信方式传输时可选择的接入方式的是(   )。

    A. 用户信息传输装置和报警受理系统通过电话用户线或光纤接入公用宽带网

    B. 用户信息传输装置和报警受理系统通过模拟专线或数据专线接入专用通信网

    C. 用户信息传输装置和报警受理系统通过电话用户线或电话中继线接入公用电话网

    D. 用户信息传输装置和报警受理系统通过无线电收发设备接入无线专用通信网络

13. 某二级耐火等级的教学建筑,建筑高度为 15.2 m,敞开式外廊,在走道的两端各设置

了一座封闭楼梯间，其中一座紧靠东侧外墙，另一座与西侧外墙有一定距离，该走道西侧尽端的房间门与最近一座疏散楼梯间入口门的允许最大直线距离为(　　)。

A. 27 m　　　　　　B. 37.5 m　　　　　　C. 23.75 m　　　　　　D. 27.5 m

14. 某人防工程地下一层设有医院诊室，位于安全出口之间的房间门至最近安全出口的距离不应大于(　　)m。

A. 12　　　　　　B. 10　　　　　　C. 20　　　　　　D. 24

15. 根据《火力发电厂与变电站设计防火标准》(GB 50229—2019)规定，燃煤发电厂内二级耐火等级的多层丙类生产建筑与一级耐火等级的多层生活建筑之间，当相邻两座建筑两面的外墙为非燃烧体且无门、窗、洞口和外露的燃烧屋檐时，其防火间距不应小于(　　)m。

A. 7.5　　　　　　B. 10　　　　　　C. 12.5　　　　　　D. 13

16. 机械加压送风时应使(　　)，同时还要保证各部分之间的压差不要过大，以免造成开门困难，从而影响疏散。

A. 房间压力>走道压力>防烟楼间压力>前室压力

B. 走道压力>房间压力>防烟楼间压力>前室压力

C. 防烟楼间压力>前室压力>走道压力>房间压力

D. 防烟楼间压力>前室压力>走道压力>房间压力

17. 根据《地铁设计防火标准》(GB 51298—2018)规定，下列场所中可按二级耐火等级设计的是(　　)。

A. 地下车站疏散楼梯间　　　　　　B. 控制中心

C. 地下车站风道　　　　　　D. 高架车站

18. 某公司专用机房地面装饰面层至顶板距离为5.4 m，采用全淹没七氟丙烷灭火系统，则该防护区设置的泄压口下沿距离防护区楼板的高度不应小于(　　)m。

A. 2.4　　　　　　B. 2.7　　　　　　C. 3.6　　　　　　D. 4.8

19. 装设总额定蒸发量为3 t/h，以煤为燃料的锅炉房，可采用(　　)耐火等级建筑。

A. 一级　　　　　　B. 二级　　　　　　C. 三级　　　　　　D. 四级

20. 下列室外消防给水管道的布置要求中，说法正确的是(　　)。

A. 当室外消防给水采用两路消防供水时，室外消防给水管道可布置成枝状

B. 向环状管网输水的进水管不应少于两条

C. 环状管道应采用阀门分成若干独立段，每段内室外消火栓的数量不宜超过3个

D. 室外消防给水管道的直径不应小于DN50，有条件的不应小于DN100

21. 下列不属于防火间距的作用的是(　　)。

A. 保障合理分区　　　　　　B. 防止火灾蔓延

C. 保障灭火救援场地需要　　　　　　D. 节约土地资源

22. 某一城市高架中设置隧道，隧道长度为1000 m，双向六车道，隧道两侧均设置灭火器，每个设置点的灭火器数量不应少于(　　)具。

A. 1　　　　　　B. 2　　　　　　C. 4　　　　　　D. 10

23. 某机构按照国家法定试验条件和方法，对四种不燃性新材料制成的建筑构件进行耐火性能试验，结果如表5-1所示，关于试验结论不正确的是(　　)。

表 5-1　材料制成建筑构件耐火性能试验结果表

材料 1	试验 0.5 h	试件背火面上多点温度达到 200 ℃
材料 2	试验 1.0 h	试件背火面上多点温度达到 200 ℃
材料 3	试验 1.0 h	试件背火面上出现穿透性裂缝
材料 4	试验 0.5 h	试件背火面上出现穿透性裂缝

A. 材料 1 耐火性能优于材料 2　　　　B. 材料 2 耐火性能优于材料 3

C. 材料 3 耐火性能优于材料 4　　　　D. 材料 4 耐火性能劣于材料 1

24. 避难走道主要用于解决大型建筑中疏散距离过长，或难以按照规范要求设置直通室外的安全出口等问题。当避难走道仅与一个防火分区相通，该防火分区仅有一个直通室外的安全出口，下列说法错误的是(　　)。

　　A. 防火隔墙耐火极限不应低于 3.00 h，楼板的耐火极限不应低于 1.50 h

　　B. 至少设置 2 个直通地面的出口，防火分区通向避难走道的门至该避难走道直通地面的出口的距离不大于 60 m

　　C. 防火分区至避难走道入口处设置防烟前室，前室的使用面积不小于 6 m²

　　D. 避难走道内应设置消火栓、消防应急照明、应急广播和消防专线电话

25. 某独立建造的餐饮建筑有地上 6 层，每层建筑高度为 3.6 m，每层建筑面积为 500 m²，耐火等级为一级，建筑内按国家工程建设消防技术的最低标准配置了相应的消防设施。该建筑房间内任一点到房间直通疏散走道的疏散门的直线距离不应大于(　　)m。

　　A. 15　　　　　　B. 20　　　　　　C. 22　　　　　　D. 27.5

26. 下列小型营业性场所中，属于商业服务网点的是(　　)。

　　A. 设在某省道公路边单层建筑面积为 120 m² 的洗车店

　　B. 设在某住宅楼三层建筑面积为 260 m² 的超市

　　C. 设在某写字楼一层建筑面积为 140 m² 的电网营业厅

　　D. 设在某住宅楼一层建筑面积为 150 m² 的饭店

27. 下列采用外保温系统的建筑外墙，其保温材料的选择正确的是(　　)。

　　A. 建筑高度为 27 m 的住宅楼采用与基层墙体、装饰层之间无空腔的外保温系统，保温材料的燃烧性能为 B2 级，且应在保温系统中每层设置防火隔离带，防火隔离带采用 A 级材料，高度为 300 mm

　　B. 建筑高度为 50 m 的公寓采用与基层墙体、装饰层之间无空腔的外保温系统，保温材料的燃烧性能为 B1 级，且应在保温系统中每层设置防火隔离带，防火隔离带采用 A 级材料，高度为 200 mm

　　C. 医院的门诊楼采用与基层墙体、装饰层之间有空腔的外保温系统，保温材料的燃烧性能为 B1 级

　　D. 建筑高度为 24 m 的办公楼采用与基层墙体、装饰层之间无空腔的外保温系统，保温材料的燃烧性能为 B2 级，且应在保温系统中每层设置防火隔离带，防火隔离带采用 A 级材料，高度为 200 mm

28. 根据《洁净厂房设计规范》(GB 50073—2013)规定，关于洁净厂房室内消火栓设计的说法，错误的是(　　)。

A. 消火栓的用水量不应小于 10 L/s

B. 可通行的上、下技术夹层应设置室内消火栓

C. 消火栓同时使用水枪数不应少于 2 支

D. 消火栓水枪充实水柱长度不应小于 7 m

29. 根据《建筑设计防火规范（2018 年版）》（GB 50016—2014），下列说法中错误的有（　　）。

A. 隧道内的通风机房，应采取耐火极限不低于 2.00 h 的防火隔墙和乙级防火门等分隔措施与车行隧道分隔

B. 建筑面积不大于 500 m² 且无人值守的设备用房可设置 1 个直通室外的安全出口

C. 隧道内地下设备用房的每个防火分区的最大允许建筑面积不应大于 1000 m²

D. 隧道内的地下设备用房耐火等级应为一级，地面的重要设备用房运管中心及其他地面附属用房的耐火等级不应低于二级

30. 对于消火栓系统的火灾延续时间，下列场所不应低于 3 h 的是（　　）。

A. 建筑高度为 50 m 的科研楼　　　　　　B. 高层建筑中的旅馆

C. 建筑高度为 53 m 的财贸金融大楼　　　D. 印染厂的漂炼部位

31. 某办公楼发生火灾，火灾扑灭后，经统计，3 人在逃生中因跳楼死亡，6 人因火灼伤入院，直接财产损失 846.3 万元，企业停业损失 4200 万元。则此次火灾可定性为（　　）。

A. 特别重大火灾　　B. 重大火灾　　　　C. 较大火灾　　　　D. 一般火灾

32. 下列公共建筑不可设置 1 个疏散门的是（　　）。

A. 公共建筑中位于走道尽端的房间，当其建筑面积不超过 100 m² 时

B. 除托儿所、幼儿园外，建筑面积不大于 200 m² 且人数不超过 50 人的单层建筑

C. 公共建筑中位于两个安全出口之间的建筑面积不超过 60 m² 的教学建筑

D. 歌舞娱乐放映游艺场所内建筑面积不大于 50 m² 且经常停留人数不超过 15 人的房间

33. 当锅炉房内设置储油间时，其总储存量不应大于（　　）mm³，且储油间采用耐火极限不低于 3.00 h 的防火隔墙与锅炉间隔开。

A. 0.5　　　　　　　B. 1　　　　　　　　C. 2　　　　　　　　D. 3

34. 下列关于在格栅吊顶场所设置感烟火灾探测器的做法中，错误的是（　　）。

A. 镂空面积与总面积的比例不大于 15% 时，探测器应设置在吊顶下方

B. 镂空面积与总面积的比例大于 30% 时，探测器应设置在吊顶上方

C. 镂空面积与总面积的比例为 15%~30% 时，探测器的设置部位可以在吊顶下方，也可以在吊顶上方

D. 探测器设置在吊顶上方且火警确认灯无法观察时，应在吊顶下方设置火警确认灯

35. 某集成电路化学清洗车间的总平面布局和平面布置，不符合防火要求的是（　　）。

A. 贴邻厂房设置的办公室采用耐火极限为 3.00 h 的防爆墙分隔

B. 甲类中间仓库采用四面防火墙和耐火极限为 1.50 h 的不燃性楼板与其他部位分隔

C. 一面贴邻厂房设置的专用 10 kV 配电站，采用无门、窗、洞口的防火墙分隔

D. 厂房的总控制室独立设置

36. 下列关于甲类仓库与其他建筑物防火间距的说法正确的是（　　）。

A. 金属钠仓库储存量大于 5 t，则与附近的二级耐火等级的甲类仓库防火间距为 20 m

B. 甲醇仓库储存量大于 10 t，则与附近的二级耐火等级的甲类仓库防火间距为 12 m

C. 甲醇仓库储存量大于 10 t，则与厂外铁路线防火间距为 35 m

D. 金属钠仓库储存量大于 5 t，则与附近的建筑高度为 30 m 的办公楼防火间距为 45 m

37. 下列关于机械排烟系统的说法中，错误的是(　　)。

A. 机械排烟系统可与通风、空调系统合用

B. 走道的机械排烟系统宜横向设置

C. 人防工程机械排烟系统可与工程排风系统合并设置

D. 车库机械排烟系统可与人防、卫生等排气、通风系统合用

38. 某贵金属工业仓库建筑构件耐火性能如表 5-2 所示，其中不满足要求的是(　　)。

表 5-2

非承重墙	不燃性 0.75 h
柱	不燃性 2.5 h
疏散走道两侧隔墙	不燃性 0.75 h
屋顶承重构件	不燃性 1.2 h

A. 非承重墙   B. 柱

C. 疏散走道两侧隔墙   D. 屋顶承重构件

39. (　　)不适用于地下客运设施、地下商业区、高层建筑和重要公共设施等人员密集场所。

A. 橡胶电线电缆   B. 特种聚氯乙烯电线电缆

C. 交联聚氯乙烯电线电缆   D. 普通聚氯乙烯电线电缆

40. 某商业中心有地上 4 层、地下 1 层，耐火等级一级，建筑屋面为坡屋面，首层地面至其檐口的高度为 20 m，檐口至屋脊的高度为 4 m，室外设计地面低于地上一层地面 0.3 m。根据《建筑设计防火规范(2018 年版)》(GB 50016—2014)规定，该建筑高度为(　　)m。

A. 20   B. 22.3   C. 22   D. 24.3

41. 从用电设备防火安全考虑，下列关于照明灯具设置的要求，说法错误的是(　　)。

A. 插座不宜和照明灯接在同一分支回路上

B. 可燃吊顶上所有暗装和明装灯具、舞台暗装彩灯、舞池脚灯的电源导线，均应穿钢管敷设

C. 照明与动力合用一电源时，如接在同一分支回路上，所有照明线路均应有短路保护装置

D. 在金属容器内及特别潮湿场所内作业，行灯电压不得超过 12 V

42. 水喷雾系统的灭火机理中，对于水溶性液体火灾而言，不存在(　　)作用。

A. 表面冷却   B. 窒息   C. 稀释   D. 乳化

43. 某储罐区柴油储罐采用水喷雾进行防护冷却，下列关于系统的设计，错误的是(　　)。

A. 响应时间不应大于 300 s

B. 水雾喷头的工作压力不应小于 0.2 MPa

C．水雾喷头与保护储罐外壁之间的距离不应大于 0.7 m

D．着火罐的保护面积应按罐壁外表面面积计算

44．下列关于石油化工防火的说法不正确的是(　　　)。

A．全厂性火炬应布置在可燃气体的贮罐区、装卸区，以及全厂性重要辅助生产设施及人员集中场所的全年最小频率风向上风侧

B．石化企业工艺生产区域内的明火设备应集中布置在区域内的边缘部位，放在散发可燃气体设备或建筑物的侧风向或上风向

C．液化石油气储罐(区)宜布置在地势平坦、开阔等不易积存液化石油气的地带

D．甲、乙、丙类液体储罐区宜设置在城市全年最小频率风向的下风侧

45．采用精细网格模型对人员安全疏散进行分析，下列有关说法不正确的是(　　　)。

A．把疏散过程中的时间离散化以适应空间离散化

B．可以准确地表示封闭空间的几何形状及内部障碍物的位置

C．能模拟步行者恐慌时的拥挤状态

D．能够反映每个人的具体行为反应

46．建筑高度为 54 m 的住宅楼，首层及二层为商业服务网点，并设有自动喷水灭火系统，某间营业厅二楼任一点到首层外门的疏散距离不应大于(　　　)m

A．50　　　　　　　B．25　　　　　　　C．27.5　　　　　　　D．75

47．某大剧院的观众厅可容纳 3000 人，根据《建筑设计防火规范(2018 年版)》(GB 50016—2014)规定，该观众厅至少应设置(　　　)个安全出口。

A．7　　　　　　　B．9　　　　　　　C．11　　　　　　　D．13

48．某建筑内中危险Ⅰ级场所设置预作用自动喷水灭火系统，采用火灾自动报警系统和充气管道上设置的压力开关控制预作用装置。下列关于预作用系统的设置，说法错误的是(　　　)。

A．喷水强度不应低于 6 L/(min·m^2)

B．作用面积不应低于 160 m^2

C．系统的持续喷水时间应按火灾延续时间不小于 1 h 确定

D．采用直立型洒水喷头

49．下列公共建筑中，可在屋顶设置直升机停机坪的是(　　　)。

A．建筑高度为 85 m 的公共建筑

B．标准层建筑面积为 1500 m^2 的公共建筑

C．建筑高度大于 80 m 且标准层建筑面积大于 1000 m^2 的公共建筑

D．建筑高度大于 100 m 且标准层建筑面积大于 2000 m^2 的公共建筑

50．某商场设置了火灾自动报警系统和防烟排烟系统，下列关于防烟排烟系统联动控制的说法不正确的是(　　　)。

A．消防联动控制器处于自动状态时，由同一防火分区内的两只独立的火灾探测器发出火灾报警信号，该防火分区送风口开启、加压送风机启动

B．消防联动控制器处于自动状态时，由同一防火分区内的一只火灾探测器与一只手动火灾报警按钮发出火灾报警信号，该防火分区及其防烟楼梯间送风口开启、加压送风机启动

C. 可在消防联动控制器上手动启动防烟、排烟风机

D. 排烟风机入口处的烟气温度达到 280 ℃时，排烟风机停止，随后排烟防火阀关闭

51. 某单层摄影棚建筑面积为 550 m²，采用雨淋灭火系统全保护，室内净空高度为 8 m，下列关于雨淋系统的说法中，正确的是(　　)。

　　A. 系统喷水强度不应低于 12 L/(min·m²)，该摄影棚至少应设置 4 个雨淋报警阀

　　B. 系统喷水强度不应低于 16 L/(min·m²)，该摄影棚至少应设置 3 个雨淋报警阀

　　C. 系统喷水强度不应低于 12 L/(min·m²)，该摄影棚至少应设置 3 个雨淋报警阀

　　D. 系统喷水强度不应低于 16 L/(min·m²)，该摄影棚至少应设置 4 个雨淋报警阀

52. 下列场所中，应选择线型光束感烟火灾探测器的是(　　)。

　　A. 有大量粉尘、水雾滞留的场所　　　　B. 可能会产生大量蒸气的场所

　　C. 无遮挡的大空间场所　　　　　　　　D. 由于振动会产生较大位移的场所

53. 根据《城市消防远程监控系统技术规范》(GB 50440—2007)规定，关于城市消防远程监控系统设计的说法，错误的是(　　)。

　　A. 用户信息传输装置的主电源应有明显标识，并应直接与消防电源连接，不应使用电源插头

　　B. 监控中心应能同时接收和处理不少于 2 个联网用户的火灾报警信息

　　C. 监控中心的火灾报警信息、建筑消防设施运行状态信息等记录应备份，其保存周期不少于 1 年

　　D. 用户信息传输装置与其外接备用电源之间应直接连接

54. 某配电机房拟采用干粉灭火装置进行保护，采购了单套灭火剂量 30 kg 的超细干粉灭火装置。下列说法中不符合要求的是(　　)。

　　A. 共设置 5 套柜式超细干粉灭火装置

　　B. 各装置动作响应时间差在 2 s 内

　　C. 容器阀出口压力为 2.4 MPa

　　D. 管道长度为 20 m

55. 干粉灭火系统由干粉灭火设备和自动控制两大部分组成，其中干粉灭火设备由(　　)组成。

　　A. 信号反馈装置、管道、驱动气体瓶组、减压阀

　　B. 干粉储存容器、驱动气体瓶组、启动气体瓶组、减压阀、管道、喷嘴

　　C. 报警控制器、减压阀、喷嘴

　　D. 火灾探测器、干粉储存容器、启动气体瓶组

56. 某地铁车站共两层，地上一层为站厅层，地上二层为站台层，下列关于装修材料的要求，错误的是(　　)。

　　A. 车站站厅区域的墙面、顶面装修材料应为 A 级不燃材料

　　B. 车站站台区域地面装修材料必须为 A 级不燃材料

　　C. 装修材料不得采用玻璃纤维制品

　　D. 站厅、站台区域的广告灯箱应采用不低于 B1 级的难燃材料

57. 某住宅高度为 45 m，其防烟楼梯间独立前室的使用面积不应小于(　　) m²。

　　A. 4.5　　　　　　　B. 6　　　　　　　C. 10　　　　　　　D. 12

58. 下列气体灭火系统分类中，按应用方式进行分类的是(   )。
    A. 二氧化碳灭火系统、七氟丙烷灭火系统和惰性气体灭火系统
    B. 管网灭火系统和无管网灭火系统
    C. 全淹没灭火系统和局部应用灭火系统
    D. 自压式气体灭火系统、内储压式气体灭火系统和外储压式气体灭火系统

59. 关于消防给水系统阀门，下列说法正确的是(   )。
    A. 设置在阀门井内的阀门应选用带启闭刻度的暗杆闸阀
    B. 湿式消火栓系统平时管道不充空气，系统启动时无须排气，湿式消火栓给水系统管道的最高点处不应设置自动排气阀
    C. 采用减压阀分区供水时，每一供水分区应设不少于两组减压阀组，每组减压阀组宜设置备用减压阀
    D. 比例式减压阀宜水平安装，如垂直安装，水流方向宜向上

60. 城市消防远程监控系统的监控中心与用户信息传输装置之间的通信巡检周期不应大于(   )h，并能够动态设置巡检方式和时间。
    A. 0.5   B. 1.0   C. 2.0   D. 3.0

61. 下列不符合防火阀的设置部位的是(   )。
    A. 穿越防火分区处
    B. 穿越重要或火灾危险性大的房间隔墙和楼板处
    C. 穿越防火分隔处的变形缝两侧
    D. 水平风管与竖向总管的交接处

62. 某地级市设置多个远程监控系统，下列关于其用户信息传输装置的设置，不符合要求的是(   )。
    A. 能接收来自联网用户火灾探测报警系统的火灾报警信息，并在10 s内将信息传输至监控中心
    B. 能接收来自联网用户建筑消防设施的运行状态信息，并在15 s内将信息传输至监控中心
    C. 设置手动报警按钮，手动报警操作和传输具有最高优先级
    D. 备用电源的容量能保证用户信息传输装置连续正常工作时间不少于8 h

63. 下列关于割集和最小割集的说法，错误的是(   )。
    A. 在事故树中，把引起顶事件发生的基本事件的集合称为割集，也称截集或截止集
    B. 凡不包含其他割集的，叫作最小割集
    C. 一个事故树中的割集一般只有一个
    D. 如果割集中任意去掉一个基本事件后就不是割集，那么这样的割集就是最小割集

64. (   )系统是"发生火灾时，应急照明控制器接收到消防联动信号后，下发控制命令至消防应急灯具，控制应急照明配电箱和消防应急灯具转入应急状态，为人员疏散和消防作业提供照明和疏散指示"。
    A. 集中电源集中控制型   B. 自带电源非集中控制型
    C. 自带电源集中控制型   D. 集中电源非集中控制型

65. 下列关于生产和储存物品火灾危险性的叙述，错误的是(   )。

A. 使用少量汽油等甲类溶剂(不足 60 L)清洗零件的机械修配厂或修理车间(面积约 20000 m²),该场所生产火灾危险性等级可按戊类确定

B. 一栋防火分区最大允许占地面积不限的戊类汽车总装厂房中,喷漆工段占总装厂房的面积比例不足 10%,该厂房生产火灾危险性等级为戊类

C. 煤粉厂房在生产过程中,因粉尘能悬浮在空中与空气形成爆炸性混合物,遇火源则能爆炸起火,该厂房生产火灾危险性等级为甲类

D. 受热分解可燃固体火灾危险性评定标志是其分解温度

66. 二氧化碳气体灭火系统管道的公称直径大于 80 mm 的管道,宜采用(   )连接。

A. 焊接   B. 丝接   C. 法兰   D. 螺纹

67. 关于火力发电厂地下变电站采暖通风和空气调节设计,说法错误的是(   )。

A. 所有采暖区域严禁采用明火取暖

B. 电气配电装置室应设置火灾后自然或机械排烟设施

C. 当火灾发生时,送排风系统、空调系统应能自动停止运行

D. 阀厅应设置火灾后排风设施

68. 排烟窗应设置在排烟区域的顶部或外墙,下列不符合排烟窗设置要求的是(   )。

A. 当设置在外墙上时,排烟窗应在储烟仓以内,但走道、室内空间净高不大于 3 m 的区域,其自然排烟窗可设置在室内净高的 1/2 以上,开启形式应有利于烟气的排出

B. 自动排烟窗附近应同时设置便于操作的手动开启装置,手动开启装置距地面高度宜为 1.3~1.8 m

C. 走道设有机械排烟系统的建筑物,当房间面积不大于 200 m² 时,排烟窗的设置高度及开启方式可不限

D. 室内或走道的任一点至防烟分区内最近的排烟窗的水平距离不应大于 30 m

69. 某大型石化企业采用汽车油罐车进行石油产品的装卸。下列关于装卸作业的防火措施,不符合要求的是(   )。

A. 装卸人员穿戴防静电服装、鞋子,上岗作业前用手触摸人体静电消除装置,关闭通信设备

B. 付油完毕后断开接地线,待油罐车静置 3~5 min 后,启动车辆缓慢驶离

C. 易燃油品极易挥发,严禁采用明沟(槽)卸车系统卸车

D. 装卸车辆进入装卸区行车速度不超过 10 km/h

70. 某 LPG 加气站设置了 1 个容积为 15 mm³ 的储气罐,1 个容积为 25 mm³ 的储气罐。按照《汽车加油加气加氢站技术标准》(GB 50156—2021)规定,该加气站的等级应是(   )。

A. 一级   B. 二级   C. 三级   D. 四级

71. 某 5000 个座位的体育馆,设有需要同时开启的室内消火栓给水系统、自动喷水灭火系统全保护、防护冷却水幕(保护耐火极限为 1.00 h 的防火玻璃墙)。室外消防用水由室外管网供给。自动喷水灭火系统用水量为 30 L/s,防护冷却水幕系统用水量为 40 L/s。若室内消防用水贮存在消防水池中,则消防水池的最小容积应为(   )。

A. 324 mm³   B. 504 mm³   C. 540 mm³   D. 450 mm³

72. 火灾风险评估中,依靠人的观察分析能力,借助经验和判断能力进行的评估称为

(　　)。

 A. 定量评估   B. 半定量评估   C. 定性评估   D. 半定性评估

73. 某通信机采用七氟丙烷组合分配式灭火系统，下列关于该机房灭火系统设计的说法错误的是(　　)。

 A. 防护区灭火设计用量应采用惰化设计浓度

 B. 一个防护区设置的预制灭火系统，其装置数量不宜超过 10 台

 C. 通信机房和电子计算机房的防护区，灭火设计浓度宜采用 8%

 D. 设计喷放时间不应大于 8 s，灭火浸渍时间应采用 5 min

74. 下列灭火器不适用于扑救电气火灾的是(　　)。

 A. 洁净气体灭火器   B. 二氧化碳灭火器

 C. 干粉灭火器   D. 水基型泡沫灭火器

75. 某电信公司营业厅设置在一级耐火等级的高层建筑的首层，并设有自动报警系统、自动喷水灭火系统，采用难燃装修材料。根据《建筑设计防火规范(2018 年版)》(GB 50016—2014)规定，其每个防火分区最大允许建筑面积为(　　) m^2。

 A. 5000   B. 4000   C. 3000   D. 2500

76. 关于爆炸的描述，不正确的是(　　)。

 A. 爆炸指物质由一种状态迅速转变为另一种状态

 B. 爆炸是瞬间以机械功的形式释放巨大的能量

 C. 爆炸具有连续性

 D. 爆炸的破坏性来自压力突变

77. 一栋 9 层高的住宅建筑物设置了干式消防竖管，下列关于干式消防竖管设置的说法，错误的是(　　)。

 A. 干式消防竖管可以不设置消火栓箱，仅应配置消火栓栓口

 B. 干式消火栓设计流量应计入室内消防给水设计流量

 C. 竖管顶端应设置自动排气阀

 D. 应在建筑物的首层设置消防车供水接口

78. 自然排烟设施中的排烟窗应设置在排烟区域的顶部或外墙，其设置应符合(　　)的要求。

 A. 当设置在外墙上时，排烟窗应在储烟仓以内或室内净高度的 1/3 以上，并应沿火灾烟气的气流方向开启

 B. 设置在防火墙两侧的排烟窗之间水平距离不应小于 3 m

 C. 走道设有机械排烟系统的建筑物，当房间面积不大于 600 m^2 时，除排烟窗的设置高度及开启方向可不限外，其余仍按上述要求执行

 D. 室内或走道的任一点至防烟分区内最近的排烟窗的水平距离不应大于 30 m，当室内高度超过 6 m，且具有自然对流条件时其水平距离可增加 25%

79. 对于下列建筑的分类，不符合规范要求的是(　　)。

 A. 某建筑高度为 62 m 的大型商场属于一类高层公共建筑

 B. 某建筑高度为 23 m 的设置商业服务网点的住宅建筑属于多层住宅建筑

 C. 某建筑高度为 55 m 的住宅建筑属于一类高层住宅建筑

D. 某建筑高度为 37 m 的藏书为 80 万册的图书馆属于一类高层公共建筑

80. 下列设有室内消火栓给水系统的场所，应设置消防水泵接合器的是(　　　)。

A. 6 层单元式住宅楼

B. 地上第 5 层的行政楼

C. 地下 2 层，总建筑面积为 10000 m² 的地下商场

D. 地上第 4 层的玩具厂房

5.2.2　多选题(每题 2 分，共 20 题，共 40 分)

81. 下列场所的消防用电应按二级负荷供电的有(　　　)。

A. 建筑高度大于 50 m 的乙、丙类生产厂房和丙类物品库房

B. 座位数超过 1500 个的电影院、剧场

C. 一类高层民用建筑

D. 任一层建筑面积大于 3000 m² 的商店和展览建筑

E. 省级广播电视大楼

82. 由作业行为导致爆炸的有(　　　)。

A. 对工艺性火花控制不力而形成点火源

B. 生产和生活用火不慎，乱用炉火、打火机、乱丢未熄灭的火柴杆、烟蒂

C. 判断失误、操作不当，对生产出现超温、超压等异常现象束手无策

D. 不按科学态度指挥生产、盲目施工、超负荷运转

E. 选材不当或材料质量有问题而导致设备存在先天性缺陷

83. 下列几类可燃气体在空气中的爆炸极限如表 5-3 所示，其中使用或生产相应气体场所的火灾危险性为乙类的是(　　　)。

表 5-3　部分可燃气体爆炸极限表

物质名称	下限	上限	物质名称	下限	上限
氨气	15%	20%	一氧化碳	12.5%	74%
甲烷	5%	15%	乙烷	3%	12.5%
丙烯	2%	11%			

A. 氨气　　　　　　　　　　　　　B. 一氧化碳

C. 甲烷　　　　　　　　　　　　　D. 乙烷

E. 丙烯

84. 下列关于厂房和仓库的耐火等级的说法中，错误的是(　　　)。

A. 建筑面积为 250 m² 的独立建造的单层植物油浸出车间，耐火等级不应低于二级

B. 建筑高度为 28 m、层数为 7 层的地上造纸厂，耐火等级不应低于一级

C. 建筑面积为 1500 m² 的地上钢材锻造厂房，耐火等级不应低于三级

D. 建筑高度为 10 m、层数为 2 层的地上润滑油仓库，耐火等级不应低于二级

E. 建筑高度为 9 m、层数为 3 层的地上煤油仓库，耐火等级不应低于二级

85. 某建筑地上一层为歌舞娱乐放映场所，下列场所不应布置在该建筑地下一层的是

（　　）。

A. 幼儿园　　　　　　　　　　　　B. 柴油发电机房

C. 医院和疗养院的住院部分　　　　D. 电影院

E. 老年人居室

86. 下列关于建筑内部装修材料的防火要求的叙述正确的是（　　　）。

A. 消防控制室的顶棚和墙面应采用 A 级装修材料，地面及其他装修应使用不低于 A 级的装修材料

B. 地上建筑的水平疏散走道和安全出口门厅的顶棚应采用 A 级装修材料，其他装修应采用不低于 B1 级的装修材料

C. 无自然采光楼梯间、封闭楼梯间、防烟楼梯间的顶棚、墙面和地面应采用 B1 级装修材料

D. 防烟分区的挡烟垂壁，其装修材料应采用 A 级装修材料

E. 建筑内部的变形缝两侧的基层应采用 A 级材料，表面装修应采用不低于 B1 级的装修材料

87. 某服装仓库有地上 6 层、地下 2 层，高 25 m，每层建筑面积 3200 m²，耐火等级为二级，设置了自动喷水灭火系统和火灾自动报警系统。下列关于该仓库的防火设计的做法正确的是（　　　）。

A. 该仓库每层划分为 2 个防火分区

B. 该仓库内的防火分区采用防火墙进行分隔

C. 该仓库地下防火分区采用防火墙上通向相邻防火分区的甲级防火门作为安全出口

D. 该仓库地上采用封闭楼梯间，地下采用防烟楼梯间

E. 通向疏散走道或楼梯的门采用乙级防火门，首层靠墙外侧可采用卷帘门

88. 关于建筑保温系统的设计方案，不符合要求的有（　　　）。

A. 建筑高度为 30 m 的商场的建筑外墙内保温采用燃烧性能等级为 B1 级的保温材料

B. 建筑高度为 88 m 的住宅建筑，保温层与基层墙体、装饰层之间无空腔，选用燃烧性能为 B1 级的外墙外保温材料，首层外墙外保温系统采用厚度为 10 mm 的不燃材料防护层

C. 建筑高度为 26 m 的住宅建筑，保温层与基层墙体、装饰层之间无空腔，选用燃烧性能为 B1 级的外墙内保温材料，外墙内保温系统采用厚度为 10 mm 的不燃材料防护层

D. 建筑高度为 50 m 的电信大楼，外墙外保温的保温层与基层墙体、装饰层之间无空腔，选用燃烧性能为 B1 级的外保温材料，屋面也选用燃烧性能为 B1 级的外保温材料，外墙和屋面分隔处设置了不燃材料制作的防火隔离带，宽度为 350 mm

E. 建筑高度为 24 m 的宾馆，建筑外墙外保温系统与基层墙体、装饰层之间的空腔，在每隔一层楼板处采用防火封堵材料封堵

89. 清水灭火器主要用于扑救固体物质火灾，如（　　　）等的初期火灾。

A. 纺织品　　　　　　　　　　　　B. 木材

C. 电气　　　　　　　　　　　　　D. 棉麻

E. 轻金属

90. 下列关于二氧化碳灭火器的作用与适用范围的叙述正确的是(　　)。

    A. 二氧化碳灭火器在灭火时具有窒息作用

    B. 二氧化碳灭火器在灭火时具有冷却作用

    C. 二氧化碳灭火器可用来扑灭图书、档案、贵重设备、精密仪器、600 V 以下电气设备及油类的初起火灾

    D. 判断二氧化碳灭火器是否失效，可采用称重法

    E. 二氧化碳灭火器每两年至少检查一次，低于额定充装量的 95% 就应进行检修

91. 在人防工程中，下列哪些场所、设施应设置排烟设施(　　)。

    A. 长度大于 20 m 的疏散走道

    B. 丙、丁类生产车间

    C. 人防工程中总建筑面积大于 200 m² 的人防工程

    D. 建筑面积大于 50 m²，且经常有人停留或可燃物较多的房间

    E. 丙、丁、戊类物品库房

92. 某建筑有地上 7 层，建筑高度 31.6 m，每层建筑面积 1100 m²，一、二层为商场，三~七层为旅馆客房，设置了 2 个封闭楼梯间和 1 个客用电梯，位于袋形走道尽端的客房门距楼梯口 20 m，建筑内设置了中央空调系统，仅采用石膏板对建筑进行吊顶面装修，配备了手提式 BC 干粉灭火器，在每层走道内设置了火灾自动报警和自动喷水灭火设施。下列说法正确的是(　　)。

    A. 应设置防烟楼梯间

    B. 形成的袋形走道尽端房间门距楼梯口疏散距离可为 15 m

    C. 火灾自动报警和自动喷水灭火系统设置符合要求

    D. 应设置至少 1 部消防电梯

    E. 灭火器选型不合理，应选用 ABC 干粉灭火器

93. 某市一家五星级宾馆有地上 16 层、地下 2 层，建筑高度 60 m。宾馆采用框架结构，耐火等级为一级。地下主要使用功能为汽车库和设备用房，首层为大堂，二层为餐厅包房，三层为会议室，四层及以上为客房。客房层为"一"字形走道，双面布置，走道两侧靠外墙设置两座防烟楼梯间。宾馆内全部设置了自动喷水灭火系统。下列关于宾馆内的疏散设计，不符合要求的是(　　)。

    A. 建筑面积 100 m² 的客房，设置 1 个向内开启的疏散门

    B. 走道中间客房门至两座楼梯的距离均为 35 m

    C. 楼梯间在首层可通过 12 m 的疏散走道通至室外

    D. 客房内最远点距离房间门 15 m

    E. 楼梯间的净宽度为 1.2 m，疏散走道的净宽度为 1.3 m

94. 关于锅炉房、变压器室布置的说法，正确的有(　　)。

    A. 燃油和燃气锅炉房、变压器室应设置在首层或地下一层靠外墙部位

    B. 锅炉房、变压器室与其他部位之间可采用耐火极限不低于 2.00 h 的防火隔墙隔开，在隔墙上严禁开设洞口

    C. 油浸电力变压器下面应设置储存变压器全部油量的事故储油设施

    D. 燃气锅炉房应设置爆炸泄压设施，燃气、燃油锅炉房应设置独立的通风系统

E. 当锅炉房内设置储油间时，储油间应采用耐火极限不低于 2.00 h 的防火隔墙与锅炉间分隔，当确需在防火墙上开门时，应设置乙级防火门

95. 消防电源是指在火灾时能保证消防用电设备继续正常运行的独立电源，其基本要求包括(   )。

A. 安全性   B. 耐火性

C. 节能性   D. 有效性

E. 科学性

96. 根据《建筑设计防火规范(2018 年版)》(GB 50016—2014)规定，下列不属于一类高层民用建筑物的是(   )。

A. 建筑高度为 50 m 的住宅楼(首层设置商业服务网点)

B. 建筑高度为 60 m 的水塔

C. 建筑高度为 22 m 的门诊楼

D. 建筑高度为 60 m 的广播电视台

E. 建筑高度为 24 m 的两层展览馆

97. 下列关于地下建筑防烟分区的说法正确的是(   )。

A. 地下车站站厅、站台的防火分区应划分防烟分区，每个防烟分区的建筑面积不宜小于 750 m^2

B. 站台至站厅的楼扶梯等开口四周的临空部位可不设置挡烟垂壁

C. 站台至站厅的楼扶梯等开口四周的临空部位应设置挡烟垂壁

D. 设备管理区每个防烟分区的建筑面积不应大于 750 m^2

E. 防烟分区不得跨越防火分区

98. 下列汽车库、修车库的汽车疏散出口可设置 1 个的是(   )。

A. Ⅳ类汽车库

B. 设置双车道汽车疏散出口的Ⅲ类地上汽车库

C. Ⅱ、Ⅲ、Ⅳ类修车库

D. 设置双车道汽车疏散出口、停车数量小于等于 100 辆且建筑面积小于 4000 m^2 的地下或半地下汽车库

E. Ⅰ类汽车库

99. 灭火器的选择应当考虑下列哪些因素？(   )

A. 灭火器配置场所的火灾种类   B. 灭火器配置场所的危险等级

C. 灭火器的灭火效能和通用性   D. 灭火器设置点的环境温度

E. 使用灭火器人员的人数

100. 液化石油气压缩机中加气机的液相管道上宜设(   )。

A. 过流阀   B. 事故切断阀

C. 安全阀   D. 旁通阀

E. 止回阀

5.2.3　答案解析

1. 答案：D

解析：根据《泡沫灭火系统技术标准》(GB 50151—2021) 的规定，保护非水溶性液体的泡沫—水喷淋系统、泡沫枪系统、泡沫炮系统泡沫液的选择，应符合以下规定：①当采用吸气型泡沫产生装置时，可选用蛋白、氟蛋白、水成膜或成膜氟蛋白泡沫液；②当采用非吸气型喷射装置时，应选用水成膜或成膜氟蛋白泡沫液。

2. 答案：D

解析：报警阀组宜设在安全且易于操作、检修的地点，距地面高度宜为 1.2 m，选项 A 错误。水力警铃应设置在有人值班的地点附近或公共通道的外墙上，选项 B 错误。控制阀安装在报警阀的入口处，用于在系统检修时关闭系统，选项 C 错误。

3. 答案：C

解析：顶板面为水平面的轻危险级、中危险级 Ⅰ 级的住宅建筑、宿舍、旅馆建筑客房、医疗建筑病房和办公室，可采用边墙型喷头。

4. 答案：A

解析：设置气体灭火系统的防护区应设疏散通道和安全出口，保证防护区内所有人员能在 30 s 内撤离完毕。

5. 答案：D

解析：在厂房内设置的仓库，耐火等级和面积应符合相关规定，且中间仓库与所服务车间的建筑面积之和不应大于该类厂房有关一个防火分区的最大允许建筑面积。丙类 2 项仓库占地面积不应大于 4800 m²，每个防火分区的面积不应大于 1200 m²。

6. 答案：A

解析：除剧场、电影院、礼堂、体育馆外的其他公共建筑，有固定座位的场所，其疏散人数可按实际座位数的 1.1 倍计算。展览厅的疏散人数应根据展览厅的建筑面积和人员密度计算，展览厅内的人员密度不宜小于 0.75 人/m²；歌舞娱乐放映游艺场所中录像厅的疏散人数应根据厅、室的建筑面积按不小于 1.0 人/m² 计算；其他歌舞娱乐放映游艺场所的疏散人数，应根据厅、室的建筑面积按不小于 0.5 人/m² 计算。

7. 答案：D

解析：容器阀和集流管之间应采用挠性连接。

8. 答案：B

解析：干粉灭火器的主要灭火机理有化学抑制、隔离、窒息和冷却。

9. 答案：B

解析：系统扑救一次火灾的泡沫混合液设计量，应按油罐内用量、该罐辅助泡沫枪用量、管道剩余量三者之和最大的油罐确定。

10. 答案：D

解析：此类高层厂房仓库应设自动喷水灭火系统，加工车间每层应划分为 1 个以上防火分区，库房每层应划分为 2 个防火分区。每个防火分区宜设置 1 部消防电梯。

11. 答案：C

解析：照明电压一般采用 220 V。携带式照明灯具(俗称行灯)的供电电压不应超过
36 V；如在金属容器内及特别潮湿场所内作业，行灯电压不得超过 12 V。

12. 答案：D

解析：当城市消防远程监控系统采用有线通信方式传输时可选择下列接入方式：

①用户信息传输装置和报警受理系统通过电话用户线或电话中继线接入公用电话网；

②用户信息传输装置和报警受理系统通过电话用户线或光纤接入公用宽带网；

③用户信息传输装置和报警受理系统通过模拟专线或数据专线接入专用通信网。

13. 答案：A

解析：建筑中开向敞开式外廊的房间疏散门至安全出口的直线距离可按照原规定值增
加 5 m，因此，22+5＝27 m。

14. 答案：D

解析：根据《人民防空工程设计防火规范》(GB 50098—2009)第 5.1.5 条规定，安全疏
散距离应满足下列规定：

①房间内最远点至该房间门的距离不应大于 15 m。

②房间门至最近安全出口的最大距离：医院应为 24 m；旅馆应为 30 m；其他工程应为
40 m。位于袋形走道两侧或尽端的房间，其最大距离应为上述相应距离的一半。

③观众厅、展览厅、多功能厅、餐厅、营业厅和阅览室等，其室内任意一点到最近安全
出口的直线距离不宜大于 30 m；当该防火分区设置有自动喷水灭火系统时，疏散距离
可增加 25%。

15. 答案：B

解析：根据《火力发电厂与变电站设计防火标准》(GB 50229—2019)第 4.0.15 条，"厂
区内建(构)筑物、设备之间的防火间距不应小于表 4.0.15 的规定；高层厂房之间及与
其他厂房之间的防火间距，应在表 4.0.15 规定的基础上增加 3 m"。

16. 答案：C

解析：机械加压送风时应使防烟楼梯间压力>前室压力>走道压力>房间压力，同时还要
保证各部分之间的压差不要过大，以免造成开门困难，从而影响疏散。

17. 答案：D

解析：根据《地铁设计防火标准》(GB 51298—2018)第 4.1.1 条，下列建筑的耐火等级
应为一级：①地下车站及其出入口通道、风道；②地下区间、联络通道、区间风井及风
道；③控制中心；④主变电所；⑤易燃物品库、油漆库；⑥地下停车库、列检库、停车
列检库、运用库、联合检修库及其他检修用房。

根据第 4.1.2 条，下列建筑的耐火等级不应低于二级：①地上车站及地上区间；②地下
车站出入口地面厅、风亭等地面建(构)筑物；③运用库、检修库、综合维修中心的维修
综合楼、物质总库的库房、调机库、牵引降压混合变电所、洗车机库(棚)、不落轮镟
库、工程车库和综合办公楼等生活辅助建筑。

18. 答案：C

解析：根据《气体灭火系统设计规范》(GB 50370—2005)第 3.2.7 条规定，"防护区应设
置泄压口，七氟丙烷灭火系统的泄压口应位于防护区净高的 2/3 以上"。因此，5.4 m×
2/3＝3.6 m。

19. 答案：C

解析：锅炉房的耐火等级不应低于二级，当为燃煤锅炉房且锅炉的总蒸发量不大于 4 t/h 时，可采用三级耐火等级建筑。

20. 答案：B

解析：选项 A，室外消防给水采用两路消防供水时应采用环状管网，当采用一路消防供水时可采用枝状管网。选项 C，环状管道应采用阀门分成若干独立段，每段内室外消火栓的数量不宜超过 5 个。选项 D，室外消防给水管道的直径不应小于 DN100，有条件时，应不小于 DN150。

21. 答案：A

解析：防火间距主要是根据当前消防扑救力量，并结合火灾实例和消防灭火的实际经验确定的。确定原则有：防止火灾蔓延；保障灭火救援场地需要；节约土地资源；防火间距的计算。

22. 答案：C

解析：通行机动车的一、二类隧道和通行机动车并设置 3 条及以上车道的三类隧道，在隧道两侧均应设置灭火器，每个设置点不应少于 4 具。

23. 答案：A

解析：相同时间隔热性破坏优于完整性破坏；完整性或隔热性保持时间越长越优。因此，材料 2 优于材料 1；材料 2 优于材料 3；材料 3 优于材料 4；材料 1 优于材料 4。

24. 答案：B

解析：避难走道直通地面的出口不应少于两个，并应设置在不同方向；当避难走道只与一个防火分区相通时，其直通地面的出口可设置一个，但该防火分区至少应有一个不通向该避难走道的安全出口。

25. 答案：C

解析：该建筑高度为 3.6×6＝21.6 m，属于其他建筑里面的单多层建筑，查疏散距离表格中位于袋形走道两侧或尽端的疏散门到安全出口的距离，可知为 22 m。（注意：此建筑可不设自动喷水灭火系统）

26. 答案：D

解析：商业服务网点，是指设置在住宅建筑的首层或首层及二层，每个分隔单元建筑面积不大于 300 m² 的商店、邮政所、储蓄所、理发店等小型营业性用房。

27. 答案：A

解析：除住宅建筑和设置人员密集场所的建筑外，与基层墙体、装饰层之间无空腔的外保温系统，建筑高度大于 24 m，但不大于 50 m 时保温材料的燃烧性能不低于 B1 级；建筑高度不大于 24 m 时，保温材料的燃烧性能等级不应低于 B2 级，防火隔离带的高度不应小于 300 mm，B、D 错。医院门诊楼属于人员密集场所，采用与基层墙体、装饰层之间有空腔的外保温系统，保温材料的燃烧性能应为 A 级，C 错。

28. 答案：D

解析：根据《洁净厂房设计规范》（GB 50073—2013）第 7.4.3 条规定，洁净室的生产层及可通行的上、下技术夹层应设置室内消火栓。消火栓的用水量不应小于 10 L/s，同时使用水枪数不应少于 2 只，水枪充实水柱长度不应小于 10 m，每只水枪的出水量应按不小于 5 L/s 计算。因此，选项 D 中消火栓水枪充实水柱长度不应小于 7 m 的设计不符合要求。

29. 答案：C

解析：根据《建筑设计防火规范(2018 年版)》(GB 50016—2014)第 12.1.10 条规定，隧道内地下设备用房的每个防火分区的最大允许建筑面积不应大于 1500 m²，每个防火分区的安全出口数量不应少于 2 个，与车道或其他防火分区相通的出口可作为第二安全出口，但必须至少设置 1 个直通室外的安全出口；建筑面积不大于 500 m² 且无人值守的设备用房可设置 1 个直通室外的安全出口。

30. 答案：C

解析：高层建筑中的商业楼、展览楼、综合楼，建筑高度大于 50 m 的财贸金融楼、图书馆、书库、重要的档案楼、科研楼和高级宾馆等，甲、乙、丙类厂房和仓库，火灾延续时间不应低于 3 h。A 选项属于临界值，没有大于 50 m；B 选项不属于高层建筑中的商业楼、展览楼、综合楼；D 选项属于丁类厂房，火灾延续时间为 2 h。

31. 答案：C

解析：较大火灾是指造成 3 人以上 10 人以下死亡，或者 10 人以上 50 人以下重伤，或者 1000 万元以上 5000 万元以下直接财产损失的火灾。注意："以上"包括本数。

32. 答案：A

解析：除托儿所、幼儿园、老年人照料设施、医疗建筑、教学建筑内位于走道尽端的房间外，符合下列条件之一的房间可设置 1 个疏散门。

①位于 2 个安全出口之间或袋形走道两侧的房间，对于托儿所、幼儿园、老年人照料设施，建筑面积不大于 50 m²；对于医疗建筑、教学建筑，建筑面积不大于 75 m²；对于其他建筑或场所，建筑面积不大于 120 m²。

②位于走道尽端的房间，建筑面积小于 50 m² 且疏散门的净宽度不小于 0.9 m，或由房间内任一点至疏散门的直线距离不大于 15 m、建筑面积不大于 200 m² 且疏散门的净宽度不小于 1.4 m。

③歌舞娱乐放映游艺场所内建筑面积不大于 50 m² 且经常停留人数不超过 15 人的厅、室或房间。

④建筑面积不大于 200 m² 的地下或半地下设备间；建筑面积不大于 50 m² 且经常停留人数不超过 15 人的其他地下或半地下房间。

33. 答案：B

解析：当锅炉房内设置储油间时，其总储存量不应大于 1 mm³，且储油间应采用耐火极限不低于 3.00 h 的防火隔墙与锅炉间隔开，当确需在防火墙上开门时，应设置甲级防火门。

34. 答案：C

解析：根据《火灾自动报警系统设计规范》(GB 50116—2013)第 6.2.18 条规定，感烟火灾探测器在格栅吊顶场所的设置，应符合下列规定：

①镂空面积与总面积的比例不大于 15%时，探测器应设置在吊顶下方，故不选 A；

②镂空面积与总面积的比例大于 30%时，探测器应设置在吊顶上方，故不选 B；

③镂空面积与总面积的比例为 15%~30%时，探测器的设置部位应根据实际试验结果

确定, 故选 C;

④探测器设置在吊顶上方且火警确认灯无法观察时, 应在吊顶下方设置火警确认灯, 故不选 D。

35. 答案: B

解析: 根据《建筑设计防火规范 (2018 年版)》(GB 50016—2014) 第 3.3.6 条, 厂房内设置中间仓库时, 应符合下列规定:

①甲、乙类中间仓库应靠外墙布置, 其储量不宜超过 1 昼夜的需要量。

②甲、乙、丙类中间仓库应采用防火墙和耐火极限不低于 1.50 h 的不燃性楼板与其他部位分隔。

③丁、戊类中间仓库应采用耐火极限不低于 2.00 h 的防火隔墙和 1.00 h 的楼板与其他部位分隔。

36. 答案: A

解析: 甲类仓库与甲类仓库之间防火间距不应小于 20 m。甲类仓库与厂外铁路线中心线防火间距不应小于 40 m。甲类仓库与高层民用建筑和重要公共建筑防火间距不应小于 50 m。

37. 答案: B

解析: 机械排烟系统的一般要求包括: ①排烟系统与通风、空气调节系统宜分开设置, 但符合相关条件时可以合用。②走道的机械排烟系统宜竖向设置, 房间的机械排烟系统宜按防烟分区设置。③排烟风机的全压应按排烟系统最不利环路管道进行计算, 其排烟量应增加漏风系数。④人防工程机械排烟系统宜单独设置或与工程排风系统合并设置。当合并设置时, 必须采取在火灾发生时能将排风系统自动转换为排烟系统的措施。车库机械排烟系统可与人防、卫生等排气、通风系统合用。

38. 答案: C

解析: 贵金属仓库耐火等级不低于二级, 工业建筑耐火等级二级的耐火极限: 柱不应小于 2.5 h, 屋顶承重构件不应小于 1.0 h, 非承重墙不应小于 0.5 h, A、B、D 项均满足要求; 疏散走道两侧隔墙不应小于 1.0 h, C 项不满足要求。

39. 答案: D

解析: 普通聚氯乙烯电线电缆在燃烧时会散发有毒烟气, 不适用于地下客运设施、地下商业区、高层建筑和重要公共设施等人员密集场所。

40. 答案: B

解析: 根据《建筑设计防火规范 (2018 年版)》(GB 50016—2014) 规定, 对于坡屋面建筑, 建筑高度应为建筑室外设计地面至檐口与屋脊的平均高度, 即 [(20+0.3)+(20+4+0.3)]÷2 = 22.3 m。

41. 答案: C

解析: 当照明与动力合用一电源时, 应有各自的分支回路, 所有照明线路均应有短路保护装置。

42. 答案: D

解析: 水喷雾系统的灭火机理中, 乳化只适用于不溶于水的可燃液体, 当水雾滴喷射到正在燃烧的液体表面时, 由于水雾滴的冲击, 在液体表层产生搅拌作用, 与水不相容的可燃液体与细小水滴产生乳化，并在液体表层产生乳化层，由于乳化层的不燃性而使燃烧中断。对于某些轻质油类，乳化层只在连续喷射水雾的条件下存在，但对于新度大的重质油类，乳化层在喷射停止后仍能保持相当长的时间，有利于防止复燃。

43. 答案：B

解析：水雾喷头的工作压力，当用于灭火时不应小于 0.35 MPa；当用于防护冷却时不应小于 0.2 MPa，但对于甲、乙、丙类液体储罐不应小于 0.15 MPa。

44. 答案：D

解析：甲、乙、丙类液体储罐区宜设置在城市全年最小频率风向的上风侧。

45. 答案：C

解析：离散化模型把需要进行疏散计算的建筑平面空间离散为许多相邻的小区域，并把疏散过程中的时间离散化以适应空间离散化。离散化模型又可以细分为粗网格模型和精细网格模型。

精细网格模型可以准确地表示封闭空间的几何形状及内部障碍物的位置，并在疏散的任意时刻都能将每个人置于准确的位置。因此，精细网格模型可以在每个网格内记录单个人员的移动轨迹，能够反映每个人的具体行为反应。

连续性模型又可以称为社会力模型，它基于多粒子自驱动系统的框架，是用牛顿经典力学原理模拟步行者恐慌时的拥挤状态的动力学模型。社会力模型可以在一定程度上模拟人员的个体行为特征。

46. 答案：C

解析：商业服务网点中每个分隔单元内的任一点至最近直通室外的出口的直线距离不应大于规范中有关多层其他建筑位于袋形走道两侧或尽端的疏散门至最近安全出口的最大直线距离。

设有自动喷水灭火系统，疏散距离可以增加 25%，故 22×1.25＝27.5 m。

47. 答案：C

解析：对于剧院、电影院的观众厅等人员密集场所，安全出口数量经计算确定且不少于 2 个。容纳人数超过 2000 人时，超过 2000 人的部分，每个出口平均疏散人数按 400 人计算，2000 人以内的部分按 250 人计算。因此，出口数量为 2000÷250＋1000÷400＝10.5(个)，向上取整后为 11 个。

48. 答案：B

解析：当系统采用火灾自动报警系统和充气管道上设置的压力开关控制预作用装置时，系统的作用面积应按《自动喷水灭火系统设计规范》(GB 50084—2017)中表 5.0.1、表 5.0.4-1~表 5.0.4-5 规定值的 1.3 倍确定。

49. 答案：D

解析：建筑高度大于 100 m 且标准层建筑面积大于 2000 m² 的公共建筑，其屋顶宜设置直升机停机坪或供直升机救助的设施。

50. 答案：D

解析：应先关闭排烟防火阀后停风机。《建筑防烟排烟系统技术标准》(GB 51251—2017)第 4.5.5 条规定，排烟风机入口处的总管上设置的 280 ℃ 排烟防火阀在关闭后应直接联动控制风机停止，排烟防火阀及风机的动作信号应反馈至消防联动控制器。

51. 答案：B

解析：根据《自动喷水灭火系统设计规范》(GB 50084—2017)中第 5.0.10 条规定，"雨淋系统的喷水强度和作用面积应按本规范表 5.0.1 的规定值确定，且每个雨淋报警阀控制的喷水面积不宜大于表 5.0.1 中的作用面积"，根据第 5.0.1 条，摄影棚为严重危险级 II 级，喷水强度不应低于 16 L/(min·m²)，作用面积不应低于 260 m²，故 550/260≈3 个。本题答案为 B。

52. 答案：C

解析：无遮挡的大空间或有特殊要求的房间，宜选择线型光束感烟火灾探测器。符合下列条件之一的场所，不宜选择线型光束感烟火灾探测器：

①有大量粉尘、水雾滞留；

②可能产生蒸气和油雾；

③在正常情况下有烟滞留；

④固定探测器的建筑结构由于振动等原因会产生较大位移的场所。

53. 答案：B

解析：根据《城市消防远程监控系统技术规范》(GB 50440—2007)第 4.2.2 条规定，监控中心应能同时接收和处理不少于 3 个联网用户的火灾报警信息，故选 B。

54. 答案：A

解析：一个防护区或保护对象所用预制灭火装置最多不得超过 4 套，并应同时启动，其动作响应时间差不得大于 2 s。

55. 答案：B

解析：干粉灭火系统由干粉灭火设备和自动控制两大部分组成。前者由干粉储存容器、驱动气体瓶组、启动气体瓶组、减压阀、管道及喷嘴组成；后者由火灾探测器、信号反馈装置、报警控制器等组成。

56. 答案：B

解析：根据《地铁设计防火标准》(GB 51298—2018)第 6.3.1 条，"地上车站公共区的墙面和顶棚装修材料的燃烧性能均应为 A 级，满足自然排烟条件的车站公共区，其地面装修材料的燃烧性能不应低于 B1 级"。

根据第 6.3.8 条，"广告灯箱、导向标志、座椅、电话亭、售检票亭(机)等固定设施的燃烧性能均不应低于 B1 级，垃圾箱的燃烧性能应为 A 级"。

根据第 6.3.10 条，"室内装修材料不得采用石棉制品、玻璃纤维和塑料类制品"。

57. 答案：A

解析：住宅建筑的防烟楼梯间独立前室的使用面积不应小于 4.5 m²。

58. 答案：C

解析：选项 A 属于按使用的灭火剂分类，选项 B 属于按结构特点分类，选项 D 属于按加压方式分类。

59. 答案：C

解析：A 选项，埋地管道的阀门宜采用带启闭刻度的暗杆闸阀，当设置在阀门井内时可采用耐腐蚀的明杆闸阀。

B 选项，自动喷水灭火系统应设有泄水阀(或泄水口)、排气阀(或排气口)和排污口。

设置排气阀是为了使系统的管道充水时不存留空气，设置泄水阀是为了便于检修。排气阀设在其负责区段管道的最高点，泄水阀则设在其负责区段管道的最低点。

D 选项，比例式减压阀宜垂直安装，可调式减压阀宜水平安装，垂直设置的减压阀，水流方向宜向下。

60. 答案：C

解析：根据《城市消防远程监控系统技术规范》（GB 50440—2007），城市消防远程监控系统的监控中心与用户信息传输装置之间的通信巡检周期不应大于 2 h，并能够动态设置巡检方式和时间。

61. 答案：D

解析：防火阀的设置部位有：

①穿越防火分区处；

②穿越通风、空气调节机房的房间隔墙和楼板处；

③穿越重要或火灾危险性大的房间隔墙和楼板处；

④穿越防火分隔处的变形缝两侧；

⑤竖向风管与每层水平风管交接处的水平管段上，但当建筑内每个防火分区的通风、空气调节系统均独立设置时，水平风管与竖向总管的交接处可不设置防火阀；

⑥公共建筑的浴室、卫生间和厨房的竖向排风管，应采取防止回流措施或在支管上设置公称动作温度为 70 ℃ 的防火阀。公共建筑内厨房的排油烟管道宜按防火分区设置，且在与竖向排风管连接的支管处应设置公称动作温度为 150 ℃ 的防火阀。

D 选项应改为竖向风管与每层水平风管交接处的水平管段上。

62. 答案：B

解析：用户信息传输装置应能接收来自联网用户建筑消防设施的运行状态信息（火灾报警信息除外），并在 10 s 内将信息传输至监控中心。

63. 答案：C

解析：在事故树中，引起顶事件发生的基本事件的集合称为割集，也称为截集或者截止集。一个事故树中的割集一般不止一个，在这些割集中，凡不包含其他割集的，称为最小割集。换言之，如果从割集中任意去掉一个基本事件后就不是割集，那么这样的割集就是最小割集。所以，最小割集是引起顶事件发生的充分必要条件。

64. 答案：C

解析：集中控制型系统中设置有应急照明控制器，应急照明控制器采用通信总线与其配接的集中电源或应急照明配电箱连接，并进行数据通信；集中电源或应急照明配电箱通过配电回路和通信回路与其配接的灯具连接，为灯具供配电，并与灯具进行数据通信。非集中控制型系统中未设置应急照明控制器，应急照明集中电源或应急照明配电箱通过配电回路与其配接的灯具连接，为灯具供配电。

自带蓄电池供电方式的集中控制型系统，由应急照明控制器、应急照明配电箱、自带电源集中控制型消防应急灯具及相关附件组成。

有应急照明控制器说明是集中控制型，控制应急照明配电箱说明是自带电源，故 C 正确。

65. 答案：C

解析：选项 A 主要考查危险物质的量对生产火灾危险性类别的影响，根据国家标准，汽油等甲类可燃液体总量不足 100 L 且与房间容积的比值不足 0.004 L/mm³，该场所可不按甲类厂房处理，仍按戊类考虑。

选项 B 主要考查危险物质的工艺布置在厂房中所占面积比例对生产火灾危险性类别的影响。很大面积的厂房中，如甲类生产所占用的面积比例很小，该厂房可按火灾危险性较小的类别确定。

选项 C 中，煤粉属于可燃粉尘，根据国家标准，其生产火灾危险性为乙类第 6 项。

选项 D 中，评定自燃性固体物料是以自燃点作为标志，评定受热分解可燃固体是以其分解温度作为评定指标。

66. 答案：C

解析：管道的连接，当公称直径小于或等于 80 mm 时，宜采用螺纹连接；大于 80 mm 时，宜采用法兰连接。

67. 答案：B

解析：《火力发电厂与变电站设计防火标准》（GB 50229—2019）；

"11.6.1 地下变电站采暖、通风和空气调节设计应符合下列规定：

1 所有采暖区域严禁采用明火取暖；

2 电气配电装置室应设置火灾后排风设施，其他房间的排烟设计应符合国家标准《建筑设计防火规范（2018 年版）》（GB 50016—2014）的规定；

3 当火灾发生时，送排风系统、空调系统应能自动停止运行。当采用气体灭火系统时，穿过防护区的通风或空调风道上的阻断阀应能立即自动关闭。

11.6.2 阀厅应设置火灾后排风设施。"

68. 答案：B

解析：自动排烟窗附近应同时设置便于操作的手动开启装置，手动开启装置距地面高度宜为 1.3～1.5 m。

69. 答案：D

解析：装卸车辆进入装卸区行车速度不得超过 5 km/h。

70. 答案：B

解析：LPG 加气站按储气罐的容积规模划分为三个等级。LPG 罐总容积 30 mm³<V≤45 mm³，单罐容积≤30 mm³ 时，为二级站。

71. 答案：A

解析：《消防给水及消火栓系统技术规范》（GB 50974—2014）第 3.5.3 条："当建筑物室内设有自动喷水灭火系统、水喷雾灭火系统、泡沫灭火系统或固定消防炮灭火系统等一种或两种以上自动水灭火系统全保护时，高层建筑当高度不超过 50 m 且室内消火栓系统设计流量超过 20 L/s 时，其室内消火栓设计流量可按本规范表 3.5.2 减少 5 L/s；多层建筑室内消火栓设计流量可减少 50%，但不应小于 10 L/s。"根据《消防给水及消火栓系统技术规范》（GB 50974—2014）第 3.5.2 条，5000 人体育馆室内消火栓设计流量 15 L/s；应用第 3.5.3 条，取 10 L/s。根据《消防给水及消火栓系统技术规范》（GB 50974—2014）第 3.6.2 条，体育馆火灾延续时间为 2 h，计算可得：3.6×40×1+3.6×30×1+3.6×10×2＝324 mm³。

72. 答案：C

解析：定性评估是依靠人的观察分析能力，借助经验和判断能力进行的评估。在风险评估过程中，无须将不确定性指标转化为确定的数值进行度量，只需进行定性比较。

73. 答案：A

解析：有爆炸危险的气体、液体类火灾的防护区，应采用惰化设计浓度；无爆炸危险的气体、液体类火灾和固体类火灾的防护区，应采用灭火设计浓度。

74. 答案：D

解析：发生物体带电燃烧的火灾时，最好使用二氧化碳灭火器或洁净气体灭火器进行扑救；如果没有，也可以使用干粉灭火器、水基型（水雾）灭火器进行扑救。

75. 答案：B

解析：一、二级耐火等级建筑内的营业厅、展览厅，设置自动灭火系统和火灾自动报警系统并采用不燃或者难燃材料时，在高层建筑内，其防火分区面积不应大于 4000 m^2。

76. 答案：C

解析：爆炸是指物质由一种状态迅速地转变成另一种状态，并在瞬间以机械功的形式释放出巨大的能量，或是气体、蒸气在瞬间发生剧烈膨胀等现象。爆炸最重要的一个特征是爆炸点周围发生剧烈的压力突变，这种压力突变就是爆炸产生破坏作用的原因。

77. 答案：B

解析：根据《消防给水及消火栓系统技术规范》（GB 50974—2014）第7.4.13条，建筑高度不大于 27 m 的住宅，当设置消火栓时，可采用干式消防竖管，并应符合下列规定：①干式消防竖管宜设置在楼梯间休息平台，且仅应配置消火栓栓口；②干式消防竖管应设置消防车供水的接口；③消防车供水接口应设置在首层便于消防车接近和安全的地点；④竖管顶端应设置自动排气阀。根据该规范第3.5.2条注2，消防软管卷盘、轻便消防水龙及多层住宅楼梯间中的干式消防竖管，其消火栓设计流量可不计入室内消防给水设计流量。

78. 答案：D

解析：自然排烟设施中的排烟窗应设置在排烟区域的顶部或外墙，其设置应符合下列要求：

①当设置在外墙上时，排烟窗应在储烟仓以内，但走道、室内空间净高不大于 3 m 的区域，其自然排烟窗可设置在室内净高度的 1/2 以上，开启形式应有利于烟气的排出；

②宜分散均匀布置，每组排烟窗的长度不宜大于 3 m；

③设置在防火墙两侧的排烟窗之间水平距离不应小于 2 m；

④自动排烟窗附近应同时设置便于操作的手动开启装置，手动开启装置距地面高度宜为 1.3~1.5 m；

⑤走道设有机械排烟系统的建筑物，当房间面积不大于 200 m^2 时，除排烟窗的设置高度及开启方向可不限外，其余仍按上述要求执行；

⑥室内或走道的任一点至防烟分区内最近的排烟窗的水平距离不应大于 30 m，当公共建筑室内高度超过 6 m 且具有自然对流条件时，其水平距离可增加 25%。

根据以上分析，D 选项正确。

79. 答案：D

解析：建筑高度大于 54 m 的住宅建筑、建筑高度大于 50 m 的公共建筑、藏书超过 100 万册且建筑高度超过 24 m 的图书馆属于一类高层民用建筑。建筑高度不大于 27 m 的住宅建筑属于单、多层民用建筑。

80. 答案：A

解析：下列场所的室内消火栓给水系统应设置消防水泵接合器：

①高层民用建筑；

②设有消防给水的住宅、超过 5 层的其他多层民用建筑；

③超过 2 层或建筑面积大于 10000 m² 的地下或半地下建筑(室)、室内消火栓设计流量大于 10 L/s 的平战结合的人防工程；

④高层工业建筑和超过 4 层的多层工业建筑；

⑤城市交通隧道。

81. 答案：B，D，E

解析：下列建筑物、储罐(区)和堆场的消防用电应按二级负荷供电：室外消防用水量大于 30 L/s 的厂房(仓库)；室外消防用水量大于 35 L/s 的可燃材料堆场，可燃气体储罐(区)和甲、乙类液体储罐(区)；粮食仓库及粮食筒仓；二类高层民用建筑；座位数超过 1500 个的电影院、剧场，座位数超过 3000 个的体育馆，任一层建筑面积大于 3000 m² 的商店和展览建筑，省(市)级及以上的广播电视、电信和财贸金融建筑，室外消防用水量大于 25 L/s 的其他公共建筑。

82. 答案：B，C，D

解析：作业行为导致爆炸的原因主要有违反操作规程、违章作业、随意改变操作控制条件；生产和生活用火不慎，乱用炉火、灯火，乱丢未熄灭的火柴杆、烟蒂；判断失误、操作不当，对生产出现超温、超压等异常现象束手无策；不遵循科学规律指挥生产、盲目施工、超负荷运转等。

83. 答案：A，B

解析：根据生产的火灾危险性分类标准，爆炸下限不小于 10% 的可燃气体，其生产的火灾危险性为乙类。

84. 答案：A，B，C

解析：根据《建筑设计防火规范(2018 年版)》(GB 50016—2014)第 3.2.2 条规定，高层厂房，甲、乙类厂房的耐火等级不应低于二级，建筑面积不大于 300 m² 的独立甲、乙类单层厂房可采用三级耐火等级的建筑。

根据第 3.2.3 条规定，单、多层丙类厂房和多层丁、戊类厂房的耐火等级不应低于三级。使用或产生丙类液体的厂房和有火花、赤热表面、明火的丁类厂房，其耐火等级均不应低于二级；当为建筑面积不大于 500 m² 的单层丙类厂房或建筑面积不大于 1000 m² 的单层丁类厂房时，可采用三级耐火等级的建筑。

根据第 3.2.7 条规定，高架仓库、高层仓库、甲类仓库、多层乙类仓库和储存可燃液体的多层丙类仓库，其耐火等级不应低于二级。

单层乙类仓库，单层丙类仓库，储存可燃固体的多层丙类仓库和多层丁、戊类仓库，其耐火等级不应低于三级。

85. 答案：A，B，C，E

解析：托儿所、幼儿园的儿童用房和儿童游乐厅等儿童活动场所宜设置在独立的建筑内，且不应设在地下或半地下。

柴油发电机房宜布置在建筑物的首层或地下一、二层，不应布置在人员密集场所的上一层、下一层或贴邻。

医院和疗养院的住院部分不应设置在地下或半地下。

剧场、电影院、礼堂宜设置在独立的建筑内，设置在地下或半地下时，宜设置在地下一层，不应设置在地下三层及以下楼层。

老年人照料设施宜独立设置。当老年人照料设施中的老年人公共活动用房、康复与医疗用房设置在地下、半地下时，应设置在地下一层，每间用房的建筑面积不应大于 200 m² 且使用人数不应大于 30 人。老年人居室不应设在地下。故应选 E。

86. 答案：B，D，E
解析：装修防火的通用要求：

①消防控制室：消防控制室的顶棚和墙面应采用 A 级装修材料，地面及其他装修应使用不低于 B1 级的装修材料。

②疏散走道和安全出口：地上建筑的水平疏散走道和安全出口门厅的顶棚应采用 A 级装修材料，其他装修应采用不低于 B1 级的装修材料。地下民用建筑的疏散走道和安全出口的门厅，其顶棚、墙面和地面均应采用 A 级装修材料。无自然采光楼梯间、封闭楼梯间、防烟楼梯间的顶棚、墙面和地面应采用 A 级装修材料。

③挡烟垂壁：挡烟垂壁的作用主要是减缓烟气扩散的速度，提高防烟分区蓄烟以及排烟口的排烟效果。防烟分区的挡烟垂壁，其装修材料应采用 A 级装修材料。

④变形缝：这里所指的变形缝，是指建筑物在墙与墙、板与板等结构构件之间为防止建筑物因受温度变化、地基不均匀沉降和地震等因素影响而发生变形等现象而设置的缝隙。建筑内部的变形缝(包括沉降缝、温度伸缩缝、抗震缝等)两侧的基层应采用 A 级材料，表面装修应采用不低于 B1 级的装修材料。

87. 答案：B，D，E
解析：A 错误，参见《建筑设计防火规范(2018 年版)》(GB 50016—2014)表 3.3.2 仓库的层数和面积。根据该规范第 3.3.3 条，仓库内设置自动灭火系统时，除冷库的防火分区外，每座仓库的最大允许占地面积和每个防火分区的最大允许建筑面积可按本规范第 3.3.2 条的规定增加 1 倍。服装仓库是丙类 2 项仓库，地下至少划分为 6 个防火分区。

B 正确，仓库内的防火分区之间必须采用防火墙分隔，甲、乙类仓库内防火分区之间的防火墙不应开设门、窗、洞口。

C 错误，错在缺少前提，按照《建筑设计防火规范(2018 年版)》(GB 50016—2014)第 3.8.3 条，地下或半地下仓库(包括地下或半地下室)，当有多个防火分区相邻布置并采用防火墙分隔时，每个防火分区可利用防火墙上通向相邻防火分区的甲级防火门作为第二安全出口，但每个防火分区必须至少有 1 个直通室外的安全出口。

D 正确，按照《建筑设计防火规范(2018 年版)》(GB 50016—2014)第 3.8.7 条，高层仓库的疏散楼梯应采用封闭楼梯间。

E 正确，根据《建筑设计防火规范(2018 年版)》(GB 50016—2014)6.4.11-2，仓库的疏散门应采用向疏散方向开启的平开门，但丙、丁、戊类仓库首层靠墙的外侧可采用推拉门或卷帘门。

88. 答案：A，B，D，E

解析：商场为人员密集场所，建筑外墙内保温应采用燃烧性能等级为 A 级的保温材料。因此 A 错误。

除采用保温材料与两侧墙体构成无空腔复合保温结构体外，当采用燃烧性能为 B1、B2 级的保温材料时，防护层厚度首层不应小于 15 mm，其他层不应小于 5 mm。因此 B 错误。

建筑的外墙内保温系统采用不燃材料做防护层；当采用燃烧性能为 B1 的保温材料时，防护层厚度不得小于 10 mm。因此 C 正确。

当建筑的屋面和外墙外保温系统均采用燃烧性能为 B1、B2 级的保温材料时，还要检查外墙和屋面分隔处是否按要求设置了不燃材料制作的防火隔离带，宽度不得小于 500 mm。因此 D 错误。

建筑外墙外保温系统与基层墙体、装饰层之间的空腔，在每层楼板处应采用防火封堵材料封堵。因此 E 错误。

89. 答案：A，B，D

解析：清水灭火器主要用于扑救固体物质火灾，如木材、棉麻、纺织品等的初起火灾，但不适用于扑救油类、电气、轻金属以及可燃气体火灾。

90. 答案：A，B，C，D

解析：二氧化碳灭火器在灭火时具有两大作用：一是窒息作用；二是具有冷却作用。二氧化碳灭火器具有流动性好、喷射率高、不腐蚀容器和不易变质等优良性能，用来扑灭图书、档案、贵重设备、精密仪器、600 V 以下电气设备及油类的初起火灾。手提式二氧化碳灭火器结构与手提贮压式灭火器结构相似，只是充装压力较大取消了压力表，增加了安全阀。判断二氧化碳灭火器是否失效一般采用称重法。二氧化碳灭火器每年至少检查一次，低于额定充装量的 95% 就应进行检修。

91. 答案：A，B，C，D

解析：《人民防空工程设计防火规范》（GB 50098—2009）：

"6.1.2 下列场所除符合本规范第 6.1.3 条和第 6.1.4 条的规定外，应设置机械排烟设施：

1 总建筑面积大于 200 m² 的人防工程；

2 建筑面积大于 50 m²，且经常有人停留或可燃物较多的房间；

3 丙、丁类生产车间；

4 长度大于 20 m 的疏散走道；

5 歌舞娱乐放映游艺场所；

6 中庭。

6.1.3 丙、丁、戊类物品库宜采用密闭防烟措施。

6.1.4 设置自然排烟设施的场所，自然排烟口底部距室内地面不应小于 2 m，并应常开或发生火灾时能自动开启，其自然排烟口的净面积应符合下列规定：

1 中庭的自然排烟口净面积不应小于中庭地面面积的 5%；

2　其他场所的自然排烟口净面积不应小于该防烟分区面积的2%。"

92. 答案：A，B，D，E

解析：除规范另有规定和不宜用水保护或灭火的场所外，下列高层民用建筑或场所应设置自动灭火系统，并宜采用自动喷水灭火系统：

①一类高层公共建筑(除游泳池、溜冰场外)及其地下、半地下室；

②二类高层公共建筑及其地下、半地下室的公共活动用房、走道、办公室和旅馆的客房、可燃物品库房、自动扶梯底部；

③高层民用建筑内的歌舞娱乐放映游艺场所；

④建筑高度大于100 m的住宅建筑。

93. 答案：C，E

解析：根据《建筑设计防火规范(2018年版)》(GB 50016—2014)第5.5.15条规定，除托儿所、幼儿园、老年人照料设施、医疗建筑、教学建筑内位于走道尽端的房间外，符合下列条件之一的房间可设置1个疏散门：位于两个安全出口之间或袋形走道两侧的房间，对于托儿所、幼儿园、老年人照料设施，建筑面积不大于50 m²；对于医疗建筑、教学建筑，建筑面积不大于75 m²；对于其他建筑或场所，建筑面积不大于120 m²。A正确。

根据第5.5.17条，公共建筑的安全疏散距离应符合下列规定：

①直通疏散走道的房间疏散门至最近安全出口的直线距离不应大于该规范中表5.5.17的规定。

②楼梯间应在首层直通室外，确有困难时，可在首层采用扩大的封闭楼梯间或防烟楼梯间前室。当层数不超过4层且未采用扩大的封闭楼梯间或防烟楼梯间前室时，可将直通室外的门设置在离楼梯间不大于15 m处。(故C错误)

③房间内任一点至房间直通疏散走道的疏散门的直线距离，不应大于该规范中表5.5.17规定的袋形走道两侧或尽端的疏散门至最近安全出口的直线距离。(故D正确)

根据该规范表5.1.17注3，直通疏散走道的房间疏散门至最近安全出口的直线距离不应大于30 m，设置自喷系统可增加25%。B正确。

根据该规范表5.5.18，高层公共建筑内楼梯间的首层疏散门、首层疏散外门、疏散走道和疏散楼梯的最小净宽度中其他高层公共建筑的双面布房，疏散走道的净宽度不应小于1.4 m。E错。

94. 答案：A，C，D

解析：根据《建筑设计防火规范(2018年版)》(GB 50016—2014)第5.4.12条，燃油或燃气锅炉、油浸变压器、充有可燃油的高压电容器和多油开关等，宜设置在建筑外的专用房间内；确需贴邻民用建筑布置时，应采用防火墙与所贴邻的建筑分隔，且不应贴邻人员密集场所，该专用房间的耐火等级不应低于二级；确需布置在民用建筑内时，不应布置在人员密集场所的上一层、下一层或贴邻，并应符合下列规定：

①燃油或燃气锅炉房、变压器室应设置在首层或地下一层的靠外墙部位，但常(负)压燃油或燃气锅炉可设置在地下二层或屋顶上。设置在屋顶上的常(负)压燃气锅炉，距离通向屋面的安全出口不应小于6 m。

采用相对密度(与空气密度的比值)不小于0.75的可燃气体为燃料的锅炉，不得设置在地下或半地下。

②锅炉房、变压器室的疏散门均应直通室外或安全出口。

③锅炉房、变压器室等与其他部位之间应采用耐火极限不低于2.00 h的防火隔墙和1.50 h的不燃性楼板分隔。在隔墙和楼板上不应开设洞口，确需在隔墙上设置门、窗时，应采用甲级防火门、窗。

④锅炉房内设置储油间时，其总储存量不应大于1 mm³，且储油间应采用耐火极限不低于3.00 h的防火隔墙与锅炉间分隔；确需在防火隔墙上设置门时，应采用甲级防火门。

⑤变压器室之间、变压器室与配电室之间，应设置耐火极限不低于2.00 h的防火隔墙。

⑥油浸变压器、多油开关室、高压电容器室，应设置防止油品流散的设施。油浸变压器下面应设置能储存变压器全部油量的事故储油设施。

⑦应设置火灾报警装置。

⑧应设置与锅炉、变压器、电容器和多油开关等的容量及建筑规模相适应的灭火设施，当建筑内其他部位设置自动喷水灭火系统时，应设置自动喷水灭火系统。

⑨锅炉的容量应符合现行国家标准《锅炉房设计标准》(GB 50041—2020)的规定。油浸变压器的总容量不应大于1260 kV·A，单台容量不应大于630 kV·A。

⑩燃气锅炉房应设置爆炸泄压设施。燃油或燃气锅炉房应设置独立的通风系统，并应符合本规范第9章的规定。

95. 答案：A，B，D，E

解析：消防电源是指在火灾时能保证消防用电设备继续正常运行的独立电源。消防电源的基本要求包括以下几个方面：①可靠性；②耐火性；③有效性；④安全性；⑤科学性和经济性。

96. 答案：A，B，C，E

解析：根据《建筑设计防火规范（2018年版）》(GB 50016—2014)表5.1.1规定，选项A，50 m高的住宅楼属于二类高层民用建筑；选项B，水塔不属于民用建筑物，属于构筑物；选项C，22 m的门诊楼未超过24 m，不属于高层建筑；选项D，60 m高的广播电视台属于一类高层建筑；选项E，24 m高的展览馆未超过24 m，不属于高层建筑。故选A、B、C、E。

97. 答案：C，D，E

解析：根据《地铁设计防火标准》GB 51298—2018(2018年版)第8.1.5条，站厅公共区和设备管理区应采用挡烟垂壁或建筑结构划分防烟分区，防烟分区不应跨越防火分区。站厅公共区内每个防烟分区的最大允许建筑面积不应大于2000 m²，设备管理区内每个防烟分区的最大允许建筑面积不应大于750 m²。

根据第8.1.6条，公共区楼扶梯穿越楼板的开口部位、公共区吊顶与其他场所连接处的顶棚或吊顶面高差不足0.5 m的部位应设置挡烟垂壁。

98. 答案：A，B，C，D

解析：汽车库、修车库的汽车疏散出口总数不应少于两个，且应分散布置。以下汽车库、修车库的汽车疏散出口可设置1个：

①Ⅳ类汽车库；

②设置双车道汽车疏散出口的Ⅲ类地上汽车库；

③设置双车道汽车疏散出口、停车数量小于等于 100 辆且建筑面积小于 4000 m² 的地下或半地下汽车库；

④Ⅱ、Ⅲ、Ⅳ类修车库。

99. 答案：A，B，C，D

解析：灭火器的选择应考虑下列因素：

①灭火器配置场所的火灾种类；

②灭火器配置场所的危险等级；

③灭火器的灭火效能和通用性；

④灭火器对保护物品的污损程度；

⑤灭火器设置点的环境温度；

⑥使用灭火器人员的体能

100. 答案：A，B

解析：液化石油气压缩机进口管道应设过滤器。出口管道应设止回阀和安全阀。进口管道和储罐的气相之间应设旁通阀。连接槽车的液相管道和气相管道上应设拉断阀。加气机的液相管道上宜设事故切断阀或过流阀。事故切断阀、过流阀及加气机附近应设防撞柱(栏)。

第6章 常用消防检查仪器的介绍及使用

按照《消防监督技术装备配备》(GB/T 25203—2010)要求,消防救援机构应配备消防监督技术装备。使用消防监督检查仪器开展消防监督检查,是对建筑消防设施、安全设施、消防产品进行功能测试和性能检查,判定是否达到规定的要求,可以提高监督检查的准确性,增强执法公信力。

6.1 秒表

电子秒表一般是利用石英振荡器的振荡频率作为时间基准,采用6位液晶数字显示时间,具有显示直观、读取方便、功能多等优点,如图6-1所示。

6.1.1 应用范围

秒表在建设工程消防施工质量控制、技术检测、维护管理及消防产品现场检查中使用广泛,可以用于火灾自动报警系统的响应时间、水流指示器的延迟时间、电梯的迫降时间、灯具的应急工作时间等情形。

图6-1 秒表

6.1.2 使用方法

使用秒表前,阅读其说明书,或者参考下列操作方法进行测量操作。

1.测量单个时间

在秒表开启状态下,按"MODE"按钮选择,即可出现秒表功能。按下"START/STOP"按钮,开始计时,再次按下"START/STOP"按钮,停止计时,显示测出的时间数据。按"LAP/RESET"按钮,自动复位(即数据归零)。

2.测量多个时间

测量不同步的多组时间数据时,采用多组计时功能(可记录数据的数量以秒表的说明书为准）。测量时，首先在秒表开启状态下，按下"START/STOP"按钮，开始计时。按下"LAP/RESET"按钮，显示不同物体的计秒数停止，并显示在屏幕上方。此时秒表仍在记录，内部电路仍在继续为后面的物体累积计秒。全部物体记录完成后正常停表，按"RECALL"按钮可查看前面的记录情况，上下翻动可用"START/STOP"和"LAP/RESET"两个按钮。

3.时间、日期调整

若需要进行时刻和日期的校正与调整，可按"MODE"按钮，待显示时、分、秒的计秒数字时，按住"RECALL"按钮25后见数字闪烁即可选择调整，直到显示出所需要调整的正确秒数时为止，再按下"RECALL"按钮。

6.1.3　注意事项

（1）电子秒表需定期更换电池，一般在表盘显示变暗时即可更换，不能待电子秒表电池耗尽再更换。

（2）电子秒表平时放置在干燥、安全、无腐蚀的环境中，确保防潮、防震、防腐蚀、防火等防范措施到位。

（3）避免在电子秒表上放置物品。

（4）秒表损坏或者出现故障，送专业维修单位进行维修，并定期检定。

（5）秒表的精度一般在0.1~0.2 s，计时误差主要因启动、停止计时的人为操作误差造成。

6.2　照度计

照度计是一种测量光度、亮度的专用仪器仪表，如图6-2所示。光照度是物体被照明的程度，即物体表面所得到的光通量与被照面积之比，单位为勒克司（lux，法定符号lx）。

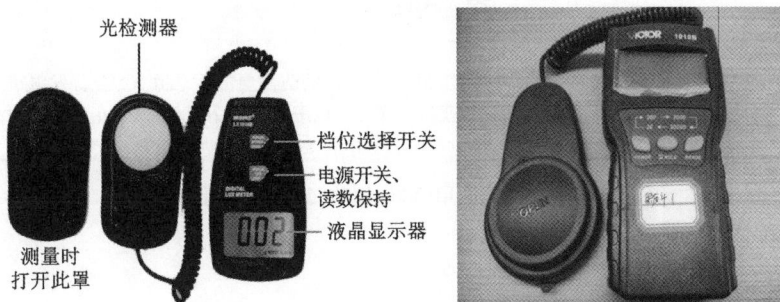

图6-2　照度计

265

6.2.1　应用范围

照度计在消防监督检查工作中一般用于测量消防应急照明设施的照度值是否符合规范的要求。

灯光疏散指示标志工作状态时，灯前通道地面中心的照度不应低于 1.0 lx，地下人防工程的照度不应低于 5 lx。使用照度计测量消防控制室、消防水泵房、防烟排烟机房、消防用电的蓄电池室、自备发电机房、电话总机房等火灾发生时仍需坚持工作的房间正常照明时工作面的照度和应急照明时工作面的照度，如图 6-3、图 6-4 所示。

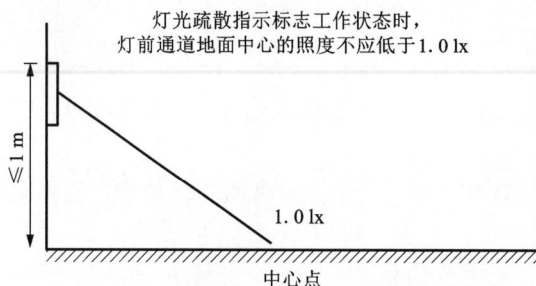

图 6-3　照度计使用示意（灯前通道的照度）

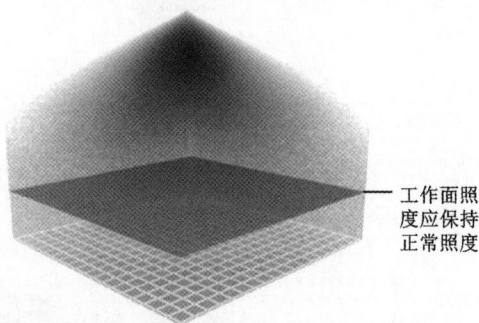

配电室、消防控制室、消防水泵房、防烟排烟机房、消防用电的蓄电池室、自备发电机房、电话总机房以及发生火灾时仍需坚持工作的其他房间，使用照度计测量正常照明时的工作面照度；切断正常照明后，测量照明时工作的最低照度。

图 6-4　照度计使用示意（坚持工作的房间照度）

6.2.2　使用方法

使用照度计前，阅读其说明书，或者参考下列操作方法进行测量操作。

（1）打开光检测器盖子，并将光检测器水平放在测量目标照射范围内最不利点的位置。

（2）选择适合测量档位。如果显示屏左端只显示"1"，表示照度过量，需要重新选择大的量程。

（3）当显示数据比较稳定时，读取并记录读数器中显示的观测值。观测值等于读数器中显示数字与量程值的乘积。比如：屏幕上显示"500"，选择量程为"×2000"，照度测量值为 1000000 lx，即（500×2000）lx。

6.3　声级计

数字声级计，是一种按照一定的频率计权和时间计权测量声音的仪器，测量单位一般为分贝（dB），如图 6-5 所示。

从声级计上得出的噪声级读数，必须注明测量条件，如单位为 dB，且使用的是 A 计权网络，则应记为 dB（A）。

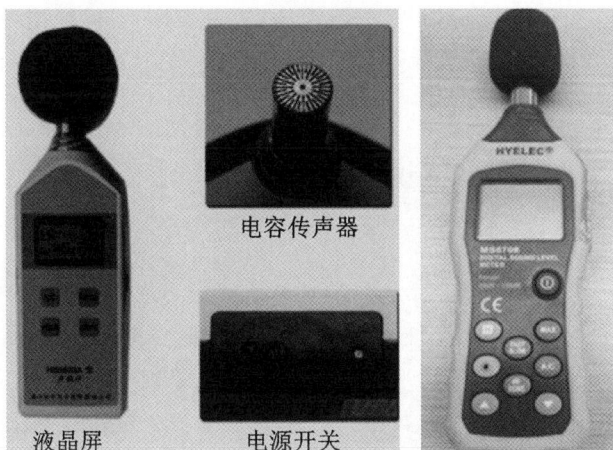

图6-5　声级计

6.3.1　应用范围

声级计在消防监督检查工作中主要用来测量报警广播、水力警铃、电警铃、蜂鸣器等报警器件的声响效果。

6.3.2　使用方法（仅供参考，可查阅具体说明书）

（1）按下电源开关，按下"LEVEL"选择合适的档位测量现在的噪声，以不出现"UNDER"或"OVER"符号为主。

（2）要测量以人耳为感受的噪声请选用 dB（A）。

（3）要读取及时的噪声量请选择"FAST"。如果要获得当时的平均噪声量请选"SLOW"。

（4）如要取得噪声量的最大值，可按"MAX"功能键，即可读到噪声的最大值。

（5）我们要求声级计的测量范围为 30~130 dB，准确度为±1.5 dB，取样率为 2 次/s。

6.3.3 注意事项

（1）环境噪声大于 60 dB 的场所，声警报的声压级应高于背景噪声 15 dB。
（2）用声级计测量报警阀动作后，距水力警铃 3 m 处声压级不低于 70 dB。

6.4 测距仪

测距仪是测量距离的工具，如图 6-6 所示，根据测距基本原理可以分为激光测距仪、超声波测距仪和红外测距仪三类。激光测距仪是目前使用最为广泛的测距仪，是利用激光对目标的距离进行准确测定的仪器。激光测距仪在工作时向目标射出一束很细的激光，由光电元件接收目标反射的激光束，计时器测定激光束从发射到接收的时间，计算出从观测者到目标的距离。

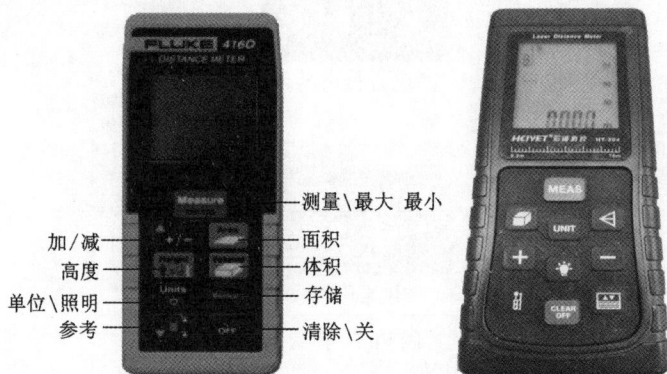

图 6-6 激光测距仪

6.4.1 应用范围

测量距离、面积、空间体积。

6.4.2 使用方法

1.测量单个距离
将激活的激光瞄准目标区域，轻按"测量"键，设置测量距离，设备立即显示结果。
2.测量面积
按"面积"键，显示面积显示符号；按"测量"键，测量第一个距离；按"测量"键，测量第二个距离。该设备在总计行显示结果，并在第二行显示下一个测量值分别测量的距离。

3.测量空间体积

按"体积"键，显示体积符号；按"测量"键，测量第一个距离；按"测量"键，测量第二个距离；按"测量"键，测量第三个距离。该设备在总计行显示结果，并在第二行显示下一个测量值分别测量的距离。

6.5 卷尺

卷尺是日常生活中常用的工量具，如图 6-7 所示。经常看到的是钢卷尺，建筑和装修常用，也是家庭必备工具之一，分为纤维卷尺、皮尺、腰围尺等。鲁班尺、风水尺、文公尺同样属于钢卷尺。

应用范围

卷尺适用于检查测量长度、高度等方面的指标，具体举例如下：

(1)测量手提式灭火器和推车式灭火器的喷射软管的长度。

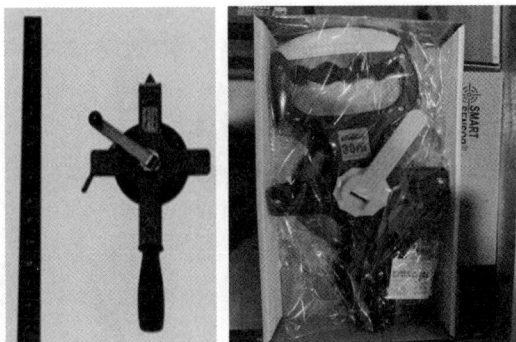

图 6-7 钢卷尺

(2)检查推车式灭火器行驶机构的通过性能。

(3)测量消防水带的长度。

(4)对消防水枪进行抗跌落性能试验时确定跌落高度。

(5)对水带接口进行抗跌落性能试验时确定跌落高度。

(6)测量防火门的外形尺寸及其防火玻璃的外形尺寸。

(7)设在顶棚上的排烟口，距可燃构件或可燃物的距离不应小于 1.00 m。

(8)手提式灭火器喷射软管的长度应不小于 400 mm(不包括软管两端的接头)。

(9)推车式灭火器喷射软管的长度应不小于 4 m(不包括软管两端的接头和喷射枪)。

(10)在推(拉)过程中，推车式灭火器整体的最低位置(除轮子外)与地面之间的间距不小于 100 mm。

(11)消防水带的长度不应小于水带标称长度 1 m。

(12)对消防水枪进行抗跌落性能试验时跌落高度为(2±0.02) m。三种不同姿态跌落后不应有破裂现象，且能正常操作使用。

(13)对消防水枪进行抗跌落性能试验时，内扣式接口以扣爪垂直朝下的位置、卡式接口和螺纹式接口以接口的轴线呈水平状态，从离地 1.5 m±0.05 m 高处(从接口的最低点算起)自由跌落到混凝土地面上五次。接口坠落五次后检查，不应有破裂现象，且能正常操作使用。

(14)防火门长度和高度的外形尺寸应≤样品描述中的外形尺寸。

(15)防火门的防火玻璃的外形尺寸应≤样品描述中的玻璃外形尺寸。

6.6 风速计

风速计是测量空气流速的仪器，如图6-8所示。一般为旋桨式风速计，由一个三叶或四叶螺旋桨组成感应部分，将其安装在一个风向标的前端，使它随时对准风的来向。桨叶绕水平轴以正比于风速的转速旋转。

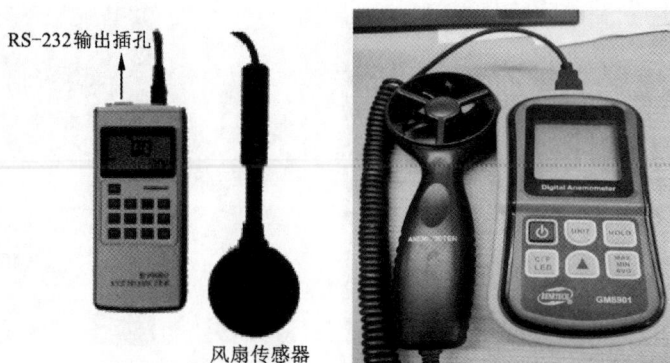

图 6-8　风速计

6.6.1　应用范围

风速计可用来测量防烟排烟系统中的送风口和排烟口的风速、风量，以校核其是否符合现行消防规范的有关规定。

6.6.2　使用方法（仅供参考，可查阅具体说明书）

风速、风温测量：
(1)打开电源开关。
(2)将风轮依顺风方向与风向垂直放置，使风轮依风速大小自由转动。
(3)读取液晶显示器上之风速及风温值。
(4)欲改变风速单位，按"UNIT3"键，选取适当单位如m/s、ft/min、knots、km/h、MPH。
(5)欲改变温度单位，按"℉/℃"键即可选择。
(6)欲作最大值、最小值测量时，按"MAX/MIN"键选择即可。
(7)按"HOLD"键即可作资料保留。

6.6.3　注意事项

保护对象周围的空气流动速度不宜大于3.0 m/s。必要时，应采取挡风措施。

采用局部应用灭火系统的保护对象,应符合下列要求:

(1)保护对象周围的空气流动速度不应大于 2 m/s。必要时,应采取挡风措施。

(2)加压送风口的风速不宜大于 7 m/s。选取每个独立的送风系统或竖井取最有利点检查。

(3)排烟阀(口)处的风速不宜大于 10 m/s。选取每个独立的系统取最有利点检查。

6.6.4　测量排烟风口风速的方法

(1)小截面风口(风口面积小于 0.3 m²),可采用 5 个测点,如图 6-9 所示。

(2)当风口面积大于 0.3 m² 时,对于矩形风口,如图 6-10 所示,按风口断面的大小划分成若干个面积相等的矩形,测点布置在图每个小矩形的中心,小矩形每边的长度为 200 mm 左右。

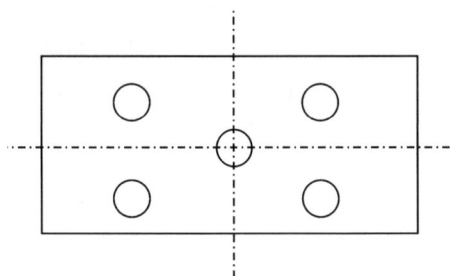

图 6-9　小截面风口

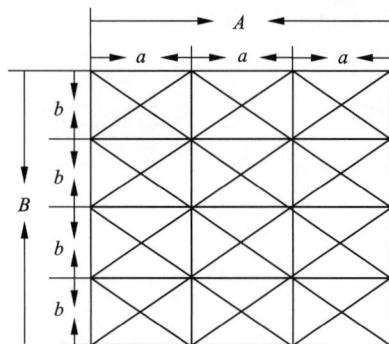

图 6-10　矩形风口测点布置

(3)对于条形风口,如图 6-11 所示,在高度方向上,至少安排两个测点,沿其长度方向,可取 4~6 个测点;对于圆形风罩,如图 6-12 所示,并至少取 5 个测点,测点间距≤200 mm。

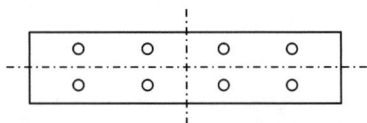

图 6-11　条缝形风口测点布置

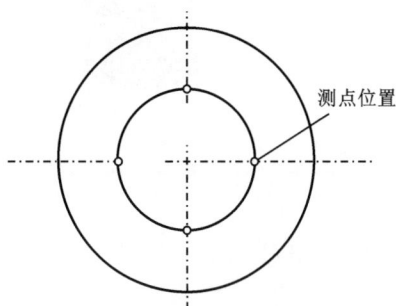

图 6-12　圆形风口测点布置

(4)若风口气流偏斜时,可临时安装一截长度为 0.5~1 m,断面尺寸与风口相同的短管进行测定,如图 6-13 所示。

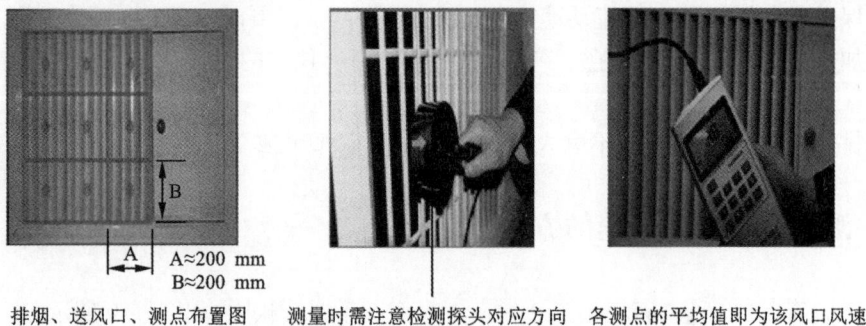

A≈200 mm
B≈200 mm

排烟、送风口、测点布置图　　测量时需注意检测探头对应方向　　各测点的平均值即为该风口风速

图 6-13　风速计使用范例

6.7　数字微压计

数字微压计是用于测量高层建筑内机械加压送风部位余压值的一种仪器，如图 6-14 所示。例如防烟楼梯间送风余压值不应小于 50 Pa，前室或合用前室送风余压值不应小于 25 Pa。

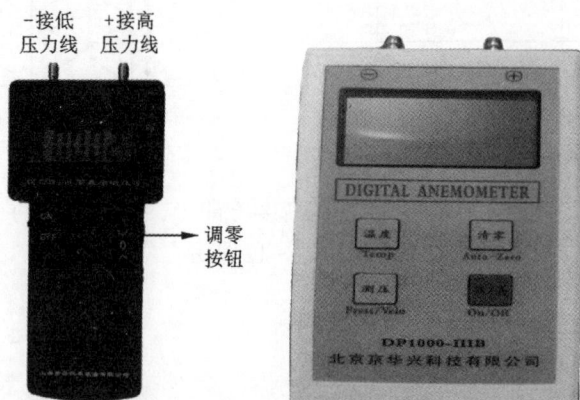

－接低
压力线

＋接高
压力线

调零
按钮

DIGITAL ANEMOMETER

温度
Temp

清零
Auto-Zero

测压
Press/Velo

On/Off

DP1000-ⅢB
北京京华兴科技有限公司

图 6-14　数字微压计

6.7.1　应用范围

用于测量保护区域的顶层、中间层及最下层防烟楼梯间、前室、合用前室的余压值，以校核其是否符合现行消防规范相关要求，如图 6-15 所示。

防烟楼梯间的余压值应为 40~50 Pa，前室、合用前室的余压值应为 25~30 Pa。

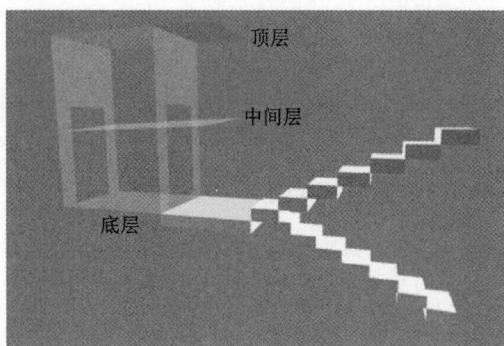

采用微压计,在保护区域的顶层、中间层及最下层,测量防烟楼梯间、前室、合用前室的余压。防烟楼梯间和前室、合用前室的余压应分别满足 40~50 Pa 和 25~30 Pa 的余压要求。

图 6-15 数字微压计使用范例

6.7.2 使用方法(仅供参考,可查阅具体说明书)

(1)打开电源开关,预热 15 min,按动调零按钮,使显示屏显地"0000"(传感器两端等压)。

(2)用胶管连接嘴与被测压力源,测高于大气压接正压接嘴,测低于大气压接负压接嘴。另一接嘴接通大气,仪器示值即为表压。其用于消防监督时即正压接嘴胶管置于机械加压送风部位,负压接嘴胶管置于常压部位,观察微压计显示屏显示值,稳定后记录测量结果。

6.8 消火栓系统试水装置

消火栓系统试水检测装置是用于检测室内消火栓的静水压和出水压力,并校核水枪充实水柱的专用装置,如图 6-16 所示。其由水带接口、短管、压力表和闷盖组成,可在消火栓出口形成一个测压环节,当与消火栓和水带、水枪连接时,检测栓口出水压力;当与消火栓和闷盖连接时,检测栓口静水压。

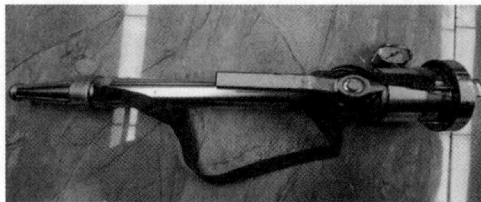

图 6-16 消火栓系统试水检测装置

6.8.1 应用范围

静水压力测试：使用消火栓系统试水装置，选择最不利处消火栓，连接压力表及闷盖，开启消火栓，测量栓口静水压力。(注：当建筑高度不超过100 m时，高层建筑最不利点消火栓静压不应低于0.07 MPa；当建筑高度超过100 m时，高层最不利点消火栓静水压力不应低于0.15 MPa)

使用消火栓系统试水装置，选择最有利处消火栓，开启消火栓，测量栓口静水压力。(注：栓口静水压力不应大于1.0 MPa)

6.8.2 使用方法(仅供参考，可查阅具体说明书)

消火栓栓口静水压力的测量：

(1)将消火栓测压接头接到消火栓栓口。

(2)安装好压力表，并调整压力表检测位置使之竖直向上。

(3)在消火栓测压接头出口处装上端盖。

(4)缓慢打开消火栓阀门，压力表显示的值为消火栓栓口的静水压力，如图6-17所示。

图6-17 消火栓系统试水检测装置使用范例

(5)测量完成后，关闭消火栓阀门，旋松压力表，使消火栓测压接头内的水压泄掉，然后取下端盖。在测量栓口静压时，开启阀门应缓慢，避免压力冲击造成检测装置损坏。

动压测试：

使用消火栓试水检测装置，打开闷盖，按设计出水量开启消火栓，启动消防泵，测量最不利处消火栓出水压力。(注：消火栓充实水柱应符合设计要求，建筑高度小于24 m的普通建筑，充实水柱不小于7 m；建筑高度小于100 m的高层建筑，甲、乙类厂房，超过6层的民用建筑，超过4层的厂房、库房，充实水柱不小于10 m；建筑高度大于100 m的高

层工业建筑，高架库房，充实水柱不小于 13 m。可以参考表 6-1）

使用消火栓系统试水检测装置，打开闷盖，按设计出水量开启消火栓，启动消防泵，测量最有利处消火栓出水压力。（注：栓口出水压力不应大于 0.5 MPa，如大于 0.5 MPa，消火栓处应设减压装置）

表 6-1　水枪出水压力和流量、充实水柱关系表

序号	充实水柱/m	流量/(L·s^{-1})	栓口出水压力/MPa
1	7	3.8	0.090
2	8	4.1	0.105
3	9	4.4	0.120
4	10	4.6	0.135
5	11	4.9	0.152
6	12	5.2	0.168
7	13	5.4	0.186
8	14	5.7	0.205
9	15	6.0	0.225

6.9　喷水末端试水接头

喷水末端试水接头装置可用于模拟一只喷头开放，进行灭火功能试验，并进行动静压力的测量，如图 6-18 所示。

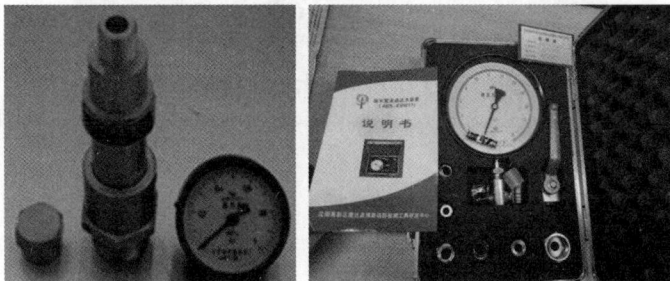

图 6-18　水喷淋末端试水装置

6.9.1　应用范围

（1）测量高位水箱供水时最不利点喷头的工作压力。
（2）测量水流指示器动作时报警时间。
（3）测量报警阀的压力开关动作报警时间。
（4）测量距水力警铃 3 m 远处的声强。
（5）测量喷淋泵完成启动的时间。
（6）测量喷淋泵供水的最不利点喷头工作压力。
（7）测量水流指示器、压力开关的复位。

6.9.2　使用方法（仅供参考，可查阅具体说明书）

将接头与水喷淋系统管道末端的实验阀门连接，将装置末端的螺母卸下，开启水喷淋系统末端的实验阀门，即可进行检测。

6.10　典型感烟感温复合探测器试验器

典型感烟感温复合探测器试验器是用于测试典型感烟及感温探测器试验器功能的仪器，如图 6-19 所示。

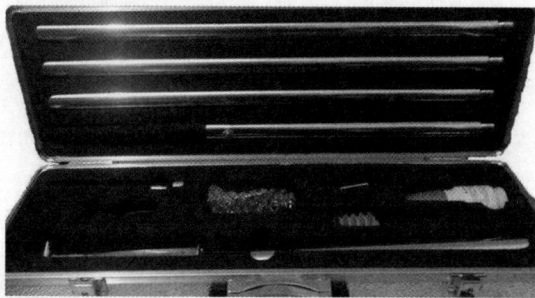

图 6-19　典型感烟及感温火灾探测器试验器

6.10.1　应用范围

适用于检查典型感烟火灾探测器。

6.10.2　使用方法(仅供参考,可查阅具体说明书)

用加烟器向典型感烟火灾探测器施加烟气,典型感烟火灾探测器的报警确认灯应长时间亮起,并保持至复位,同时火灾报警控制器应有对应的报警点显示,显示的位置应与典型感烟火灾探测器所在的位置一致。

在火灾报警控制器处复位,刚才报警的典型感烟火灾探测器的报警确认灯结束长时间亮起状态,恢复到正常监视状态。

如果30 s内探测器灯亮,属于正常,否则不合格。

6.10.3　使用方法(仅供参考,可查阅具体说明书)

典型感温火灾探测器的感温元件加热典型感温火灾探测器的报警确认灯应长时间亮起,并保持至复位,同时火灾报警控制器应有对应的报警点显示,显示的位置应与典型感温火灾探测器所在的位置一致。

在火灾报警控制器处复位,刚才报警的典型感温火灾探测器的报警确认灯结束长时间亮起状态,恢复到正常监视状态。

6.10.4　注意事项

热风应能产生使典型感温火灾探测器报警的热气流,进行试验时,气流温度应大于80 ℃。

6.11　线形光束感烟探测器滤光片

线形光束感烟探测器滤光片是用于测试线形光束感烟探测器功能的仪器,如图6-20所示。

图6-20　线形光束感烟探测器滤光片

6.11.1 应用范围

适用于检查线型光束感烟火灾探测器,如图 6-21 所示。

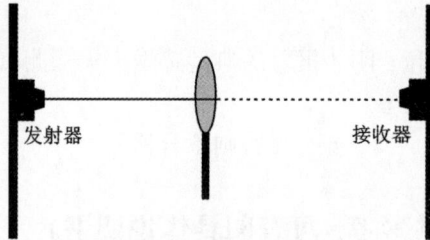

图 6-21 线形光束感烟探测器滤光片工作原理

6.11.2 使用方法(仅供参考,可查阅具体说明书)

(1)选用两片不同隔离度的滤光片:0.9 dB 滤光片和 10.0 dB。

(2)将透光度为 0.9 dB 的滤光片置于探测器的光路中并尽可能靠近接收器,观察火灾报警控制器的显示状态和火灾探测器的报警确认灯状态,如果 30 s 内未发出火灾报警信号,说明该探测器正常。

(3)将透光度为 10.0 dB 的滤光片置于探测器的光路中并尽可能靠近接收器,观察火灾报警控制器的显示状态和火灾探测器的报警确认灯状态,如果 30 s 内未发出火灾报警信号,说明该探测器正常。

6.11.3 注意事项

因为线型光束感烟火灾探测器的响应阈值应不小于 1.0 dB 不大于 10.0 dB,所以 0.9 dB 和 10.0 dB 的滤光片都是探测器不响应的极限值。所以当放置这两片滤光片在探测器光路中时,如果探测器不响应,则认为探测器正常;如果探测器报警,则认为探测器不正常。必须两次测试都合格,则认为探测器正常。

6.12 火焰探测器功能试验器

火焰探测器功能试验器是用于测试火焰探测器功能的仪器,如图 6-22 所示。

图 6-22　火焰探测器功能试验器

6.12.1　应用范围

用于火焰探测器调试、验收和维护检查；对火焰探测器、感温(定温、差定温)探测器进行火灾响应试验。

6.12.2　使用方法(仅供参考，可查阅具体说明书)

将火焰光源(如打火机、蜡烛，火焰高度在 4 cm 左右)置于距离探测器正前方 1 m 处，静止或抖动，典型火焰火灾探测器的报警确认灯应长时间亮起，并保持至复位，同时火灾报警控制器应有对应的报警点显示，显示的位置应与典型火焰火灾探测器所在的位置一致。

在探测器监测视角范围内，距离探测器 0.55~1.00 m 处，放置紫外光波长<280 nm 或红外光波长>850 nm 的光源，静止或抖动，在 30 s 内，查看探测器报警确认灯和火灾报警控制器火警信号显示；撤销光源后，查看探测器的复位功能。

在火灾报警控制器处复位，刚才报警的典型火焰火灾探测器的报警确认灯结束长时间亮起状态，恢复到正常监视状态。

(1)火焰光源(如打火机、蜡烛)的火焰高度应在 4 cm 左右，如图 6-23 所示。

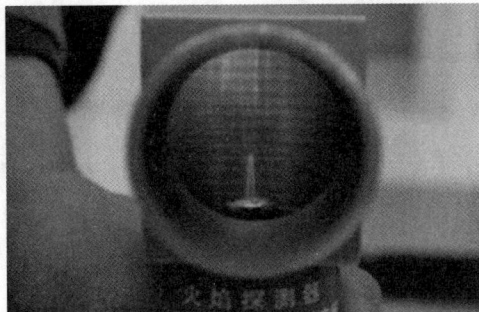

图 6-23　火焰探测器功能试验器火焰正常高度

（2）应将火焰光源置于距离探测器正前方 1 m 处。

（3）可以同时用秒表测定从报警确认灯亮起至火灾报警控制器发出报警声光和显示的响应时间。

6.13　红外热像仪

红外热像仪是利用红外探测器和光学成像物镜接受被测目标的红外辐射能量分布图形并将其反映到红外探测器的光敏元件上，从而获得红外热像图，这种热像图与物体表面的热分布场相对应，如图 6-24 所示。通俗地讲，红外热像仪就是将物体发出的不可见红外能量转变为可见的热图像。热图像上面的不同颜色代表被测物体的不同温度。在消防监督检查工作中，红外热像仪一般用于测量电气火灾隐患。

图 6-24　红外热像仪

用红外热像仪测量导线接头、导线与设备或器具接线端子的温度，其最高允许温度应符合相关规定，如图 6-25 所示。

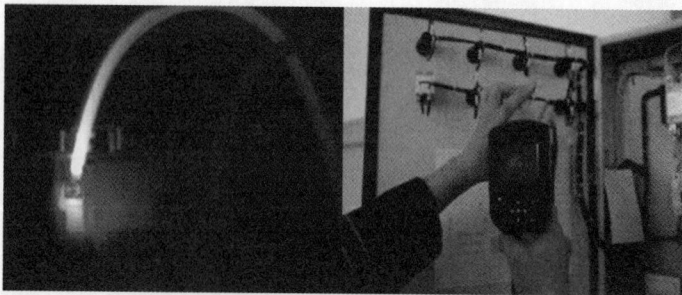

图 6-25　红外热像仪使用范例

6.14　接地电阻测试仪

接地电阻测试仪是检验测量接地电阻的常用仪表，也是电气安全检查与接地工程竣工验收不可缺少的工具，如图6-26所示。

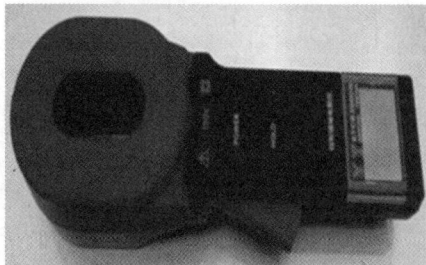

图6-26　接地电阻测试仪

6.14.1　应用范围

接地电阻测试仪在消防监督检查工作中一般用于测量储油罐、避雷针等防雷接地电阻。例如防火检测中甲、乙、丙类液体贮罐及其附属设备，应设接地装置，接地电阻不应大于10 Ω。

6.14.2　注意事项

电气系统的接地电阻值应符合设计文件。设计无规定时，单独设置的配电系统保护接地，其接地电阻应不大于4 Ω。

防静电接地电阻值应符合下列数值：

(1)防静电与防感应雷共用接地的接地电阻应不大于10 Ω。

(2)单独设置的防静电保护的接地装置电阻应不大于100 Ω。

加油加气站采用共用接地装置时接地电阻不应大于4 Ω，单独设置接地装置时，油罐、液化石油气罐和压缩天然气储气罐组的防雷接地装置的接地电阻、配线电缆金属外皮两端和保护钢管两端的接地装置的接地电阻不应大于10 Ω；保护接地电阻不应大于4 Ω；地上油品、液化石油气和天然气管道始、末端和分支处的接地装置的接地电阻不应大于30 Ω，如图6-27所示。

图6-27　接地电阻测试仪使用范例

6.15 绝缘电阻测试仪

绝缘电阻测试仪是一种用于测量各种绝缘材料的电阻值及变压器、电机、电缆及电器设备等绝缘电阻的专门仪器，如图6-28所示。

图6-28 绝缘电阻测试仪

6.15.1 应用范围

绝缘电阻测试仪检测相线与设备接地线之间的电阻，判断绝缘程度，在消防监督检查工作中一般用于测量导线的对地绝缘电阻。

导线的绝缘皮无论是聚氯乙烯塑料还是橡胶层，随着使用时间的延长，会出现自然老化现象，或由于负荷较大，使导线发热而使绝缘性能下降。绝缘层的绝缘性能的下降往往是用肉眼无法发现的，这种隐患将可能导致火灾和人身危险。另外，在日常的安全检查时，导线的相线和电气设备的绝缘性能也是检查的重点，需要测量相线和设备接地线之间的电阻，以判断相线和设备之间的绝缘程度。

6.15.2 使用方法(仅供参考，可查阅具体说明书)

(1)仪器开始自动检测电池容量，当指针停在BATT. GOOD区，表示电池是好的，否则需充电。

(2)选择需要的测试电压(2.5 kV/5 kV/10 kV)。

(3)按动测试键，开始测试。这时测试键左边高压输出指示灯发亮并且仪表内置蜂鸣器每隔1 s响一声，代表LINE端有高压输出。

(4)仪表每隔一定时间发出提示音(15 s、1 min、10 min)

(5)当绿色LED亮，在外圈读绝缘电阻值(高范围)；红色LED亮，则读内圈刻度，对(2.5 kV和5 kV)或(5 kV和10 kV)双电压等级的绝缘测试，则读黑色和红色刻度(对HT2550或HT2503型而言)。测试完后，再次按动测试键，仪表停止测试，等几秒钟，不要立即把探头从测试电路移开。这时仪表将自动释放测试电路中的残存电荷。

6.15.3　注意事项

(1)当外接交流电源未接通时,如果仪表电源指示灯未亮,应接入交流电源给机内电池充电。

(2)测试过程中,严禁触摸 LINE 端裸露部分以免发生触电危险。

(3)试验完毕或重复进行试验时,必须将被试物短接后对地充分放电(仪表也有内置自动放电功能,不过时间较长)。

6.16　万用表

万用表是电气检测作业中最常用的仪器之一,如图 6-29 所示。此仪表可用来测量直流和交流电压、直流电流、电阻、温度、二极管正向压降、晶体管 hFE 参数及电路通断等。在消防监督检查工作中涉及这些参数的测量时均可使用数字万用表。

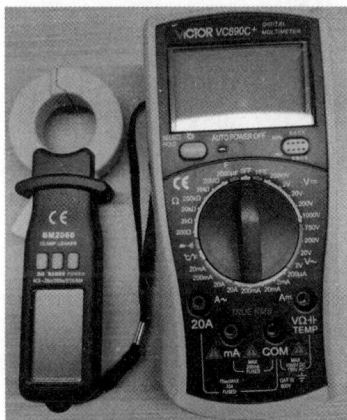

图 6-29　万用表

6.16.1　应用范围

测量直流和交流电压、直流电流、电阻、温度、二极管正向压降、晶体管 hFE 参数及电路通断等。

应用例子 1:检查水流指示器(有延迟功能或无延迟功能)有无输出信号。

(1)对于没有延迟功能的水流指示器,将万用表连接水流指示器的输出接线,将水流指示器桨片沿着箭头指示方向推到底,万用表应有接通信号。

(2)对于有延迟功能的水流指示器,将万用表连接水流指示器的输出接线,将水流指示器桨片沿着箭头指示方向推到底,同时启动秒表,延迟时间后万用表应有接通信号。

应用例子 2:检查气体灭火控制器反馈。

拆开该防护区启动钢瓶的启动信号线,并与万用表连接。将万用表调节至直流电压挡后,触发该防护区的紧急启动按钮并用秒表开始计时,测量延时启动时间,经 30 s 延时后,查看防护区内声光报警装置、通风设施以及入口处声光报警装置的动作情况,查看气体灭火控制器与消防控制室显示的反馈信号。

6.16.2 使用方法(仅供参考,可查阅具体说明书)

将黑表笔插入 COM 插孔,红表笔插入 VΩmA 插孔。选择旋钮放置相应的测试位置,然后将两个表笔并接在被测负载或信号源上。

6.17 钳型电流表

用普通电流表测量需要将电路切断停机后才能将电流表接入进行测量。钳形电流表是由电流互感器和电流表组合而成,被测电流所通过的导线可以不必切断就可穿过铁芯张开的缺口来测量,如图 6-30 所示。其通常可测量交流电流、交直流电压及电阻,适用大电流的测试,使用方便,是防火检查和电气消防检测不可缺少的检测仪器。

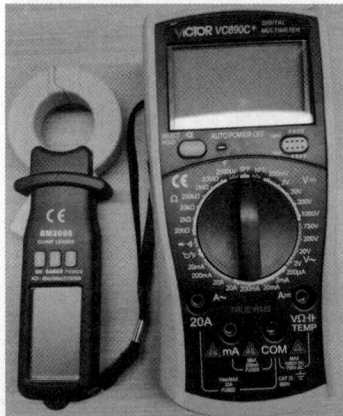

图 6-30 钳形电流表

6.17.1 应用范围

交直流电流电压测量、交流电流测量、电阻、二极管及通断测试、火线判别等。

6.17.2 使用方法(仅供参考,可查阅具体说明书)

(1)将功能开关置于 A~档。

（2）用钳头卡住单根被测导线，调整被测导线与钳头垂直并处于钳头的几何中心位置，检查钳头应闭合良好。

（3）此时 LCD 读数即为被测交流电流值，如图 6-31 所示。

图 6-31　钳形电流表使用范例

6.18　测力计

利用金属的弹性制成标有刻度用以测量力的大小的仪器，称为测力计，如图 6-32 所示。测力计有各种不同的构造形式，但它们的主要部分都是弯曲有弹性的钢片或螺旋形弹簧。当外力使弹性钢片或弹簧发生形变时，通过杠杆等传动机构带动指针转动，指针停在刻度盘上的位置，即为外力的数值。

图 6-32　测力计

应用范围：适用于检查消防水带的单位长度质量；适用于测量排烟防火阀手动开启的最大操作力；测量开启排烟阀的拉力；检漏装置测试；闭门器开启/关闭力矩的测试。

消防监督技术装备的管理与维护，应建立消防监督技术装备使用管理制度，明确专人管理、维护和保养。

装备的使用人员，应熟悉装备和系统的性能、技术指标及有关标准，并接受相应的培训，遵守操作规程。

（1）所有设备的技术资料、说明书、维修和计量检定记录应存档备查。

（2）凡依法需要计量检定的装备，应进行定期计量检定，以保证装备的可靠性。

参考文献

［1］ 应急管理部消防救援局.消防监督检查手册(2019版)［M］.云南:云南科技出版社,2019.

［2］ 应急管理部消防救援局.消防安全技术实务［M］.北京:中国计划出版社,2021.

［3］ 倪照鹏,刘激扬,张鑫.《建筑设计防火规范》GB50016—2014(2018年版)实施指南［M］.北京:中国计划出版社,2020.

［4］ 中国消防协会.建(构)筑物消防员［M］.北京:中国科学技术出版社,2010.

［5］ 冯凯.消防技术标准修订法理及典型案例研究［J］.武警学院学报,2019(6):63-67.

图书在版编目（CIP）数据

消防监督管理履职能力鉴定指南／冯凯主编. —长沙：
中南大学出版社，2022.12
　　ISBN 978-7-5487-5158-8

　　Ⅰ．①消… Ⅱ．①冯… Ⅲ．①消防－监督－能力－鉴
定－中国－指南 Ⅳ．①D631.6-62

　　中国版本图书馆 CIP 数据核字（2022）第 197662 号

消防监督管理履职能力鉴定指南
XIAOFANG JIANDU GUANLI LUZHI NENGLI JIANDING ZHINAN

冯凯　主编

□出 版 人	吴湘华	
□责任编辑	刘颖维	
□责任印制	李月腾	
□出版发行	中南大学出版社	
	社址：长沙市麓山南路	邮编：410083
	发行科电话：0731-88876770	传真：0731-88710482
□印　　装	湖南省众鑫印务有限公司	

□开　　本	787 mm×1092 mm　1/16	□印张 18.5	□字数 470 千字	
□版　　次	2022 年 12 月第 1 版	□印次 2022 年 12 月第 1 次印刷		
□书　　号	ISBN 978-7-5487-5158-8			
□定　　价	108.00 元			

图书出现印装问题，请与经销商调换